教育部高职高专规划教材

普通物理学

蔡保平　杜乃珍　主编

化学工业出版社
职业教育教材出版中心
·北京·

本书编写中“以应用为目的，以必需、够用为度”和“以素质为核心、能力为基础、技能为重点”的原则，力求体现理论联系实际，重视物理理论在生产技术中应用知识的介绍，注意培养学生的综合能力、创新意识和基本技能。力求做到内容新颖、结构合理、概念清楚、实用性强、通俗易懂、前后相关课程有较好的衔接。

本教材内容包括绪论、牛顿运动定律、动量守恒和能量守恒、刚体的定轴转动、热力学基础、静电场、稳恒电流的磁场、电磁感应、机械振动、机械波、波动光学、狭义相对论简介、近代物理学基础等内容。

本书可作为高职高专类工科学生基础物理教育的教材使用，也可作高等师范院校、教育学院、高等师范专科学校教师和学生的参考用书。

图书在版编目（CIP）数据

普通物理学/蔡保平，杜乃珍主编．—北京：化学工业出版社，2006.5（2024.2 重印）
教育部高职高专规划教材
ISBN 978-7-5025-8715-4

Ⅰ．普…　Ⅱ．①蔡…②杜…　Ⅲ．普通物理学-高等学校：技术学院-教材　Ⅳ．O4

中国版本图书馆 CIP 数据核字（2006）第 051811 号

责任编辑：张双进　　　　装帧设计：郑小红
责任校对：王素芹

出版发行：化学工业出版社（北京市东城区青年湖南街 13 号　邮政编码 100011）
印　　装：北京盛通数码印刷有限公司
787mm×1092mm　1/16　印张 12　字数 294 千字　　2024 年 2 月北京第 1 版第 17 次印刷

购书咨询：010-64518888　　售后服务：010-64518899
网　　址：http：//www.cip.com.cn
凡购买本书，如有缺损质量问题，本社销售中心负责调换。

定　　价：30.00 元

出版说明

高职高专教材建设工作是整个高职高专教学工作中的重要组成部分。改革开放以来，在各级教育行政部门、有关学校和出版社的共同努力下，各地先后出版了一些高职高专教育教材。但从整体上看，具有高职高专教育特色的教材极其匮乏，不少院校尚在借用本科或中专教材，教材建设落后于高职高专教育的发展需要。为此，1999年教育部组织制定了《高职高专教育专门课课程基本要求》（以下简称《基本要求》）和《高职高专教育专业人才培养目标及规格》（以下简称《培养规格》），通过推荐、招标及遴选，组织了一批学术水平高、教学经验丰富、实践能力强的教师，成立了“教育部高职高专规划教材”编写队伍，并在有关出版社的积极配合下，推出一批“教育部高职高专规划教材”。

“教育部高职高专规划教材”计划出版500种，用5年左右时间完成。这500种教材中，专门课（专业基础课、专业理论与专业能力课）教材将占很高的比例。专门课教材建设在很大程度上影响着高职高专教学质量。专门课教材是按照《培养规格》的要求，在对有关专业的人才培养模式和教学内容体系改革进行充分调查研究和论证的基础上，充分汲取高职、高专和成人高等学校在探索培养技术应用型专门人才方面取得的成功经验和教学成果编写而成的。这套教材充分体现了高等职业教育的应用特色和能力本位，调整了新世纪人才必须具备的文化基础和技术基础，突出了人才的创新素质和创新能力的培养。在有关课程开发委员会组织下，专门课教材建设得到了举办高职高专教育的广大院校的积极支持。我们计划先用2～3年的时间，在继承原有高职高专和成人高等学校教材建设成果的基础上，充分汲取近几年来各类学校在探索培养技术应用型专门人才方面取得的成功经验，解决新形势下高职高专教育教材的有无问题；然后再用2～3年的时间，在《新世纪高职高专教育人才培养模式和教学内容体系改革与建设项目计划》立项研究的基础上，通过研究、改革和建设，推出一大批教育部高职高专规划教材，从而形成优化配套的高职高专教育教材体系。

本套教材适用于各级各类举办高职高专教育的院校使用。希望各用书学校积极选用这批经过系统论证、严格审查、正式出版的规划教材，并组织本校教师以对事业的责任感对教材教学开展研究工作，不断推动规划教材建设工作的发展与提高。

教育部高等教育司

前　言

目前，高职高专教育已作为中国高等教育的重要组成部分，成为促进就业、经济发展的重要基础和提高国家竞争力的重要途径。从规模上看，高职高专教育已经成为中国高等教育的“半壁江山”，从教育的发展现状来看，高职教育有着广阔的发展空间，为地方经济建设培养了大批技术应用型和高技能人才。

在当前教材建设特别是基础物理教材建设滞后于高职教育迅速发展的矛盾十分突出的情况下，编写一本适应高职高专教育培养技术应用型人才要求的、真正具有高职特色的、体系完整的物理教材十分必要而且迫切。为此，本着“以应用为目的，以必需、够用为度”和“以素质为核心、能力为基础、技能为重点”的原则，力求体现理论联系实际，重视物理理论在生产技术中应用知识的介绍，注意培养学生的综合能力、创新意识和基本技能，编写了这本大学物理教材。

在教材的编写过程中力求做到内容新颖、结构合理、概念清楚、实用性强、通俗易懂、前后相关课程有较好的衔接。与本科相关教材相比，本教材在培养学生的应用技能上更具特色，具有较强的实用性。

本书共十二章，由蔡保平、杜乃珍任主编，各章作者为：蔡保平编写绪论、第五章、第六章；杜乃珍编写第一章、第十二章、阅读材料、习题答案及附录；薛丽丽编写第二章～第四章、第十一章；白心爱编写第七章～第十章；各章思考题及习题由各章作者编写完成。

本书可作为高职高专类工科学生基础物理教育的教材使用，也可作高等师范院校、教育学院、高等师范专科学校教师和学生的参考用书。

由于时间和水平有限，有不妥之处，敬请同行和读者批评、指正。

最后，对本书在编写和出版过程中给予支持和帮助的同志表示衷心的感谢！

编者

2006 年 6 月

目　　录

绪论 ……………………………………………………………… (1)

第一章　牛顿运动定律 ……………………………………………… (4)

第一节　参考系和坐标系 …………………………………………… (4)

第二节　位移　速度 ………………………………………………… (6)

第三节　加速度 ……………………………………………………… (8)

第四节　牛顿运动定律 ……………………………………………… (11)

第五节　牛顿运动定律的应用 ……………………………………… (13)

思考题 ………………………………………………………………… (15)

习题 …………………………………………………………………… (15)

第二章　动量守恒　能量守恒 ……………………………………… (17)

第一节　动量定理 …………………………………………………… (17)

第二节　动量守恒定律 ……………………………………………… (19)

第三节　功　动能定理 ……………………………………………… (21)

第四节　保守力的功　势能 ………………………………………… (22)

第五节　功能原理　机械能守恒定律 ……………………………… (25)

思考题 ………………………………………………………………… (26)

习题 …………………………………………………………………… (26)

第三章　刚体的定轴转动 …………………………………………… (28)

第一节　刚体定轴转动的描述 ……………………………………… (28)

第二节　转动动能定理 ……………………………………………… (30)

第三节　转动定律 …………………………………………………… (31)

第四节　角动量守恒定律 …………………………………………… (34)

思考题 ………………………………………………………………… (36)

习题 …………………………………………………………………… (37)

第四章　热力学基础 ………………………………………………… (39)

第一节　平衡态　理想气体状态方程 ……………………………… (39)

第二节　热力学第一定律 …………………………………………… (41)

第三节　热力学第一定律对理想气体的应用 ……………………… (43)

第四节　循环过程　卡诺循环 ……………………………………… (46)

第五节　热力学第二定律 …………………………………………………… (49)
第六节　熵和熵增加原理 …………………………………………………… (51)
思考题 ………………………………………………………………………… (53)
习题 …………………………………………………………………………… (54)

第五章　静电场 ………………………………………………………… (56)
第一节　电荷　真空中的库仑定律 ………………………………………… (56)
第二节　电场　电场强度 …………………………………………………… (58)
第三节　静电场的环路定理　电势 ………………………………………… (64)
第四节　电介质 ……………………………………………………………… (68)
第五节　电容器 ……………………………………………………………… (70)
第六节　静电场的能量 ……………………………………………………… (72)
思考题 ………………………………………………………………………… (75)
习题 …………………………………………………………………………… (76)

第六章　稳恒电流的磁场 ……………………………………………… (78)
第一节　真空中的稳恒磁场 ………………………………………………… (78)
第二节　毕奥-萨伐尔定律及其应用………………………………………… (79)
第三节　磁场力　磁力矩 …………………………………………………… (83)
第四节　磁介质 ……………………………………………………………… (87)
思考题 ………………………………………………………………………… (89)
习题 …………………………………………………………………………… (90)

第七章　电磁感应 ……………………………………………………… (92)
第一节　电磁感应现象 ……………………………………………………… (92)
第二节　动生电动势 ………………………………………………………… (94)
第三节　感生电动势 ………………………………………………………… (97)
第四节　自感　磁场能量 …………………………………………………… (99)
思考题………………………………………………………………………… (102)
习题…………………………………………………………………………… (103)

第八章　机械振动 ……………………………………………………… (105)
第一节　简谐振动…………………………………………………………… (105)
第二节　描述简谐振动的物理量…………………………………………… (106)
第三节　简谐振动的旋转矢量法 …………………………………………… (109)
第四节　简谐振动的合成…………………………………………………… (110)
第五节　阻尼振动　受迫振动　共振……………………………………… (111)
思考题………………………………………………………………………… (113)

习题……(114)

第九章 机械波……(115)
第一节 机械波的产生和传播……(115)
第二节 平面简谐波……(117)
第三节 波的能量 能流密度……(119)
第四节 波的干涉……(120)
第五节 驻波……(123)
第六节 多普勒效应……(124)
思考题……(125)
习题……(126)

第十章 波动光学……(128)
第一节 光的电磁理论……(128)
第二节 双缝干涉……(130)
第三节 薄膜干涉……(133)
第四节 光的衍射……(137)
第五节 光的偏振……(141)
思考题……(144)
习题……(145)

第十一章 狭义相对论简介……(147)
第一节 伽利略变换 牛顿的绝对时空观……(147)
第二节 狭义相对论的基本原理 洛仑兹变换……(149)
第三节 狭义相对论的时空相对性……(150)
第四节 狭义相对论的动力学基础……(152)
思考题……(153)
习题……(154)

第十二章 近代物理学基础……(155)
第一节 光的粒子性 康普顿效应……(155)
第二节 实物粒子的波粒二象性……(157)
第三节 不确定关系……(158)
第四节 波函数及统计解释……(160)
第五节 薛定谔方程……(161)
第六节 一维无限深势阱……(162)
第七节 固体的能带……(165)
思考题……(167)
习题……(167)

阅读材料　纳米材料简介 ………………………………………… (168)

附录 ………………………………………………………………… (176)
附录一　希腊字母表 ………………………………………………… (176)
附录二　一些常用数字 ……………………………………………… (176)
附录三　几种单位的换算 …………………………………………… (176)
附录四　基本物理量 ………………………………………………… (177)
附录五　数学公式 …………………………………………………… (177)
附录六　可见光在真空中的波长范围 ……………………………… (178)
习题答案 …………………………………………………………… (179)

参考文献 …………………………………………………………… (184)

绪　论

一、物理学的研究对象

人们周围的一切客观实体都是物质，一切物质都在不停地运动着，自然界中的一切现象都是物质不同运动形式的表现。物理学是研究物质运动中最普遍、最基本的运动形式和规律、认识物质世界的基本属性的一门科学。

物质的各种不同运动形式具有各自不同的运动规律，不同的学科就在于它所研究的运动形式和规律不同。物理学所研究的运动形式包括机械运动、分子运动、电磁运动、原子和原子核内部的运动等。

物理学所研究的运动，普遍地存在于其他复杂的高级的运动形式（如化学的、生物的等）之中。因此，物理学所研究的物质运动规律，具有最大的普遍性。例如，宇宙间的一切物体，无论化学成分如何不同，有无生命，都遵从物理学中万有引力定律；一切变化过程，都遵从物理学中所确定的能量转化与守恒定律；任何有限的孤立系统的熵都不会减少，即遵从熵增原理。但是应该懂得，自然界中各类不同的运动形式，具有各自不同的特殊规律，这些规律不可能都归结为物理规律。因此，只用物理规律不能解释所有的自然现象。例如，生命过程和化学过程就不能单纯用物理规律来解释。

由于物理学所研究的物质运动及其规律的普遍性，物理学便成为自然科学和工程技术科学的基础，没有物理学基础，想在其他自然科学和技术领域中取得成功是不可能的。

学习物理学的目的就是要掌握最普遍的自然规律，深入认识物质世界的基本属性，有效地运用物理学知识改造自然，为人类造福。

二、物理学的作用与意义

物理学是自然科学的带头学科。

① 物理学是一门定量的科学，它与数学有着密切的关系；如牛顿、欧拉、高斯到彭加勒、克莱因、希尔柏特等都同时精通物理和数学，近年来关于混沌的研究就是两门学科相互结合的结果。

② 物理学与天文学更是密不可分；最早可追溯到开普勒与牛顿对行星运动的研究，目前物理学为天文学研究提供了各种探测手段，天文观测又为物理学提供了丰富的实验证据。

③ 物理学与化学是唇齿相依、息息相关的；化学中的原子论、分子论的发展为物理学中气体动理论的建立奠定了基础，而物理学中量子理论的发展又从本质上说明了元素性质周期性变化的规律。近年来半导体、超导体、液晶科学、高分子科学和分子膜科学的发展都是物理学家、化学家共同努力的结果。

④ 物理学对生物学的发展起了决定性的作用：一方面是为生物学的研究提供了现代化的实验手段，如电子显微镜、X射线显微镜、核磁共振、扫描隧道显微镜等；另一方面是为生物学提供了许多理论概念和方法，如基因问题的研究。

物理学是现代技术革命的先导。物理学与技术的关系存在两种基本模式：一种是由于生产实践的需要而创建了技术，如18世纪至19世纪的蒸汽机等热机技术，然后再建立了热力学；另一种是先在实验室中揭示了基本规律，建立比较完整的理论，再应用到生产中，如19世纪的电磁学。在当今世界中，第二种模式的重要性更为显著，物理学已成为现代高技术发展的先导与基础学科。在当前最引人注目的高技术领域，即核能技术、超导技术、信息技术、激光技术和电子技术等，物理学的基础研究所起的指导作用日趋突出。

物理学是科学的世界观和方法论的基础。物理学史告诉人们，每个新的物理概念和物理规律的确立，都是人类认识史上的一个飞跃，如普朗克的量子假设、爱因斯坦的相对论等，同时，物理学是一门理论和实验高度结合的科学，物理学的发展充分体现了理论与实验的辩证关系。

三、物理学的研究方法

学习物理学与学习其他自然科学一样，都必须遵循人类对客观世界认识的总法则，即实践—理论—实践的认识法则，观察和实验是实践的重要环节，是认识客观世界的基础，也是进行科学研究的基本方法。观察是就现象在自然界的本来情况进行实地观测和研究。例如，对天体和大气的现象就直接采用观察法。实验是在人工控制条件下，对发生的某些运动现象，进行观察研究。实验的特点是人为地创造一个环境把复杂条件简化，突出主要因素，排除或减少次要因素的作用，可使同一现象反复出现，进行多次观察研究。例如，用实验观测匀速直线运动规律或动量守恒定律时，把光滑木板改为气垫导轨就是为了进一步减少摩擦力这一外界因素的作用，提高实验精度。

观察和实验对自然现象只能得到片面的、局部的感性认识或获得粗略的定量关系，不能得出本质的普遍的联系。要得到反映本质的普遍规律还必须将感性或粗略的认识上升到理性认识。完成感性认识向理性认识飞跃的基本手段是对大量实验数据和感性认识进行综合、归纳、分析，通过去粗取精，去伪存真的抽象（通常以理想模型为依托）和概括而得出规律。

所谓抽象就是根据问题的性质和内容，抓住主要因素，忽略次要因素，建立与实际研究对象相近的理想物体（模型），取代实际对象来进行研究，从而获得模型在给定条件下的基本运动规律。这种运动规律难从物体复杂运动的某一侧面反映出自然现象的一种本质联系。例如，质点、刚体、理想气体等都是理想模型。把物体抽象为质点时，质量和点是主要因素，物体的形状和大小是被忽略的次要因素；把物体抽象为刚体时，物体的形状，大小和质量及其分布是主要因素；把实际气体抽象为理想气体时，气体分子间的碰撞和自由运动是主要因素，分子间的引力和重力是被忽略的次要因素。显然，抽象和减少因素是密切相关的，抽象的过程就伴随着减少因素。在物理学的创立和发展过程中，理想模型起着不可缺少的重要作用，研究物体机械运动规律时，就是先从质点运动规律入手，再研究质点组的运动规律和刚体运动规律而逐步深入的；研究气体热性质时，首先根据气体实验定律导出理想气体状态方程，进而深入研究实际气体的性质。

在物理学的创立过程中，假说是另一主要环节，通过认识物质的属性或寻找物理规律，对现象的本质或联系最初是以假说（对现象本质的说明方案或基本论点等）提出。假说还不是被承认的理论，它只是以理想模型为依托的探索性“理论”或“理论”雏型。例如，在一定实验基础上提出来的物质结构的分子原子假说，是分子运动论的理论雏型；近代物理研究中，中国物理工作者提出的层子模型或国外学者提出的夸克模型等就是尚不完备的理论雏型。

理想模型和假说是在一定观察和实验基础上提出来的。在一定条件下通过反复的实验，不断修正这些假说或模型，使其日趋完善，如能反映客观规律和解释现象，便上升为定律或理论。例如，上述的分子、原子假说后来就发展成为分子运动论；量子假说的建立和量子理论的演变，最后发展成为量子力学理论。在科学的理论发展中，假说或理想模型起着理论母体的作用，在一定意义上说没有假说或理想模型就没有物理学乃至整个自然科学。

对同类运动客体在多次同类实验中所体现出的共同规律，一般称为物理定律。物理定律是由实验直接总结概括得出的，通常表明某些物理现象或物理量之间的规律或定量关系。由于这种关系是在一定条件下得出的，因而具有一定的适用范围和局限性。

根据已知的物理学定律，结合某些物理量的定义，通过数学推导，或逻辑演义的方法可以导出某些物理量的定量关系，这些定量关系的数字表达式通常称为物理定理（或原理）。物理定律或定理构成物理理论的骨架，成为一定范围内实践活动的指南。

从物理现象的广泛联系出发，可发现其中最基本的定律，客观存在容纳的物理信息量最多，由它可解答一类物理学问题（如牛顿第二定律可解决整个质点动力学问题）；也可把众多定律、定理概括为一个或几个简明的数学表达式，成为某一学科理论的基础，它不但能解释一定范围内的现象，而且还能预言一些问题。例如麦克斯韦方程组，不但能解释各种电磁现象，而且还预言了电磁波的存在和传播速度，并被实验所证实。

实践是检验真理的惟一标准。随着生产的发展和技术的进步，人们的实践和视野都向物质世界的深度和广度进展。在新的实践和实验面前，原来被实践证明是正确的物理规律，可能会出现理论与事实相矛盾的现象，甚至理论与事实完全不符，这时就必须修正原有的理论，寻找与新的实践相符合的理论。例如，20 世纪以来，由于在近代物理实验中出现了与牛顿力学相矛盾的现象，促成了相对论力学与量子力学的建立就是很好的例子。再如，热力学理论曾指出导体趋于绝对零度时其电阻才趋于零而成为超导体，而现在中国和世界上其他国家的一些学者在实验室中发现物质在 100K 附近已出现超导现象，这就使超导材料的制造和应用有了现实意义。这种实践和认识相互促进、不断深入和发展的事实正符合辩证唯物主义的认识法则，即实践、认识、再实践、再认识，这种形式循环往复以至无穷，而实践和认识之每一循环内容，都比较地上升到高一级的程度。近代物理的实验事实一再证明了“基本粒子”并不基本，还有复杂的结构，对宏观世界的认识也是如此。从地心说发展到日心说，再到银河系，在银河系外又发现了河外星系和总星系，总星系外还有天体和物质。人类对物质世界的认识无论是宏观还是微观，都是不可穷尽的，科学的发展是无止境的，一切墨守成规、止步不前的观点都是错误的。

第一章　牛顿运动定律

自然界的一切物体都处于永恒的运动之中，在多种多样的运动形式中，机械运动是最简单又最普遍的运动形式。所谓机械运动是指物体位置的变动。为了研究物体的机械运动，人们需要确定描述物体运动的方法。本章中，首先认识物体运动的相对性和建立质点模型，在此基础上，给出物体运动的位置随时间的变化关系，即运动学方程和阐明描述物体运动的一些物理量——位矢、位移、速度、加速度等。

第一节　参考系和坐标系

一、参考系、坐标系和质点

1. 参考系

宇宙间的万物都在运动，绝对静止的物体不存在，即运动是**绝对的**。要说明一个物体的位置或描述一个物体的运动，总要指明它是相对哪一个物体而言，也就是必须选择另一个物体作为参考。人们把描述物体运动时被选定为参考的物体称为**参考系**。显然，选择不同的参考系，对同一物体运动的描述不同。如匀速行驶的船上的人，以运动的船为参考系，观测到船上的物体相对自己是静止的；而岸上的人以地面为参考系，则观测到物体在做匀速直线运动。当选定某一参考系时，其他物体的运动状态就完全确定了，因此要描述物体的运动必须先说明选取哪个物体为参考系。在研究运动学问题时，可以任意选择，依问题而定。

2. 坐标系

为了定量地描述物体的运动，也就是定量地确定物体的位置及其变化，需要在参考系上建立固定的坐标系。一般在参考系上选定一点作为坐标系的原点，取通过原点并标有长度的线作为坐标轴。最常用的是直角坐标系，根据需要，也可以选其他坐标系，如极坐标系、球坐标系等。

3. 质点

有了参考系和坐标系，原则上就可以研究任何物体的机械运动了。实际的物体总有一定的大小和形状，物体上各点的运动情况一般各不相同。但在某些问题中，物体的大小和形状与所研究的问题无关，或者所起的作用甚微。这时可以忽略物体的形状和大小，把物体看成一个点，为此引入质点的概念。

物体的大小和形状可以忽略不计，把物体看成是一个有一定质量的点，这样的点称为**质点**。必须指出，质点仅在几何描述上看作是一个点，但它不是单纯的几何点，它具有质量、能量、动量等物理属性，所以质点代表的是一个物体。

一个物体能否看作质点，由问题的具体情况来决定。如研究行星绕太阳运动时，行星与太阳的距离比行星的直径大很多，行星的自转可以忽略，这时行星可以视为质点。但研究行星的自转时，就不能再视为质点。物体做平动时，物体内各点具有相似的轨道，相同的速度和加速度。因而只要研究其中一点的轨道、速度和加速度，就足以认识平动物体的全貌。因此，这时也可以把平动物体简化为质点。

如果所研究的物体不能视为质点时，可以把物体无限细分，小到每一小部分可看作质点，即物体可以看成是许多质点组成。这些质点的组合称为**质点系**。如果了解了所有这些质点的运动，则整个物体的运动也就清楚了。所以，研究质点的运动是研究物体运动的基础。

二、位置矢量

为了描述质点的运动，首先应确定质点的位置。在坐标系中，质点的位置用**位置矢量**表示，简称**位矢**。位矢是从原点指向质点所在位置的有向线段，用矢量 $\boldsymbol{r}$ 表示。如图 1-1 所示，它和该点位置坐标之间的关系是

$$\boldsymbol{r}=x\boldsymbol{i}+y\boldsymbol{j}+z\boldsymbol{k} \tag{1-1}$$

式中，x、y、z 就是 P 点的位矢 $\boldsymbol{r}$ 分别在 x、y、z 轴的分量，$\boldsymbol{i}$、$\boldsymbol{j}$、$\boldsymbol{k}$ 分别为直角 x、y、z 轴的单位矢量。位矢的大小为

$$|\boldsymbol{r}|=r=\sqrt{x^2+y^2+z^2}$$

如果质点在平面上运动，则确定质点的位矢为

$$\boldsymbol{r}=x\boldsymbol{i}+y\boldsymbol{j}$$

位矢的大小为

$$|\boldsymbol{r}|=r=\sqrt{x^2+y^2}$$

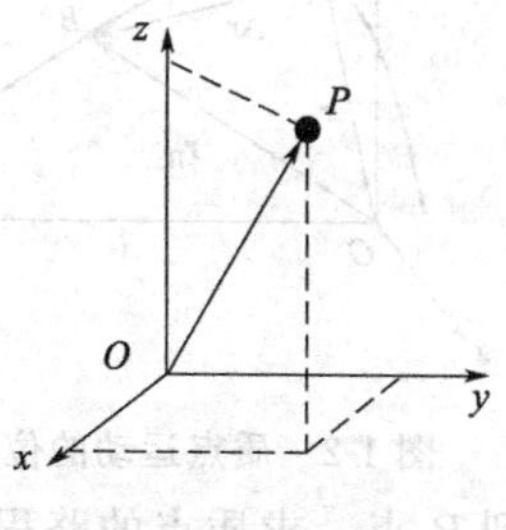

图 1-1 位置矢量

三、运动学方程

当质点相对于参考系运动时，不同时刻质点的位置不同。因此，位矢 $\boldsymbol{r}$ 的大小和方向一般都随时间在变化，即位矢 $\boldsymbol{r}$ 是时间的函数。表示为

$$\boldsymbol{r}=\boldsymbol{r}(t) \tag{1-2a}$$

位矢 $\boldsymbol{r}$ 随时间 t 变化的函数式称为**质点的运动学方程**。在直角坐标系中，质点运动学方程在三个坐标轴上的分量式为

$$\begin{cases}x=x(t)\\ y=y(t)\\ z=z(t)\end{cases} \tag{1-2b}$$

实际上质点在空间的运动可以看成是质点在 x、y、z 轴上同时参与三个直线运动 $x=x(t)$、$y=y(t)$、$z=z(t)$。质点运动学方程的矢量式与分量式是等效的，都给出了质点的位置随时间的变化规律。如高中物理曾讨论过的匀加速直线运动时，质点位置随时间的变化关系

$$x=x_0+v_0t+\frac{1}{2}at^2$$

就是质点匀加速直线运动的运动学方程。如平抛运动，其运动学方程为

$$\begin{cases}x=v_0t\\ y=h-\dfrac{1}{2}gt^2\end{cases}$$

式中，v_0 为质点水平抛出的速度，h 为初始时刻距原点的高度，g 为重力加速度，负号表示加速度的方向与 y 轴正方向相反。

第二节 位移 速度

一、位移

当质点运动时，位矢随时间变化。设 t 时刻质点位于 A 点，位矢为 $\boldsymbol{r}_A$，在 $t+\Delta t$ 时刻经某一路径运动到 B 点，位矢为 $\boldsymbol{r}_B$。用由 A 指向 B 的有向线段$\overrightarrow{AB}$表示质点在 Δt 时间内位置的变化，称它为质点的**位移矢量**，简称**位移**，用 $\Delta\boldsymbol{r}$ 表示，由图 1-2 可见

$$\Delta\boldsymbol{r}=\overrightarrow{AB}=\boldsymbol{r}_B-\boldsymbol{r}_A \tag{1-3}$$

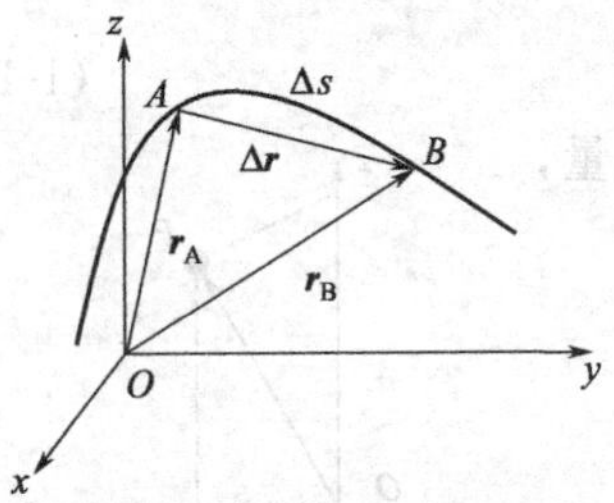

图 1-2 质点运动的位移

必须注意，位移表示质点位置的改变，它并不是质点所经历的路程。图 1-2 中，位移是有向线段，是一矢量，它的大小 $|\Delta\boldsymbol{r}|$ 就是割线 AB 的长度；而路程是一标量，是曲线的长度 Δs，Δs 和 $|\Delta\boldsymbol{r}|$ 并不相等。只有在时间 Δt 趋近于零时，Δs 与 $|\Delta\boldsymbol{r}|$ 才可看作相等。即使在直线运动中，位移和路程也是截然不同的两个概念。例如，一质点沿直线从 A 点到 B 点又折回 A 点，显然路程等于 A、B 之间距离的两倍，而位移则为零。

【例题 1】 如图 1-3 所示，质点从 A 点顺时针沿圆周运动到 B 点，求质点的路程和位移大小。

解 根据题意可知

路程 $s=\frac{3}{2}\pi R$

位移 $\Delta\boldsymbol{r}=\boldsymbol{r}_B-\boldsymbol{r}_A$

$\boldsymbol{r}_B=2R\boldsymbol{i}+R\boldsymbol{j}$

$\boldsymbol{r}_A=R\boldsymbol{i}$

于是有

$$\Delta\boldsymbol{r}=\boldsymbol{r}_B-\boldsymbol{r}_A=R\boldsymbol{i}+R\boldsymbol{j}$$

位移的大小 $|\Delta\boldsymbol{r}|=\sqrt{R^2+R^2}=\sqrt{2}R$

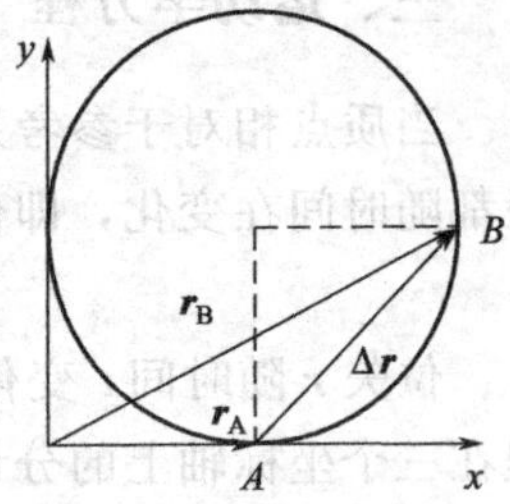

图 1-3 例题 1 附图

二、平均速度和平均速率

当质点在 Δt 时间内，发生了位移 $|\Delta\boldsymbol{r}|$ 时，为了表示质点在这段时间内运动的快慢程度，把质点的位移 $\Delta\boldsymbol{r}$ 与相应的时间 Δt 的比值，叫做在质点 Δt 时间内的**平均速度**，即

$$\overline{\boldsymbol{v}}=\frac{\Delta\boldsymbol{r}}{\Delta t} \tag{1-4}$$

平均速度是矢量，其大小等于$\left|\frac{\Delta\boldsymbol{r}}{\Delta t}\right|$，方向与 $\Delta\boldsymbol{r}$ 的方向相同。

在描述质点运动时，也常采用速率这个物理量。把路程 Δs 与时间 Δt 的比值$\frac{\Delta s}{\Delta t}$叫做质点在 Δt 时间内的**平均速率**，即

$$v=\frac{\Delta s}{\Delta t} \tag{1-5}$$

平均速率是一标量，而平均速度是矢量，显然二者截然不同。

对于平均速度和速率而言，所取时刻 t 及 Δt 时间的长短不同，其值不同。所以必须指明是在哪一时刻起，所取的是哪段时间内的平均速度或速率。

平均速度和速率只能粗略的描述质点一段时间内运动的快慢程度，还不足以细致地描述质点在某一时刻（或相应的某一位置）的运动情况。

三、瞬时速度和瞬时速率

当所取的时间 Δt 逐渐缩短且趋向于零时，$\Delta \boldsymbol{r}$ 的大小也逐渐缩短而趋近于零。位移 $\Delta \boldsymbol{r}$ 的方向以及平均速度的方向也相应地改变，并逐渐趋向于 A 点的切线方向，如图 1-4 所示。于是，质点在某一时刻 t 的运动情况，可用 $\Delta t \to 0$ 时的平均速度 $\frac{\Delta \boldsymbol{r}}{\Delta t}$ 的极限来描述，即

$$\boldsymbol{v}=\lim_{\Delta t\to 0}\frac{\Delta \boldsymbol{r}}{\Delta t}=\frac{\mathrm{d}\boldsymbol{r}}{\mathrm{d}t} \tag{1-6}$$

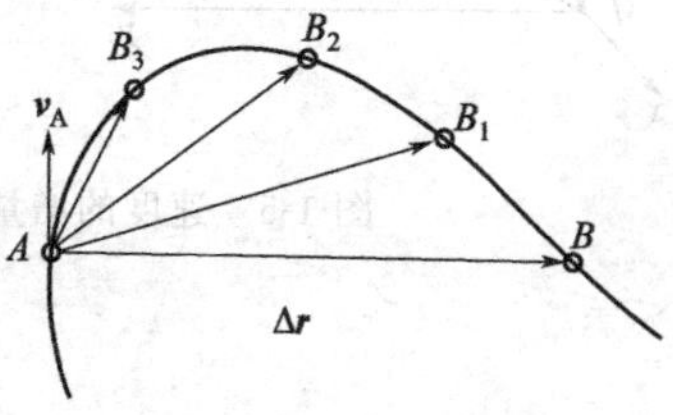

图 1-4 质点在 A 点处的速度

这一极限是位矢对时间的导数，为矢量导数。它就是质点运动时，在某时刻或某位置的**瞬时速度**，简称**速度**。速度 $\boldsymbol{v}_A$ 的方向与 $\mathrm{d}\boldsymbol{r}$ 的方向相同，沿轨道的切线方向指向质点前进的方向。

类似地，$\Delta t \to 0$ 时，平均速率 $\frac{\Delta s}{\Delta t}$ 的极限，定义为 t 时刻的**瞬时速率**，简称**速率**，

即
$$v=\lim_{\Delta t\to 0}\frac{\Delta s}{\Delta t}=\frac{\mathrm{d}s}{\mathrm{d}t} \tag{1-7}$$

$\Delta t \to 0$ 位移的大小等于路程，即 $|\mathrm{d}\boldsymbol{r}|=\mathrm{d}s$，所以

$$|\boldsymbol{v}|=\left|\frac{\mathrm{d}\boldsymbol{r}}{\mathrm{d}t}\right|=\frac{|\mathrm{d}\boldsymbol{r}|}{\mathrm{d}t}=\frac{\mathrm{d}s}{\mathrm{d}t}=v \tag{1-8}$$

即质点速度的大小与速率相等。速率是描述质点运动快慢的物理量，而不涉及质点的运动方向，它是标量。

速度也可以写成坐标表达式，对于平面上质点的运动，在直角坐标系中速度为

$$\boldsymbol{v}=v_x\boldsymbol{i}+v_y\boldsymbol{j} \tag{1-9a}$$

根据速度的定义可得

$$\boldsymbol{v}=\frac{\mathrm{d}\boldsymbol{r}}{\mathrm{d}t}=\frac{\mathrm{d}x}{\mathrm{d}t}\boldsymbol{i}+\frac{\mathrm{d}y}{\mathrm{d}t}\boldsymbol{j} \tag{1-9b}$$

在直角坐标系中的分量式为

$$v_x=\frac{\mathrm{d}x}{\mathrm{d}t}$$

$$v_y=\frac{\mathrm{d}y}{\mathrm{d}t}$$

速度的大小为

$$v=\sqrt{v_x^2+v_y^2} \tag{1-10}$$

速度方向
$$\alpha=\arctan\frac{v_y}{v_x} \tag{1-11}$$

式中，α 为速度 $\boldsymbol{v}$ 与 x 轴的夹角。

在国际单位制中，速度的单位是 m/s（米每秒）。

第三节　加　速　度

一、瞬时加速度

一般来说，速度的大小和方向都随时间 t 在变化，故可表示为矢量函数。即

$$\boldsymbol{v}=\boldsymbol{v}(t)$$

这表示质点做变速运动。在质点的变速运动中，为了描述速度 $\boldsymbol{v}$ 的变化，引入加速度这一物理量。如图 1-5 所示，质点做曲线运动。在 t 时刻质点位于 A 点，速度为 $\boldsymbol{v}_A$，$t+\Delta t$ 时刻运动到 B 点，速度为 $\boldsymbol{v}_B$，则 Δt 时间内质点的速度的增量为 $\Delta\boldsymbol{v}=\boldsymbol{v}_B-\boldsymbol{v}_A$。速度增量 $\Delta\boldsymbol{v}$ 与时间 Δt 之比称为质点在这段时间的平均加速度，用 $\overline{\boldsymbol{a}}$ 来表示

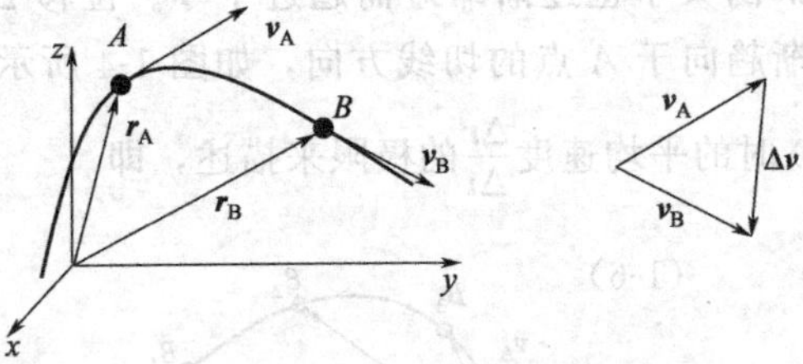

图 1-5　速度的增量

$$\overline{\boldsymbol{a}}=\frac{\Delta\boldsymbol{v}}{\Delta t}$$

平均加速度 $\overline{\boldsymbol{a}}$ 为一矢量，大小为

$$\overline{a}=|\overline{\boldsymbol{a}}|=\left|\frac{\Delta\boldsymbol{v}}{\Delta t}\right|=\frac{|\Delta\boldsymbol{v}|}{\Delta t}$$

其方向与 $\Delta\boldsymbol{v}$ 相同。

为了精确描述质点在每一时刻速度的变化，令 Δt 逐渐缩短而趋于零，取平均加速度的极限，这一极限就称为质点在 t 时刻或相应位置的**瞬时加速度**，简称为**加速度**，

即
$$\boldsymbol{a}=\lim_{\Delta t\to 0}\frac{\Delta\boldsymbol{v}}{\Delta t}=\frac{d\boldsymbol{v}}{dt}\tag{1-12a}$$

因为 $\boldsymbol{v}=\frac{d\boldsymbol{r}}{dt}$，所以上式可改写为

$$\boldsymbol{a}=\frac{d^2\boldsymbol{r}}{dt^2}\tag{1-12b}$$

即加速度等于速度对时间的一阶导数，或等于位矢对时间的二阶导数。加速度是一个矢量，其大小为

$$a=|\boldsymbol{a}|=\lim_{\Delta t\to 0}\frac{|\Delta\boldsymbol{v}|}{\Delta t}$$

其方向是 Δt 趋近于零时 $\Delta\boldsymbol{v}$ 的极限方向。

【例题 2】　一质点运动轨迹为抛物线 $y=-x^2-2x$，$x=t^2$ 其中 x、t 的单位分别为 m 和 s。求：$x=-4$ 时（$t>0$）粒子的速度、速率和加速度。

解　当 $x=-4$ 时，$t=2$

$$v_x=\frac{dx}{dt}\Big|_{t=2}=-2t\Big|_{t=2}=-4\text{m/s}$$

$$v_y=\frac{dy}{dt}\Big|_{t=2}=-4t^3+4t\Big|_{t=2}=-24\text{m/s}$$

$$v=\sqrt{v_x^2+v_y^2}=\sqrt{(-4)^2+(-24)^2}=4\sqrt{37}\text{m/s}$$

$$a_x=\frac{\mathrm{d}v_x}{\mathrm{d}t}=\frac{\mathrm{d}^2x}{\mathrm{d}t^2}\Big|_{t=2}=-2\mathrm{m/s^2}$$

$$a_y=\frac{\mathrm{d}v_y}{\mathrm{d}t}=\frac{\mathrm{d}^2y}{\mathrm{d}t^2}\Big|_{t=2}=-12t^2+4\Big|_{t=2}=-44\mathrm{m/s^2}$$

二、法向加速度和切向加速度

加速度是用以描述质点速度改变的物理量。速度是矢量，在一般曲线运动中，速度的改变既包括速度大小的改变，又包括速度方向的改变。若把加速度矢量分解为切向加速度和法向加速度，则可以使加速度对速度大小、方向的变化的描述更为明确。

下面以圆周运动为例来说明。如图 1-6 所示，一质点沿半径为 R 的圆周运动，t 时刻位于 A 点，在 A 点沿圆的切线作一坐标轴 AP，以质点运动的方向取为正方向，称为切向坐标轴；再沿半径方向指向圆心作坐标轴 AQ，称为法向坐标轴。圆周上每一点都有自己的切向坐标轴和法向坐标轴。

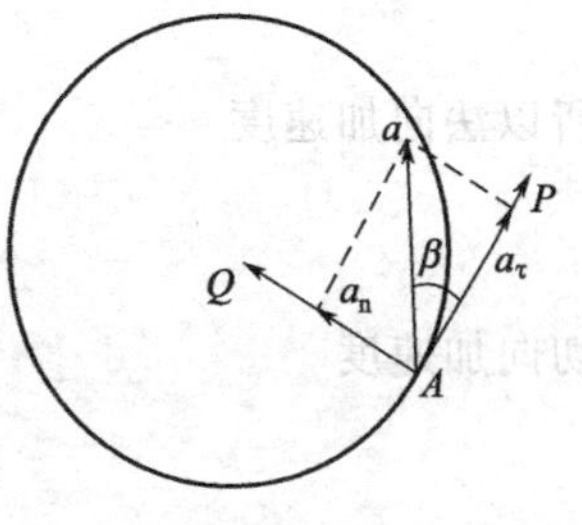

图 1-6　切向加速度和法向加速度

中学物理已经指出，做匀速圆周运动的质点，由于速度方向的变化，其加速度的大小等于 $\frac{v^2}{R}$，方向指向圆心，称为向心加速度。

如果质点做变速圆周运动，质点速度的方向和大小都发生变化。可以证明，此时质点加速度有两个分矢量，其一是由于速度方向变化所引起的，方向指向圆心，即沿法向坐标轴的正方向，大小等于 $\frac{v^2}{R}$，称为**法向加速度**，用 a_n 表示，

$$a_n=\frac{v^2}{R} \tag{1-13a}$$

其二是由于速度大小变化所引起的，方向沿切线方向，即在切向坐标轴上其分量等于质点速率 v 对时间的一阶导数，称为**切向加速度**，用 a_τ 表示，

$$a_\tau=\frac{\mathrm{d}v}{\mathrm{d}t} \tag{1-13b}$$

法向加速度描述质点的速度方向对时间的变化率；切向加速度描述质点的速度大小对时间的变化率。法向加速度 a_n 和切向加速度 a_τ 互相垂直，它们是加速度的两个分量。用它们可求得加速度 $\boldsymbol{a}$ 的大小为

$$a=\sqrt{a_n^2+a_\tau^2}$$

方向用 $\boldsymbol{a}$ 与速度 $\boldsymbol{v}$ 之间的夹角 θ 表示

$$\tan\theta=\frac{a_n}{a_\tau}$$

一般的曲线运动，既有切向加速度，又有法向加速度。如果只有切向加速度，则速度方向在一直线上，只是速度的大小改变，这就是变速直线运动。如果只有法向加速度，则速度大小不变而方向改变，这就是匀速率圆周运动。

【例题 3】　已知质点的运动学方程是

$$x=R\cos\omega t \qquad y=R\sin\omega t$$

式中，ω 和 R 是常量。求质点的速度、法向加速度和切向加速度。

解 此质点在 xOy 平面上运动，将运动方程的两边分别求平方后相加得

$$x^2+y^2=R^2$$

这是以原点为圆心，R 为半径的圆，说明此质点沿圆形轨道运动。所以上式称为此质点的轨道方程。在直角坐标系中，速度的分量为

$$v_x=\frac{\mathrm{d}x}{\mathrm{d}t}=-R\omega\sin\omega t$$

$$v_y=\frac{\mathrm{d}y}{\mathrm{d}t}=R\omega\cos\omega t$$

速度的大小

$$v=\sqrt{v_x^2+v_y^2}$$

所以法向加速度

$$a_{\mathrm{n}}=\frac{v^2}{R}=R\omega^2$$

切向加速度

$$a_\tau=\frac{\mathrm{d}v}{\mathrm{d}t}=0$$

【例题 4】 沿 x 轴运动的一个物体，其运动规律为

$$x=8t^3-6t$$

x、t 的单位分别为 m 和 s。求

① 该物体的速度和加速度的大小；

② 初速度为多大?

③ $t=0$ 时和 $x=0$ 处，其加速度各为多大?

解 ① 根据质点速度和加速度的定义，由运动方程

$$x=8t^3-6t \tag{1}$$

可求得速度和加速度分别为

$$v=\frac{\mathrm{d}x}{\mathrm{d}t}=24t^2-6 \tag{2}$$

$$a=\frac{\mathrm{d}v}{\mathrm{d}t}=48t \tag{3}$$

② 在式 (2) 中令 $t=0$，得

$$v_0=6\mathrm{m/s}$$

③ 由式 (3)，可得 $t=0$ 时的加速度为

$$a=0$$

为了求 $x=0$ 时的加速度，可在式 (1) 中，令 $x=0$，得

$$8t^3-6t=0 \tag{4}$$

即

$$2t(4t^2-3)=0 \tag{5}$$

解得

$$t=0;\ \pm\frac{\sqrt{3}}{2}\mathrm{s}$$

取 $t=0$；$t=+\frac{\sqrt{3}}{2}\mathrm{s}$ 并代入式 (3)，可得

$$a=0;\ a=41.6\mathrm{m/s^2}$$

第四节　牛顿运动定律

前面讨论了如何描述质点的运动，并未涉及质点运动状态变化的原因。要研究质点运动状态变化的原因，就需考虑物体本身的性质和物体之间的相互作用。力学中的这一部分，称为动力学。动力学的基本原理是牛顿的三个运动定律。本节对牛顿三定律做简单的介绍。

一、牛顿运动定律的基本内容

1. 牛顿第一定律

任何物体都保持静止或匀速直线运动状态直到其他物体的作用迫使它改变这种状态为止。

对牛顿第一定律说明以下几点。

① 提出了惯性的概念。第一定律说明，物体都有保持运动状态不变的特性。这种特性称为物体的**惯性**。所以第一定律也称惯性定律。

② 确定了力的确切含义。第一定律表明，物体运动状态的改变，即获得加速度，是由于其他物体的作用。这种物体之间的相互作用称之为力。所以力是物体运动状态改变的原因。

③ 定义了惯性参照系。前面曾指出，物体的运动状态总是相对于一定的参照系而言的，参照系的选择是任意的，在不同的参照系中观察同一物体，其运动状态并不相同。牛顿第一定律把物体运动状态的变化和物体受力与否联系起来。对任意选择的参照系，牛顿第一定律是否都成立呢。在不受力的条件下，物体静止或做匀速直线运动是相对于哪一个参照系而言的呢。

假设在参照系S中观察其一物体，它是静止的，而在一个相对于参照系S做加速运动的参照系S′中，观察物体时，则P物体做加速运动。在这两种情形中，物体P与周围物体的相互作用是相同的，但加速度却不相同。因此，如果牛顿第一定律在参照系S中成立，则在参照系S′中不成立。这说明牛顿第一定律不是对所有的参照系都成立。在动力学中，与运动学的情形不同，参照系的选择不是任意的，只有对某些特殊的参照系，牛顿第一定律才成立，这种特殊的参照系称为**惯性参照系**，简称为**惯性系**。而牛顿第一定律不成立的参照系，称为**非惯性参照系**或**非惯性系**。

判断一个参照系是否为惯性系，根本的办法就是实验和观察。大量实验表明，地球可以看作一个惯性系，相对地面做匀速直线运动的任何参照系都是惯性系。但从更高的精度去考察某些实验时发现，以地球为参照系，牛顿第一定律只是近似成立，因而地球并不是严格的惯性系。对天体运动的研究表明，选择以太阳中心为坐标原点、坐标轴指向其他恒星的坐标系——通常称为太阳参照系，观察到的结果更为精确地符合牛顿运动定律，因此太阳参照系是更精确的惯性系。在动力学问题中，只能在惯性系中运用牛顿运动定律。本书中，在研究地面上物体的运动时，如不做特殊说明，都以地面或地面上静止的物体为参照系。

2. 牛顿第二定律

任何物体在力的作用下，运动状态要发生改变，物体的加速度的大小与作用力的大小成正比，与物体的质量成反比，加速度的方向与作用力方向一致。

如选取适当的单位，选国际单位制，牛顿第二定律的数学表示为

$$\boldsymbol{F}=m\boldsymbol{a} \tag{1-14a}$$

由运动学中已知 $\boldsymbol{a}=\frac{\mathrm{d}\boldsymbol{v}}{\mathrm{d}t}=\frac{\mathrm{d}^2\boldsymbol{r}}{\mathrm{d}t^2}$，牛顿第二定律也可写为

$$\boldsymbol{F}=m\frac{\mathrm{d}\boldsymbol{v}}{\mathrm{d}t}=m\frac{\mathrm{d}^2\boldsymbol{r}}{\mathrm{d}t^2} \tag{1-14b}$$

对第二定律时说明下列几点。

① 此定律适用的对象是质点。对于不能视为质点的物体，应当把它分割成许多小部分，在所讨论的问题中，若这些小部分当作质点时，要分别对它们应用第二定律。

② 式中的力 $\boldsymbol{F}$ 应理解为物体所受的合外力。

③ 牛顿第二定律是一个瞬时关系。式（1-14）中的 $\boldsymbol{F}$ 和 $\boldsymbol{a}$ 必须是同一时刻的瞬时量。力改变时，加速度也同时随之改变，当力变为零时，加速度也同时变为零。

④ 式（1-14）是矢量式，实际应用时常用其分量式。

$$\begin{aligned} F_x&=ma_x \\ F_y&=ma_y \\ F_z&=ma_z \end{aligned} \tag{1-15a}$$

在处理曲线运动时，还常用到沿切线方向和法线方向的分量式

$$\begin{aligned} F_\tau&=ma_\tau=m\frac{\mathrm{d}v}{\mathrm{d}t} \\ F_\mathrm{n}&=ma_\mathrm{n}=m\frac{v^2}{\rho} \end{aligned} \tag{1-15b}$$

⑤ 牛顿第二定律只适用于惯性参照系。

3. 牛顿第三定律

大量实验事实证明，物体间的作用总是相互的。两个物体之间的作用力与反作用力，沿同一条直线，大小相等，方向相反，分别作用在两个物体上。表达式为

$$\boldsymbol{F}_1=-\boldsymbol{F}_2 \tag{1-16}$$

式中，$\boldsymbol{F}_1$ 是作用力，$\boldsymbol{F}_2$ 是反作用力。

关于牛顿第三定律有以下几点说明。

① 作用力与反作用力同时存在，同时消失。

② 作用力与反作用力分别作用在两个物体上，二者不能相互抵消。

③ 无论相互作用的两个物体是静止的还是运动的，第三定律总是成立的。

④ 作用力与反作用力属于同种性质的力。

牛顿第一定律指出物体只有外力作用下才改变其运动状态，牛顿第二定律给出物体的加速度与作用于物体的力和物体质量之间的数量关系，牛顿第三定律则说明力具有物体间相互作用的性质，三条定律是一个整体，它成为经典力学的基础。虽然 20 世纪诞生了包含狭义相对论、广义相对论和量子力学的近代物理学，然而绝不因近代物理学的出现使经典物理学失去存在的价值。当质点速度远小于光速时，狭义相对论力学又回到牛顿的经典力学。牛顿运动定律在力学和整个物理学中占有重要的地位。在工程技术中有着广泛的应用。

二、量纲

1984 年中国国务院发布了《关于在中国统一实行法定计量单位的命令》，确定了以国际单位制（SI）为基础的中国法定计量单位。在国际单位制中，力学的基本量是长度、质量和时间，它们的基本单位分别为 m（米），kg（千克）和 s（秒）。其他物理量都是导出量，其

单位为导出单位。导出量由基本量导出，例如

速度　　$\boldsymbol{v}=\dfrac{\mathrm{d}\boldsymbol{r}}{\mathrm{d}t}$　　单位为 m/s；

加速度　　$\boldsymbol{a}=\dfrac{\mathrm{d}^2\boldsymbol{r}}{\mathrm{d}t^2}$　　单位为 $\mathrm{m/s^2}$；

力　　$\boldsymbol{F}=m\boldsymbol{a}$　　单位为 $1\mathrm{N}=1\mathrm{kg}\cdot\mathrm{m/s^2}$。

把表示每个基本量的符号规定后，用这些符号的不同组合来表示各个导出量，表示一个量是由哪些基本量导出的及如何导出的式子，称为此量的量纲。国际单位制中，用符号 L、M 和 T 分别代表长度、质量和时间这三个基本量的量纲，其他物理量的量纲就可以用这三个字母的某种组合来表示，在物理量的符号外加方括号来表示该物理量的量纲如 $[\boldsymbol{v}]$、$[\boldsymbol{a}]$、$[\boldsymbol{F}]$ 等。

$$[\boldsymbol{v}]=\left[\frac{\mathrm{d}\boldsymbol{r}}{\mathrm{d}t}\right]=\frac{L}{T}=LT^{-1}$$

$$[\boldsymbol{a}]=\left[\frac{\mathrm{d}\boldsymbol{v}}{\mathrm{d}t}\right]=\frac{L}{T^2}=LT^{-2}$$

$$[\boldsymbol{F}]=[m][\boldsymbol{a}]=MLT^{-2}$$

只有量纲相同的物理量才能相加减或用等号连接，这是量纲的法则。用此法则可以分别检查等式两端各量纲是否相同，从而初步核对方程或公式的正确性。例如，匀速直线运动中有

$$x=x_0+v_0t+\frac{1}{2}at^2$$

很容易看出，上式每一项的量纲都是 L，所以仅从量纲上来看是正确的。至于数字系数是否正确，不能由量纲分析来检验。

第五节　牛顿运动定律的应用

应用牛顿定律可以解决的问题主要有两类：第一类问题是已知作用在物体上的力，求物体的运动，如位置 $x(t)$、速度 $\boldsymbol{v}(t)$ 和加速度 $\boldsymbol{a}(t)$ 等，在这类问题中，已知的作用力可能是恒力，也可能是变力；第二类问题是根据物体的运动状况，求作用在物体上的力，这里还包括利用观测到的运动，去获悉未知的物体间相互作用的特点。

求解上述两类问题都离不开牛顿第二定律，这条定律是针对单个质点而言的。若涉及两个或两个以上质点的运动时，就需逐个分别运用牛顿第二定律。应用牛顿运动定律解决问题的基本方法是“隔离体法”，即把所要研究的物体隔离出来，这个被隔离出来的物体叫做隔离体。

隔离体法的步骤如下。

① 根据题设条件和需求，选一个或几个隔离体作为研究对象。

② 分析隔离体的受力情况，画出受力图。

③ 选取坐标系，列出方程。首先列出牛顿第二定律的矢量方程，然后选取合适的坐标系写出分量式。

④ 统一各量的单位求解。必要时还应对所求得的结果进行讨论。

【例题 5】　如图 1-7 所示，A、B 两物体静止，质量分别为 $m_A=100\mathrm{kg}$，$m_B=60\mathrm{kg}$，两斜面倾角分别为 α 和 β，且 $\alpha=30°$，$\beta=60°$。如果物体与斜面之间无摩擦，滑轮及绳子质量均忽略不计。问：

① 系统将向哪一边运动？

② 物体 A、B 的加速度是多大？绳中张力 T 多大？

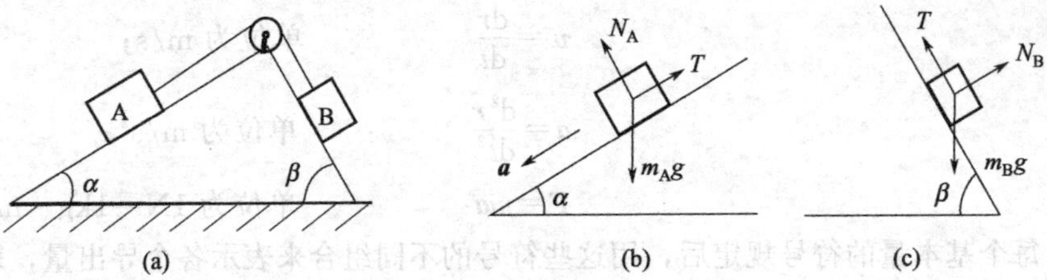

图 1-7　例题 5 附图

解　① 分别取 A 和 B 为研究对象，并视为质点。

对物体 A、B 进行受力分析。如图 1-7(b)、(c) 所示，物体 A 共受三个力，即重力 m_Ag、斜面法向支持力 N_A 和绳子的拉力 T。物体 B 也受三个力，即重力 m_Bg、斜面法向支持力 N_B 和绳子拉力 T。

由于绳子不可伸长，所以两物体的加速度大小是相同的，用 a 表示。加速度方向可能有三种情况，对物体 A 而言，a 沿斜面向上；$a=0$；a 沿斜面向下。现设物体 A 的加速度沿斜面向下，则物体 B 的加速度沿斜面向上。

② 若取加速度方向为正方向，则根据牛顿第二定律有

对 A 物体

$$m_Ag\sin\alpha - T = m_Aa \tag{1}$$

对 B 物体

$$T - m_Bg\sin\beta = m_Ba \tag{2}$$

联立式 (1)、式 (2)，解得

$$a = \frac{m_A\sin\alpha - m_B\sin\beta}{m_A + m_B}g$$

$$T = m_A(g\sin\alpha - a) = \frac{m_Am_B(\sin\alpha + \sin\beta)}{m_A + m_B}$$

代入数值后得

$$a = -0.12\text{m/s}^2$$

$$T = 502\text{N}$$

说明 a 的方向与假设的方向相反，即实际上 A 沿斜面向上，B 沿斜面向下。

【例题 6】　如图 1-8 所示，一质量为 m 的小球，系在长为 l 质量不计的细绳的一端，绳子的另一端固定在 O 点。令小球以 O 点为中心在铅垂面内做圆周运动，当小球运动到细绳与垂线夹角为 θ 时，它的速度大小为 v。求：

① 在这个位置处小球的切向加速度和法向加速度的大小；

② 此时绳子的张力 T。

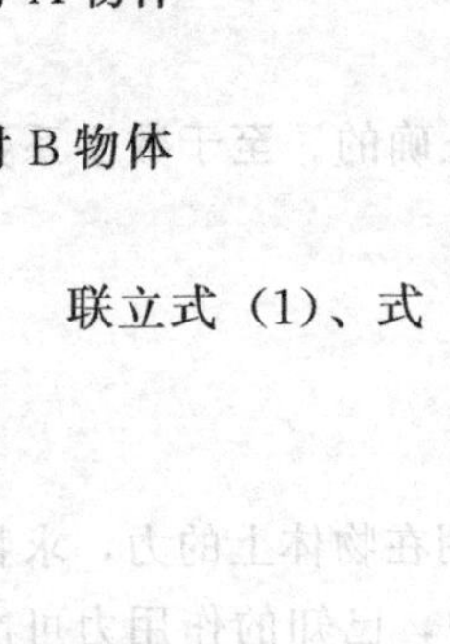

图 1-8　例题 6 附图

解　以小球为研究对象，受力分析如图 1-8 所示，小球受到绳子的拉力 F 和重力 mg，为解决问题方便，将速度分解为切向分量和法向分量。根据牛顿第二定律有

切线方向

$$-mg\sin\theta = ma_\tau \tag{1}$$

法线方向

$$T - mg\cos\theta = ma_n \tag{2}$$

法向加速度的大小

$$a_{\mathrm{n}}=\frac{v^2}{l} \qquad (3)$$

由式（1）解得切向加速度　$a_\tau=-g\sin\theta$

由式（2）和式（3）联立解得绳中的张力

$$T=\frac{mv^2}{l}+mg\cos\theta$$

思 考 题

1.1　试述位移和路程的意义及其区别。

1.2　设一质点做曲线运动，其瞬时速度为$\boldsymbol{v}$，瞬时速率为 v，平均速度为$\overline{\boldsymbol{v}}$，平均速率为 $\overline{v}$。试问它们之间的下列四种关系中哪一种是正确的？

（1）$|\boldsymbol{v}|=v, |\overline{\boldsymbol{v}}|=\overline{v}$　　（2）$|\boldsymbol{v}|\neq v, |\overline{\boldsymbol{v}}|=\overline{v}$

（3）$|\boldsymbol{v}|=v, |\overline{\boldsymbol{v}}|\neq\overline{v}$　　（4）$|\boldsymbol{v}|\neq v, |\overline{\boldsymbol{v}}|\neq\overline{v}$

1.3　某一时刻，物体的速度为零，加速度是否一定为零？加速度为零，速度是否一定为零？速度很大，加速度是否一定很大？加速度很大，速度是否一定很大？

1.4　加速圆周运动的质点，切向加速度和法向加速度的大小和方向如何变化？

1.5　判断以下几种说法是否正确？

① 物体的运动方向和合外力的方向相同；

② 物体受到几个力的的作用时就会产生加速度；

③ 物体运动的速率不变，则所受到的合外力为零；

④ 物体的速度很大，所受到的合外力也很大。

1.6　绳子的一端系着一金属小球，另一端用手握着使其在竖之平面内做匀速圆周运动，小球在哪一点时绳中的张力最小？

习　　题

1.1　由于风向变化，一船不断改变航向。它先沿北偏东 45°行驶了 3.2km，然后北偏西 50°行驶了 4.5km，最后又北偏东 45°行驶了 2.6km。其航程经历了 1 h 15 min。求

① 船的总位移；

② 此期间船的平均速度；

③ 如果整个航程中速率不变，求速率。

1.2　一质点沿 x 轴运动，坐标与时间的变化关系为 $x=4t-2t^3$，式中 x 以 m 计，t 以 s 计，求

① 在最初 2s 内的平均速度，2s 末的瞬时速度；

② 1s 末到 3s 末的位移、平均速度；

③ 1s 末到 3s 末的平均加速度；

④ 3s 末的瞬时加速度。

1.3　一质点的运动方程为 $\boldsymbol{r}(t)=\boldsymbol{i}+4t^2\boldsymbol{j}+t\boldsymbol{k}$，式中 $\boldsymbol{r}$ 以 m 计，t 以 s 计，试求

① 它的速度和加速度；

② 轨迹方程。

1.4 一质点在平面坐标系 Oxy 的第一象限内运动，如图 1-9 所示，轨道方程为 $xy=16$，且 x 随时间 t 的变化规律为 $x=4t^2(t\neq0)$。这里，x、y 以 m 计，t 以 s 计。求质点在 $t=1$s 时的速度。

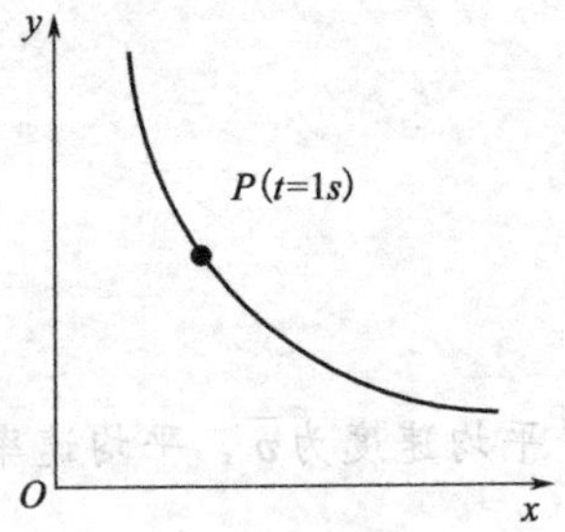

图 1-9 题 1.4 图

1.5 在 Oxy 平面上运动，x、y 随时间的变化关系为 $x=10\cos(\pi t)$，$y=10\sin(\pi t)$，式中 x、y 以 m 计，t 以 s 计，试求

① 写出质点的速度矢量表达式；

② 求它的速率表达式；

③ 求此质点在前 9.5s 内走过的路程；

④ 求它的加速度矢量表达式；

⑤ 求该质点的切向加速度和法向加速度。

1.6 一质点沿圆心为 O、半径为 R 的圆周运动，设在 P 点时开始计时，其路程从 P 点开始用圆弧 PQ 表示，并令 $PQ=s$。它随时间变化的规律为 $s=v_0t-bt^2/2$，v_0、b 都是正的恒量。求 t 时刻的质点切向加速度、法向加速度和总加速度。

1.7 质量为 50kg 的木箱，与水平面间的摩擦因数为 0.2。如果想使它做匀速直线运动。

① 需要加一个多大的与水平成 30°角的斜向上的拉力？

② 如果用与水平方向成 30°角的力斜向下推，此力又需要多大？

1.8 如图 1-10 所示的滑轮组，其中 A 为定滑轮，B 为动滑轮，一不可伸长的绳子绕过两滑轮，上端固定，下端悬一重物，质量为 $m_1=3$kg。动滑轮下悬另一重物，质量为 $m_2=4$kg。两重物由静止开始运动。不计滑轮的质量及轴上的摩擦，也不计绳的质量。求

① 求两重物运动的加速度及绳中张力；

② 求定滑轮轴所承受的压力；

③ 说明两重物的运动方向与两重物质量之比 m_1/m_2 的关系。

1.9 将质量为 10kg 的小球系在倾角 θ 为 37°的光滑斜面上，如图 1-11 所示。当斜面以加速度 $\boldsymbol{a}$ $(a=\frac{1}{2}g)$ 沿水平向左运动时，求

① 绳中的张力；

② 斜面对球的支持力；

③ 当加速度至少为多大时，斜面对球的支持力为零；

④ 当加速度至少多大时，绳的张力为零。

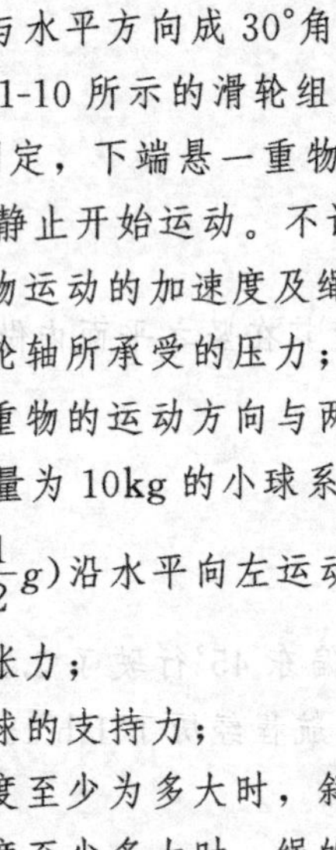

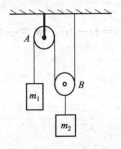

图 1-10 题 1.8 图

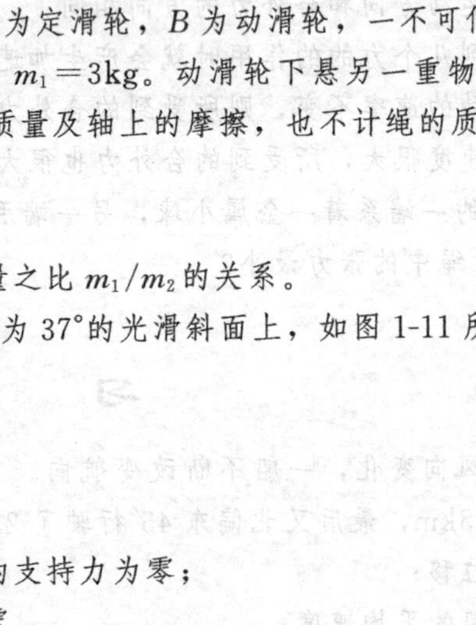

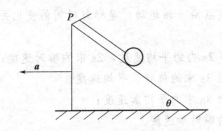

图 1-11 题 1.9 图

第二章　动量守恒　能量守恒

本章在牛顿运动定律的基础上，导出两个重要守恒定律，即机械能守恒和动量守恒。这两个守恒定律，不仅在求解力学问题中能提供简捷的途径，更重要的是它们比牛顿运动定律具有更大的普遍性，是更一般的规律。

第一节　动 量 定 理

一、力的冲量

动量是描述物体机械运动状态的物理量，牛顿在所著的《自然哲学的数学原理》一书中，把动量定义为质点的质量 m 和其速度$\boldsymbol{v}$ 的乘积，即

$$\boldsymbol{P}=m\boldsymbol{v} \tag{2-1}$$

动量是一矢量，其大小为 $P=|m\boldsymbol{v}|=mv$，方向为速度的方向。在国际单位制中，动量的单位是 kg·m/s（千克米每秒）。

冲量 $\boldsymbol{I}$ 是描述力对时间积累作用的物理量，它也是一个矢量。如果质点在 t_1 到 t_2 时间内，所受的外力 $\boldsymbol{F}$ 为一恒力，定义这段时间内恒力 $\boldsymbol{F}$ 的冲量为

$$\boldsymbol{I}=\boldsymbol{F}(t_2-t_1) \tag{2-2}$$

一般情况下，力是随时间变化的，即 $\boldsymbol{F}=\boldsymbol{F}(t)$，这时不能直接用上式计算变力的冲量。可以把时间间隔 t_2-t_1 分成许多无限短的时间间隔 $\mathrm{d}t$，在 $\mathrm{d}t$ 时间内，变力 $\boldsymbol{F}(t)$ 可以看作不变，这时力 $\boldsymbol{F}(t)$ 在 $\mathrm{d}t$ 时间内的冲量，称为**元冲量**，用 $\mathrm{d}\boldsymbol{I}$ 表示

$$\mathrm{d}\boldsymbol{I}=\boldsymbol{F}\mathrm{d}t \tag{2-3}$$

变力 $\boldsymbol{F}$ 在 t_2-t_1 时间内的冲量为

$$\boldsymbol{I}=\int_{t_1}^{t_2}\boldsymbol{F}\mathrm{d}t \tag{2-4}$$

此式是力的冲量的一般定义。由于力是矢量，时间是标量，所以力的冲量也是矢量，其方向与力的方向相同。

在国际单位制中冲量的单位为 N·s(牛顿秒)。力的冲量反映了力在一段时间内的累积。

在实际问题中，力随时间变化的规律是不知道的。如打击、碰撞一类问题中，物体之间的相互作用力具有作用时间短、变化快的特点，这种力称为**冲力**。处理这类问题时常用平均力来代替变力，这里的平均力是指力对时间的平均值，定义平均冲力为

$$\overline{\boldsymbol{F}}=\frac{\int_{t_1}^{t_2}\boldsymbol{F}\mathrm{d}t}{t_2-t_1} \tag{2-5}$$

结合式 (2-4)，把力的冲量表示为

$$\boldsymbol{I}=\overline{\boldsymbol{F}}(t_2-t_1) \tag{2-6}$$

若一个质点受到几个力的作用，合力 $F=\sum\boldsymbol{F}_i$，合力 $\boldsymbol{F}$ 的冲量为

$$I=\int_{t_1}^{t_2}\boldsymbol{F}\mathrm{d}t=\int_{t_1}^{t_2}\sum\boldsymbol{F}_i\mathrm{d}t=\sum\left(\int_{t_1}^{t_2}\boldsymbol{F}_i\mathrm{d}t\right)=\sum\boldsymbol{I}_i \tag{2-7}$$

此式表明，合力的冲量等于各分力冲量的矢量和。

二、质点的动量定理

从上述可知，力对时间的累积可以用冲量来表示。下面讨论一个质点受到的合外力的冲量与它运动状态的变化之间有什么关系。

根据牛顿第二定律 $\boldsymbol{F}=m\boldsymbol{a}=m\dfrac{\mathrm{d}\boldsymbol{v}}{\mathrm{d}t}$

质点的质量 m 不变，所以有

$$\boldsymbol{F}\mathrm{d}t=\mathrm{d}(m\boldsymbol{v}) \tag{2-8a}$$

将上式两边积分可得

$$\int_{t_1}^{t_2}\boldsymbol{F}\mathrm{d}t=m\boldsymbol{v}_2-m\boldsymbol{v}_1 \tag{2-8b}$$

式（2-8b）表明，在一段时间内，作用于质点合外力的冲量，等于质点这段时间内动量的增量，这就是**质点的动量定理**。通常把式（2-8a）称为微分形式的动量定理，而把式（2-8b）称为积分形式的动量定理。

需要特别指出，动量定理是一个矢量方程，它表明合力冲量的方向和受力质点动量增量的方向一致。在一般情况下，冲量的方向并不一定和质点的初动量或末动量的方向相同。

由于动量定理是矢量式，应用动量定理时，常用分量式。在直角坐标系中的分量式为

$$I_x=\int_{t_1}^{t_2}F_x\mathrm{d}t=mv_{2x}-mv_{1x} \tag{2-9a}$$

$$I_y=\int_{t_1}^{t_2}F_y\mathrm{d}t=mv_{2y}-mv_{1y} \tag{2-9b}$$

$$I_z=\int_{t_1}^{t_2}F_z\mathrm{d}t=mv_{2z}-mv_{1z} \tag{2-9c}$$

动量定理将过程量（冲量）的计算转化为状态量（动量）的计算，比较方便，它的应用非常广泛。

【例题 1】 如图 2-1 所示，一质量为 700g 的足球从 $h_1=5\text{m}$ 高处自由落下，落地后反跳到 $h_2=3.2\text{m}$ 的高处。求：

① 球在与地面撞击的极短过程中动量变化如何？球受到的地面冲量有多大？

② 若球与地面的接触时间是 0.02s，球对地面的平均作用力有多大？

解 ① 球刚落地时速度大小为

$$v_1=\sqrt{2gh_1}=\sqrt{2\times9.8\times5}=10\text{m/s}$$

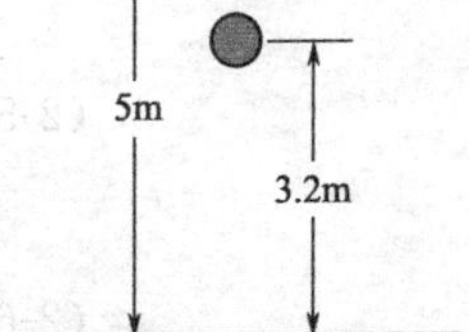

图 2-1 例题 1 附图

方向为铅直向下。

反跳时（即离开地面的瞬间）足球的速度大小为

$$v_2=\sqrt{2gh_2}=\sqrt{2\times9.8\times3.2}=8\text{m/s}$$

方向为铅直向上。

取坐标轴 x，以向上为正，根据动量定理，球受到地面的冲量为

$$I_x = mv_{2x} - mv_{1x} = 12.6\text{kg}\cdot\text{m/s}$$

方向和动量增量的方向相同，即方向为铅直向上。

② 球与地面的接触时间 $\Delta t = 0.02\text{s}$，由 $I_x = \overline{F}_x \Delta t$ 得地面对球的平均冲力的大小为

$$\overline{F}_x = \frac{I_x}{\Delta t} = \frac{12.6\text{kg}\cdot\text{m/s}}{0.02\text{s}} = 630\text{N}$$

方向为铅直向上。

根据牛顿第三定律，球对地面作用的平均冲力的大小为

$$\overline{F}'_x = 630\text{N}$$

但方向为铅直向下。

第二节　动量守恒定律

一、质点系动量定理

上一节讨论了一个质点在合力作用下，动量变化的规律，现在讨论一个质点系受力作用后，质点系的动量变化所服从的规律。

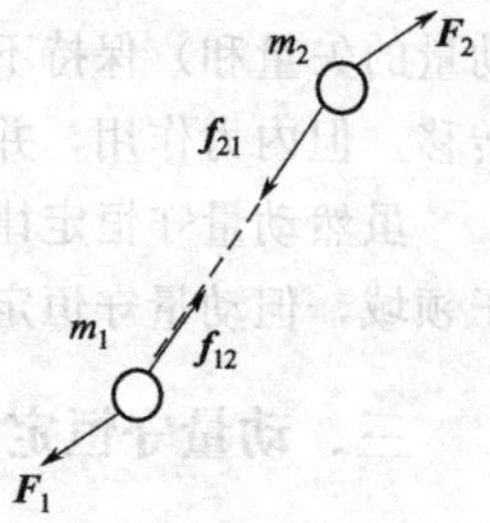

图 2-2　质点系动量变化的规律

先研究两个质点组成的质点系动量变化的规律。设 1、2 两个质点的质量分别为 m_1 和 m_2。如图 2-2 所示，质点 1 除受到质点 2 的作用力 $\boldsymbol{f}_{12}$ 外，还受到外力 $\boldsymbol{F}_1$ 的作用，质点 2 除受到质点 1 的作用力 $\boldsymbol{f}_{21}$ 外，还受到外力 $\boldsymbol{F}_2$ 的作用。

分别对质点 1、2 应用动量定理，有

$$(\boldsymbol{F}_1 + \boldsymbol{f}_{12})\text{d}t = \text{d}(m_1 \boldsymbol{v}_1)$$
$$(\boldsymbol{F}_2 + \boldsymbol{f}_{21})\text{d}t = \text{d}(m_2 \boldsymbol{v}_2)$$

两式相加可得

$$(\boldsymbol{F}_1 + \boldsymbol{F}_2 + \boldsymbol{f}_{12} + \boldsymbol{f}_{21})\text{d}t = \text{d}(m_1 \boldsymbol{v}_1 + m_2 \boldsymbol{v}_2)$$

根据牛顿第三定律

$$\boldsymbol{f}_{12} = -\boldsymbol{f}_{21}$$

即

$$\boldsymbol{f}_{12} + \boldsymbol{f}_{21} = 0$$

因此

$$(\boldsymbol{F}_1 + \boldsymbol{F}_2)\text{d}t = \text{d}(m\boldsymbol{v}_1 + m\boldsymbol{v}_2) \tag{2-10}$$

如果质点系由 n 个质点组成，可仿照上述步骤，对各质点应用动量定理，再把 n 个等式相加。由于内力总是成对出现的，所有内力的矢量和仍为零，可得

$$(\sum \boldsymbol{F}_i)\text{d}t = \text{d}(\sum m_i \boldsymbol{v}_i) \tag{2-11a}$$

式 (2-11a) 表明，作用在质点系上的合外力在 dt 时间内的冲量，等于 dt 时间内质点系动量的增量。

对上式积分可得

$$\int_{t_1}^{t_2} \sum \boldsymbol{F}_i \text{d}t = \boldsymbol{P}_2 - \boldsymbol{P}_1 \tag{2-11b}$$

式中，$\boldsymbol{P}_1$、$\boldsymbol{P}_2$ 分别为质点系初态和末态的动量。

从式（2-11b）可以看出，在一段时间内，质点系所受合外力的冲量，等于质点系在这段时间内动量的增量。这就是**质点系的动量定理**。式（2-11a）为微分形式的质点系动量定理，而把式（2-11b）称为积分形式的质点系动量定理。

二、动量守恒定律

由质点系的动量定理可得，当$\sum \boldsymbol{F}_i=0$时，$\sum m\boldsymbol{v}_i=$恒矢量，此式表明，在质点系所受合外力为零的条件下，系统的总动量保持不变。这个结论称为**动量守恒定律**。

下面对动量守恒定律做几点说明。

① 动量守恒定律的条件，是系统在所研究的运动过程中所受的合外力为零。实际上，严格的合外力为零的情况是很少遇到。在处理实际问题时，如果内力远远大于外力，这时可略去外力对系统的作用，近似看作系统的动量守恒。如打击、碰撞、爆炸等问题，都可以这样来处理。

② 如果系统所受的合外力不为零，系统的总动量并不守恒。但如果合外力在某一方向的投影为零，则系统的动量在该方向上的投影是守恒的。

③ 动量守恒定律的表达式中，所有动量都应是相对同一惯性参照系而言的。

④ 系统满足动量守恒条件时，系统内质点的动量可以发生改变，而其总动量（各质点动量的矢量和）保持不变。也就是说，系统内质点可通过系统中的内力作用使各质点的动量转移，但内力作用，并不会改变系统的总动量。

虽然动量守恒定律是从牛顿定律推导出来，但牛顿定律不能适用的分子、原子等微观粒子领域，但动量守恒定律适用。动量守恒定律是自然界最普遍，最基本的定律之一。

三、动量守恒定律的应用

动量守恒定律表明，只要满足该定律的守恒条件，系统的总动量不变。所以，可以不必过问过程的细节，而直接由动量守恒定律求解某些动力学问题，这正是用动量守恒定律求解问题的优点。

【例题 2】 小球 A 以速率 $v_A=2.4\text{m/s}$ 沿水平方向向右运动，与另一静止的 B 球相碰，两球的质量相等。碰撞后 A 球的速率 $v'_A=1.2\text{m/s}$，其运动方向相对原来方向偏转一个角度 φ，$\varphi=60°$。求碰撞后 B 球运动速度的大小和方向。

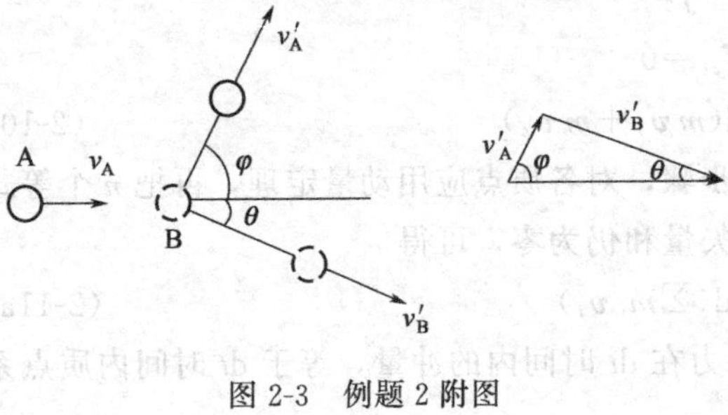

图 2-3　例题 2 附图

解　把 A、B 两球看成一个系统，在碰撞过程中系统所受的合外力等于零。根据动量守恒定律有

$$m_A v_A + m_B v_B = m_A v'_A + m_B v'_B$$

由于　　$m_A=m_B, v_B=0$

所以　　$v_A=v'_A+v'_B$

按矢量三角形方法作图，如图 2-3 所示。

应用余弦定理，可求出 v'_B 的大小

$$\begin{aligned} v'_B &= \sqrt{v_A^2+v_A'^2-2v_A v'_A\cos\varphi} \\ &= \sqrt{(2.4)^2+(1.2)^2-2\times1.2\times2.4\times\cos60°} \\ &= 2.08\text{m/s} \end{aligned}$$

v_B 与水平方向夹角 θ 可由正弦定理求出

$$\frac{v'_A}{\sin\theta}=\frac{v'_B}{\sin\varphi}$$

$$\sin\theta=\frac{v'_A}{v'_B}\sin\varphi=\frac{1.2}{2.08}\times\sin 60^\circ$$

于是求得
$$\theta=30^\circ$$

第三节　功　动能定理

一、功

中学物理中，对恒力做功的定义是，力对质点所做的功等于力在位移方向上的分量与位移大小的乘积，

即
$$A=Fs\cos\alpha$$

式中，s 为质点直线运动的位移；α 是力 $\boldsymbol{F}$ 与位移 s 之间的夹角；如图 2-4 所示。用上一章介绍的位移符号 $\Delta\boldsymbol{r}$，则有 $|\Delta\boldsymbol{r}|=s$，上式可改写为矢量的标积形式，α 是力 $\boldsymbol{F}$ 与位移 s 之间的夹角。

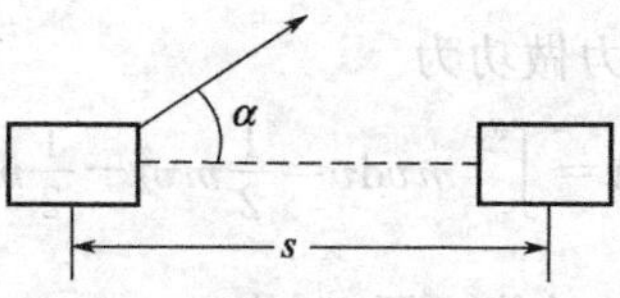

图 2-4　功

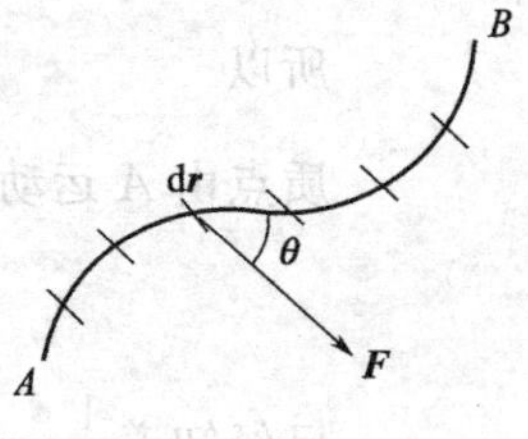

图 2-5　变力的功

即
$$A=F|\Delta\boldsymbol{r}|\cos\alpha=\boldsymbol{F}\cdot\Delta\boldsymbol{r} \tag{2-12}$$
功是一个标量。

上述功的定义，只定义了恒力的功。一般情况下，作用力是变力，运动轨道也可以是曲线。设一质点在变力 $\boldsymbol{F}$ 作用下，沿如图 2-5 所示的路径由 A 点运动到 B 点。为了计算变力所做的功，可以把路径分为许多足够小的位移元 $d\boldsymbol{r}$。在位移元 $d\boldsymbol{r}$ 上，变力的功可视为恒力对质点所做的功，称为**元功**，用 dA 表示

$$dA=\boldsymbol{F}\cdot d\boldsymbol{r}=F|d\boldsymbol{r}|\cos\alpha \tag{2-13a}$$

质点由 A 运动到 B，变力所做的功应为无限多个元功的代数和

$$A=\int_A^B \boldsymbol{F}\cdot d\boldsymbol{r}=\int_A^B F|d\boldsymbol{r}|\cos\alpha \tag{2-13b}$$

上式为变力做功的一般表达式。

在国际单位制中，功的单位是 J（焦耳）。

二、功率

在实际问题中，不仅要知道力做的功，而且要知道做功的快慢。用单位时间内做的功，即功率来表示做功快慢程度。

设某力在 Δt 时间内做功为 ΔA，则此力在 Δt 时间内的平均功率为

$$\overline{P}=\frac{\Delta A}{\Delta t}$$

瞬时功率为平均功率$\frac{\Delta A}{\Delta t}$的极限

$$P=\lim_{\Delta t\to 0}\frac{\Delta A}{\Delta t}=\frac{\mathrm{d}A}{\mathrm{d}t}$$

由于元功 $\mathrm{d}A=\boldsymbol{F}\cdot\mathrm{d}\boldsymbol{r}$，所以

$$P=\boldsymbol{F}\cdot\boldsymbol{v}=Fv\cos\alpha$$

上式表明瞬时功率等于力在速度方向上的分量和速度大小的乘积。

在国际单位制中，功率的单位是 W（瓦特）。

三、动能定理

下面讨论功与动能的关系。如图 2-6 所示，一质量为 m 的质点在外力作用下，沿曲线 AB 由 A 点运动到 B 点。A、B 两点的速度分别为$\boldsymbol{v}_1$、$\boldsymbol{v}_2$，质点移动位移元 $\mathrm{d}\boldsymbol{r}$ 时，外力所做元功为

$$\mathrm{d}A=\boldsymbol{F}\cdot\mathrm{d}\boldsymbol{r}=F\cos\alpha\mathrm{d}r=F_\tau\mathrm{d}r$$

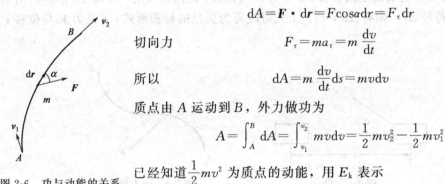

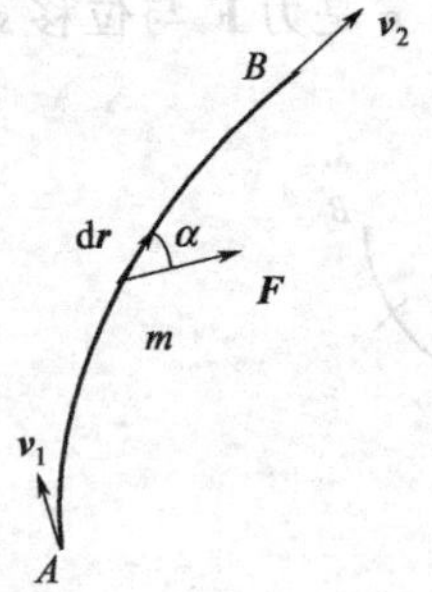

图 2-6　功与动能的关系

切向力

$$F_\tau=ma_\tau=m\frac{\mathrm{d}v}{\mathrm{d}t}$$

所以

$$\mathrm{d}A=m\frac{\mathrm{d}v}{\mathrm{d}t}\mathrm{d}s=mv\mathrm{d}v$$

质点由 A 运动到 B，外力做功为

$$A=\int_A^B\mathrm{d}A=\int_{v_1}^{v_2}mv\mathrm{d}v=\frac{1}{2}mv_2^2-\frac{1}{2}mv_1^2 \tag{2-14a}$$

已经知道$\frac{1}{2}mv^2$ 为质点的动能，用 E_k 表示

$$E_\mathrm{k}=\frac{1}{2}mv^2$$

所以$\frac{1}{2}mv_1^2$、$\frac{1}{2}mv_2^2$ 分别表示质点初始位置和末态位置时的动能，所以式（2-14a）可以写为

$$A=E_{\mathrm{k}2}-E_{\mathrm{k}1} \tag{2-14b}$$

上式表明，合外力在对质点做的功等于质点动能增量，称为**质点的动能定理**。

当 $A>0$ 时，外力对物体做正功，质点的动能增加。当 $A<0$ 时，外力对物体做负功，质点的动能减少。

在国际单位制中，动能的单位与功的单位相同，都是 J（焦耳）。

第四节　保守力的功　势能

一、保守力和非保守力的功

1. 重力的功

如图 2-7 所示，质量为 m 的物体在重力的作用下，从位置 A 位置沿一曲线路径 ACB 运动到 B 位置，A 位置和 B 位置分别相对于地面的高度为 h_1、h_2。重力在位移元 $\mathrm{d}\boldsymbol{r}$ 上的元

功为

$$dA = mg\cos\alpha dr = mgdh$$

重力做的总功

$$A = \int_A^B dA = \int_{h_2}^{h_1} mgdh = mgh_1 - mgh_2 \tag{2-15}$$

由此可见，重力做功只与始末位置 h_1、h_2 有关，与路径无关。

2. 弹性力的功

如图 2-8 所示，取直角坐标系 Ox 轴，以弹簧的平衡位置为坐标原点，当弹簧拉伸 x 时，其弹性力为 $f=-kx$，弹性力在位移元 dx 做的元功

$$dA = -kxdx$$

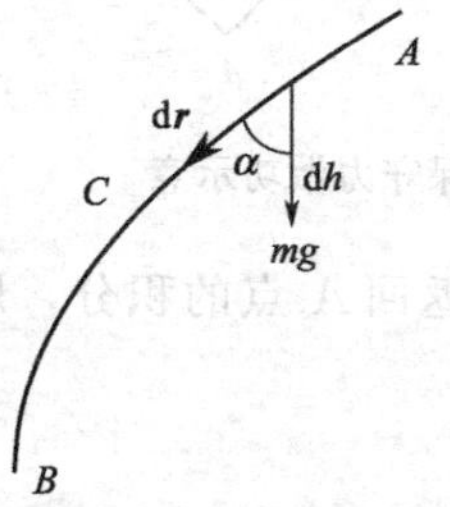

图 2-7　重力做功示意

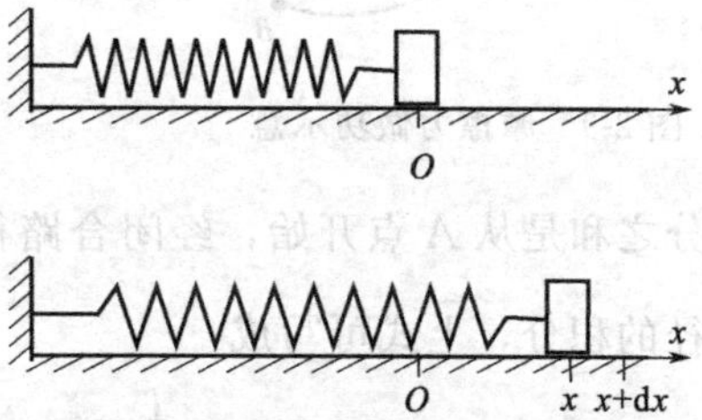

图 2-8　弹性力做功示意

物体由 x_1 移动到 x_2 的过程中所做总功为

$$A = \int dA = \int_{x_1}^{x_2} -kxdx = \frac{1}{2}kx_1^2 - \frac{1}{2}kx_2^2 \tag{2-16}$$

由此可见，弹性力的功也仅与物体的始末位置有关，而与经过的路径无关。

3. 摩擦力的功

如图 2-9 所示，质量为 m 的物体在有摩擦的水平桌面上滑动，若摩擦因数为 μ，则摩擦力 $f=-\mu mg$，负号表示方向始终与运动方向相反。当物体发生位移元 $d\boldsymbol{r}$ 时，摩擦力做的元功为

$$dA = -\mu mg dr$$

当质点由 A 经 ACB 到达 B 点时，摩擦力做的功为

$$A_{ACB} = \int_{ACB} -\mu mg dr = -\mu mg s_1$$

$$A_{ADB} = \int_{ADB} -\mu mg dr = -\mu mg s_2$$

可见摩擦力的功不仅与始末位置有关，而且与做功的路径有关。

从上面的讨论可以看到，对于重力和弹性力的功仅与始末位置有关，与做功路径无关。把做功具有这种特征的力称为**保守力**。相反不具有上述特征的力，如摩擦力，火药爆炸力称为**非保守力**。

保守力做功的特征可用数学语言表示。如图 2-10 所示，设质点在保守力 $\boldsymbol{F}_{保}$ 的作用下由 A 点开始，分别经 ACB 和 ADB 到达同一点 B，则有

$$\int_{ACB} \boldsymbol{F}_{保} \cdot d\boldsymbol{r} = \int_{ADB} \boldsymbol{F}_{保} \cdot d\boldsymbol{r}$$

由于

$$\int_{ADB} \boldsymbol{F}_{保} \cdot d\boldsymbol{r} = -\int_{BDA} \boldsymbol{F}_{保} \cdot d\boldsymbol{r}$$

所以
$$\int_{ACB} \boldsymbol{F}_{保} \cdot \mathrm{d}\boldsymbol{r} + \int_{BDA} \boldsymbol{F}_{保} \cdot \mathrm{d}\boldsymbol{r} = 0$$

即
$$\oint_{ACBDA} \boldsymbol{F} \cdot \mathrm{d}\boldsymbol{r} = 0$$

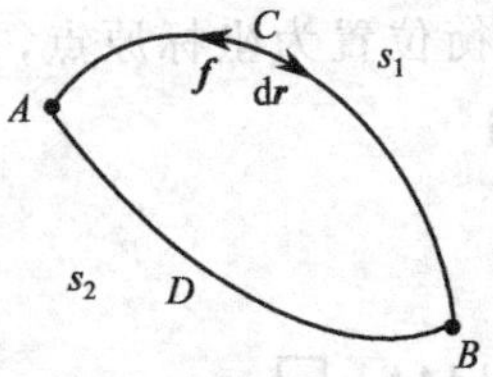

图 2-9 摩擦力做功示意

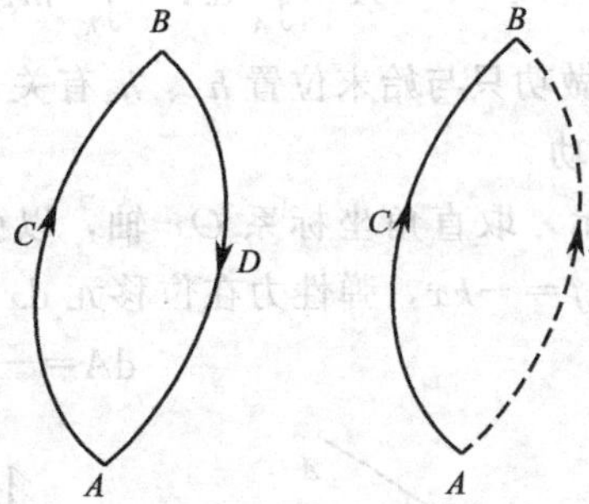

图 2-10 保守力做功示意

上式中，两积分之和是从 A 点开始，经闭合路径 $ACBDA$ 返回 A 点的积分，用符号 $\oint$ 表示沿任意闭合路径的积分，上式可写成

$$\oint \boldsymbol{F}_{保} \cdot \mathrm{d}\boldsymbol{r} = 0 \tag{2-17}$$

上式说明保守力沿闭合路径的线积分等于零，这是保守力做功的特征。

二、势能

保守力做功只与始末位置有关，而功是系统能量变化的量度。式（2-15）和式（2-16）左端是功，右端是与始末位置有关的差式，且两项具有完全相同的结构，说明它是与位置有关的系统能量的变化，这种能量称为**势能**，用符号 E_p 表示。与重力相关的势能称为重力势能，表示为

$$E_p = mgh$$

与弹簧弹性力相关的势能称为**弹性势能**，表示为

$$E_p = \frac{1}{2}kx^2$$

一般式（2-15）和式（2-16）表示为

$$A = E_{p1} - E_{p2} = -(E_{p2} - E_{p1}) = -\Delta E_p \tag{2-18}$$

式（2-18）表明，保守力的功等于势能增加负值。

关于势能的概念，需注意以下几点。

① 势能是根据保守力的特点引入的，只有存在保守力，才有与之相关的势能。

② 保守力的功决定于物体间的相对位置，因此势能应属于系统。而不应把它看作属于某一物体。通常把势能归属于某个物体，只是一种简便的说法。

③ 上式只是定义了两个位置的势能差。要确定质点在某一位置的势能，必须选定某一参考位置，以该点作为势能零点。势能零点不同，质点在同一位置的势能不同，但势能差与零点的选择无关。一般情况，选取地面为重力势能参考点，平衡位置为弹性势能参考点。

④ 势能是一个标量，其单位和功的单位相同，国际单位制中为 J（焦耳）。

第五节　功能原理　机械能守恒定律

一、功能原理

质点的动能定理可以推广到质点系中，即质点系的动能定理形式仍是

$$A=E_{k2}-E_{k1}$$

式中，E_{k1}和E_{k2}分别是质点系在初、末两状态的总动能；A是作用于质点系各质点上的力所做功的代数和。从质点系的内、外来区分，功可以分为外力的功$A_{外}$和内力的功$A_{内}$。而内力又可分为保守内力和非保守内力，因此内力的功，包含保守内力的功$A_{保内}$和非保守内力的功$A_{非保内}$。这样上式可改写为

$$A_{外}+A_{保内}+A_{非保内}=E_{k2}-E_{k1}$$

将式（2-18）代入上式，并整理得

$$A_{外}+A_{非保内}=(E_{k2}+E_{p2})-(E_{k1}+E_{p1}) \tag{2-19}$$

在式（2-19）中，E_{k1}和E_{p1}分别是质点系初始状态的动能和势能；E_{k2}和E_{p2}分别是质点系末状态的动能和势能。

把系统中所有动能和势能之和称为质点系的机械能。则上式$E_{k2}+E_{p2}$和$E_{k1}+E_{p1}$分别表示质点系初始状态和末状态的机械能。式（2-19）表明作用于质点系的所有外力和非保守内力做功的代数和，等于该质点系机械能的增量，这一规律称为**质点系的功能原理**。

将质点动能定理应用到系统上时，功是一切力所做的功，包括系统内保守力和非保守力，以及系统外所做的功，而功能定理中的功是除系统内保守力以外的一切力所做的功。

二、机械能守恒定律

如果所有的外力和非保守内力都不做功，即

$$A_{外}=0，A_{非保内}=0$$

则有

$$E_{k2}+E_{p2}=E_{k1}+E_{p1} \tag{2-20}$$

式（2-20）表明，如果质点系所受的外力和非保守内力都不做功，则系统的总机械能保持不变，这一规律称为**机械能守恒定律**。

一个质点系，如果满足机械能守恒的条件，可以根据已知条件写出该质点系机械能守恒的等式。利用此等式，可使一些力学问题的计算大为简化。

三、能量守恒定律

自然界中除机械运动这种形式以外，还存在着热运动、电磁运动以及其他一些运动形式。每种运动，都有与之相应的能量形式，因此自然界中除机械能外，还存在着热能、电能、光能、化学能、原子能等能量形式。

大量实验证明，能量既不能消灭，也不能创生，只能从一个物体传递给另一个物体，或从一种形式转化为另一种形式，这一规律称为**能量守恒定律**。机械能守恒定律是它的特例，它是自然界物质运动所遵循的基本规律之一。

思 考 题

2.1 试述系统的动量定理。在系统运动过程中，其内力对系统内各物体动量的改变和系统动量的变化是否都有影响？为什么在系统的动能定理中，内力的功会影响到系统总动能的变化？

2.2 试述系统的动量守恒定律及其适用条件。

2.3 试述功和功率的定义，列出功与功率的常用单位。

2.4 试述质点的动能定理，并阐明功与动能的区别和联系。

2.5 一质量为 m 的铁块自高度为 h 处自由落下。若将铁块与地球作为一系统，内力所做的功为多少？

2.6 说明保守力和非保守力的区别。

2.7 试述系统的保守性内力做功与其相应势能的关系，如何选择重力势能和弹性势能的零点？

2.8 某点的势能和两点间的势能之差是否都随势能零点的选择而异？

2.9 试根据系统的动能定理导出系统的功能原理。

2.10 试由系统的功能原理导出系统的机械能守恒定律及其适用条件。

2.11 起重机将一砌块铅直地匀速上吊，以砌块与地球作为一系统，此系统的机械能是否守恒？

2.12 试述能量守恒定律；并说出功与能有何区别和联系？

习 题

2.1 质量 $m=2000\text{kg}$ 的重锤，从高处自由落到锻件上。在打击锻件前的瞬间速率 $v_0=5.0\text{m/s}$，打击锻件后，速率变为零。如果作用时间分别为

① $\Delta t=1\text{s}$；

② $\Delta t=0.01\text{s}$。

试分别求锤对锻件的平均冲力。

2.2 一人将枪托在肩上，进行水平射击。一颗子弹从枪口射出时的速率为 300m/s。这颗子弹在枪筒里前进时所受的合力为 $F=400-\frac{4}{3}\times10^5t$，式中 $\boldsymbol{F}$ 和 t 的单位分别是 N 和 s。假使子弹运动到枪口处合力恰好为零，求子弹在枪筒中所受合力的冲量和子弹的质量。

2.3 氢分子的质量 $m=3.3\times10^{-27}\text{kg}$，它在碰撞器壁前、后的速度大小不变，均为 $v=1.6\times10^3\text{m/s}$，而碰撞前、后的方向分别与垂直于器壁的法线成 $\alpha=60°$，如图 2-11 所示，碰撞时间是 10^{-13}s。求氢分子碰撞容器壁的平均作用力。

2.4 设一炮车以仰角 α 发射一颗炮弹，炮车和炮弹的质量分别为 M 和 m，炮弹相对于地面的出口速度为 $\boldsymbol{v}$，试求炮车反冲（即炮车倒退）速度。炮车与地面间的摩擦力在发射炮弹的瞬间可以忽略不计。

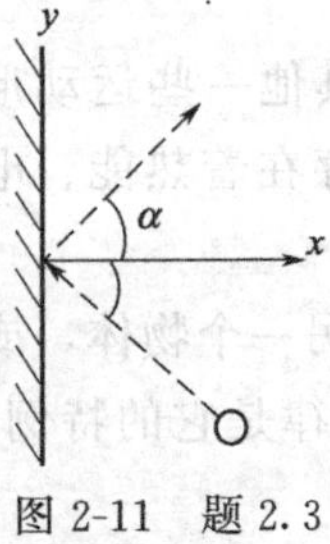

图 2-11 题 2.3 图

2.5 质量为 60kg 的人以 2.0m/s 的速度从后面跳上质量为 80kg 的小船，小船原来前进的速度为 1.0m/s。试问：

① 小船运动速度变为多少？

② 如果迎面跳上小船，小船的速度又变为多少？

2.6 炮弹在抛物线轨道的顶点分裂成质量相等的两块，一块自由落

下，落地处离发射炮弹处的水平距离 $L=1\text{km}$，轨道顶点离地面高度 $h=19.6\text{m}$，试证：另一块落地处离发射处的水平距离为 3km。

2.7　在高 $h_0=20\text{m}$ 处以初速 $v_0=18\text{m/s}$ 倾斜地抛出一石块，如图 2-12 所示。

① 若空气阻力忽略不计，求石块达到地面时的速率。

② 如果考虑空气阻力，而石块落地时速率变成 $v=20\text{m/s}$。求空气阻力所做的功。已知石块的质量为 $m=50\text{g}$。

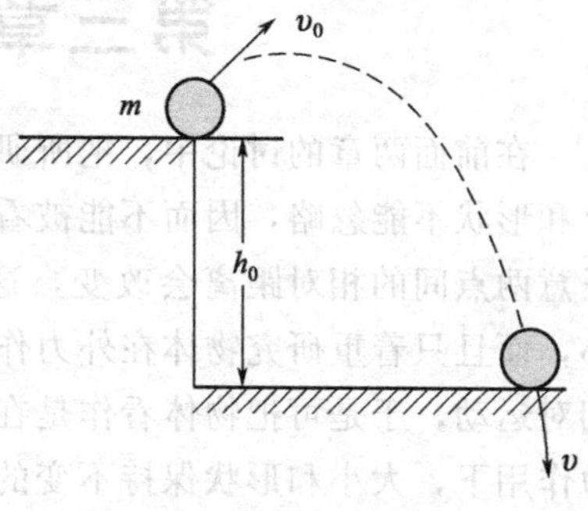

图 2-12　题 2.7 图

2.8　一个不遵守胡克定律的实际弹簧，它的弹性力 F 与形变 x 的关系为

$$F=-kx-bx^3$$

式中，$k=1.16\times10^4\text{N/s}$，$b=1.6\times10^5\text{N/s}^3$。求弹簧由 $x_1=0.2\text{m}$ 伸长到 $x_2=0.3\text{m}$ 时，弹性力所做的功。

2.9　质量为 2kg 的物体沿 Ox 轴做直线运动，所受合外力 $F=(10+6x^2)\text{N}$，如果在 $x_0=0$ 处时速度 $v_0=0$，求该物体移动到 $x=4.0\text{m}$ 处时速度的大小。

2.10　如图 2-13 所示，一质量为 $6\times10^{-3}\text{kg}$ 的小球系于绳的一端，另一端固接于 O 点，绳长 1.0m。将小球拉至水平位置 A，然后放手。求小球经过圆弧上 B、C、D 点时的

① 速度；

② 加速度；

③ 绳中张力。假定不计空气阻力，并且已知 $\theta=30°$。

2.11　一弹簧原长为 l_0，劲度系数为 k，上端固定，下端挂一质量为 m 的物体。先用手托住，使长弹簧保持原长。

① 如将物体托住慢慢放下，达静止（平衡位置）时，弹簧的最大伸长和弹性力是多少？

② 如突然松手释放物体，物体达最大位移时，弹簧的最大伸长和弹性力是多少？物体经过平衡位置时的速度是多少？

[提示：①平衡位置合力等于零；②最大位移时，瞬时速度等于零，也就是动能等于零。]

2.12　弹簧下面悬挂质量分别为 m_1 和 m_2 的两个物体。最初，它们处于静止状态，突然剪断 m_1 和 m_2 之间的连线，使 m_2 脱落。试用动能定理或功能原理计算 m_1 的最大速率是多少？已知 $k=8.9\text{N/m}$，$m_1=0.50\text{kg}$，$m_2=0.30\text{kg}$。

2.13　如图 2-14 所示的轨道，小球从静止开始自高度为 h 处无摩擦地下滑，图中圆环半径为 R，为使小球不致脱落圆环，最低的高度应是多少？

2.14　如图 2-15 所示，小车从 A 点沿光滑弯曲轨道无初速地下滑，轨道圆环部分有一缺口 BC，已知圆的半径为 R，且 $\angle BOC=2\alpha$。问 A 点的高度 h 为多少时，小车恰好能越过缺口走完整个圆环？[提示：小车越过 BC 时只受重力作用，故做抛体运动。]

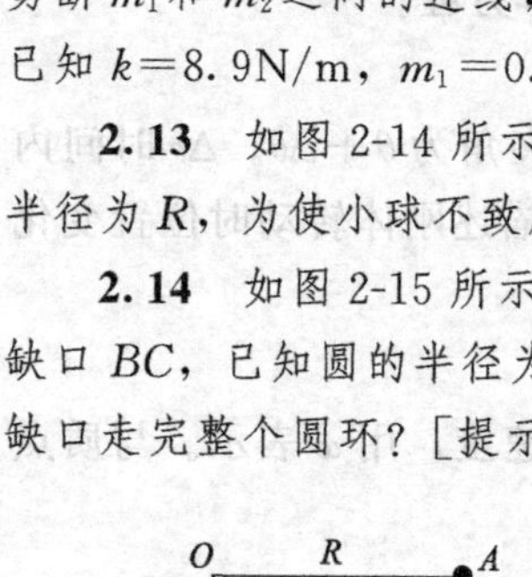

图 2-13　题 2.10 图

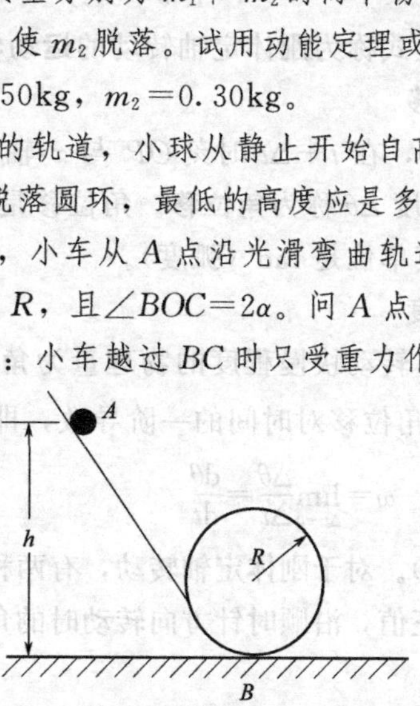

图 2-14　题 2.13 图

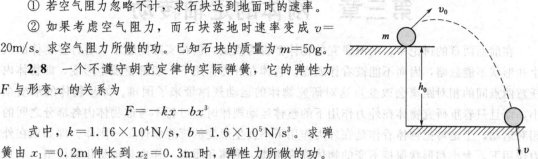

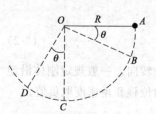

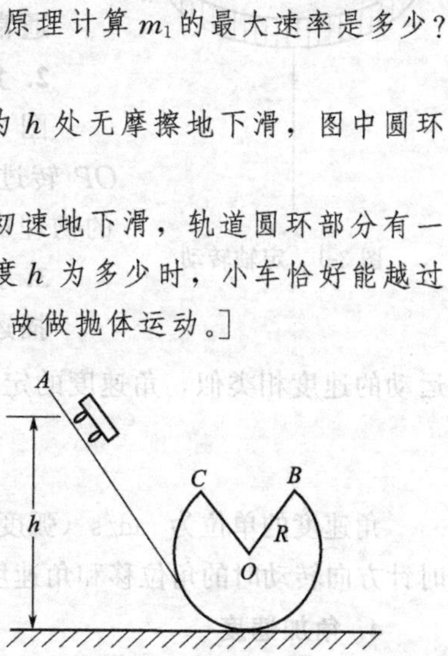

图 2-15　题 2.14 图

第三章　刚体的定轴转动

在前面两章的讨论中，把所研究的物体都视为质点。但在实际问题中，有许多物体的大小和形状不能忽略，因而不能被看作质点。物体在外力作用下一般都要发生形变，即物体内任意两点间的相对距离会改变，这对研究物体的运动规律带来了困难。如果物体的形变很小，而且只着重研究物体在外力作用下的整体运动规律时，可暂不考虑物体内各部分之间的相对运动，于是可把物体看作是在外力作用下不发生形变的理想物体——刚体。即如果在外力作用下，大小和形状保持不变的物体称为**刚体**。刚体和质点一样也是理想化的模型。本章主要研究最基本的运动形式——刚体的定轴转动。

第一节　刚体定轴转动的描述

刚体绕某一固定轴的转动，称为**刚体的定轴转动**。刚体做定轴转动时，刚体上各质点都在垂直于转轴的平面内做圆周运动，且不同半径在相同的时间内转过的角度相同。用角量来描述刚体的整体转动。

一、刚体定轴转动的角量描述

1. 角位置

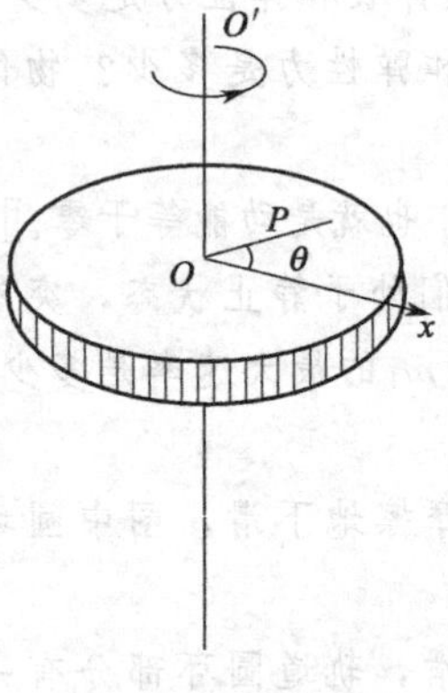

图 3-1　定轴转动

图 3-1 中，圆盘绕定轴 OO' 转动，圆盘上任意一点 P 与圆盘中心 O 的连线 OP，垂直于转轴并随着圆盘一起绕轴转动。在 t 时刻 OP 与 x 轴的夹角为 θ，称 θ 为**角位置**。刚体转动时，θ 随时间的变化关系为

$$\theta=\theta(t) \tag{3-1}$$

通常将上式称为刚体定轴转动的**运动学方程**。

2. 角位移

图 3-1 中，在 $t+\Delta t$ 时刻 OP 与 x 轴夹角为 $\theta+\Delta\theta$。Δt 时间内 OP 转过的角度 $\Delta\theta$ 称为**角位移**。角位移是描述刚体转动时位置变化的物理量，其单位是 rad（弧度）。

3. 角速度

描述刚体转动快慢程度的物理量为**角速度**，用 ω 表示。与质点运动的速度相类似，角速度的定义为角位移对时间的一阶导数，即

$$\omega=\lim_{\Delta t\to 0}\frac{\Delta\theta}{\Delta t}=\frac{\mathrm{d}\theta}{\mathrm{d}t} \tag{3-2}$$

角速度的单位为 rad/s（弧度每秒）。对于刚体定轴转动，有两种转向，一般规定刚体沿逆时针方向转动时的角位移和角速度取正值，沿顺时针方向转动时的角位移和角速度取负值。

4. 角加速度

类似的，描述刚体转动角速度变化快慢的物理量为**角加速度**，它是角速度对时间的一阶

导数，用 β 表示

$$\beta=\lim_{\Delta t\to 0}\frac{\Delta\omega}{\Delta t}=\frac{d\omega}{dt}=\frac{d^2\theta}{dt^2} \quad (3\text{-}3)$$

角加速度的单位为 rad/s^2（弧度每秒方）。

二、角量与线量的关系

描述刚体定轴转动角位置、角位移、角速度和角加速度，通常称为**角量**。与此对应，质点力学中描述质点运动的位置矢量、位移、速度和加速度，称为**线量**。角量同线量是一一对应的，对应关系如下：

θ	$\boldsymbol{r}$
$\Delta\theta$	$\Delta\boldsymbol{r}$
$\boldsymbol{\omega}$	$\boldsymbol{v}$
β	$\boldsymbol{a}$

下面给出角量与线量的关系。

弧长 s 和角位置 θ 的关系为

$$s=r\theta \quad (3\text{-}4)$$

两边对时间求导得

$$\frac{ds}{dt}=r\frac{d\theta}{dt}$$

由于线速 $v=\dfrac{ds}{dt}$，角速度 $\omega=\dfrac{d\theta}{dt}$

所以

$$v=r\omega \quad (3\text{-}5)$$

切向加速度

$$a_\tau=\frac{dv}{dt}=r\frac{d\omega}{dt}=r\beta \quad (3\text{-}6)$$

法向加速度

$$a_n=\frac{v^2}{r}=r\omega^2 \quad (3\text{-}7)$$

【例题 1】　已知刚体转动的运动学方程为 $\theta=A+Bt^3$，式中 A、B 是常数。求

① 角速度；

② 角加速度；

③ 刚体上距轴 r 的一质点的加速度。

解　① 由角速度的定义可得

$$\omega=\frac{d\theta}{dt}=3Bt^2$$

② 角加速度为 ω 对时间的一阶导数

$$\beta=\frac{d\omega}{dt}=6Bt$$

③ 由式（3-6）、式（3-7）可得，距轴 r 的一质点的切向加速度和法向加速度分别为

$$a_\tau=r\beta=6\beta rt$$

$$a_n=r\omega^2=9\beta^2rt^4$$

因此加速度的大小为

$$a=\sqrt{a_n^2+a_\tau^2}=\sqrt{(9\beta rt^4)^2+(6\beta rt)^2}$$

设加速度 a 与切向分量 a_τ 的夹角为 φ，则

$$\tan\varphi=\frac{a_n}{a_\tau}=\frac{3}{2}\beta t^3$$

第二节　转动动能定理

一、力矩和力矩的功

做定轴转动的刚体，其转动状态的变化不仅与刚体所受外力的大小有关，而且与力的作用点与作用方向有关。例如，用力开门时，如果作用力的方向与转轴平行或者通过转轴，无论用多大的力也不能把门打开。力矩就是用来描述力作用于刚体的转动效果的物理量。

设力 $\boldsymbol{F}$ 作用于刚体转动平面内的 P 点，如图 3-2 所示，力的作用线到转动中心的垂直距离 d 称为**力臂**，矢径 $\boldsymbol{r}$ 与力 $\boldsymbol{F}$ 之间的夹角为 θ，则 $d=r\sin\theta$。定义力矩的大小为

$$M=Fd=Fr\sin\theta \tag{3-8}$$

对于定轴转动，力矩作用的效果只有顺时针和逆时针两种方向，因此，刚体定轴转动中的力矩矢量可当作代数量处理，使刚体产生逆时针转动效果的力矩为正，反之为负。

如果作用力不在刚体的转动平面内，可以将力分解为转动平面上的分力和平行于转轴的分力。因平行于转轴的力矩为零，只有转动平面内的分力才产生使刚体转动的力矩。

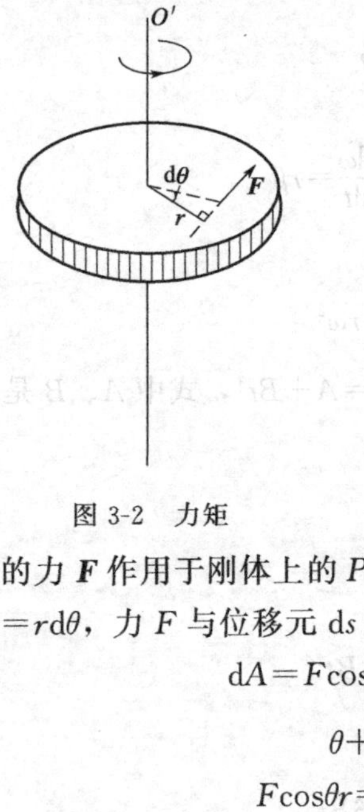

图 3-2　力矩

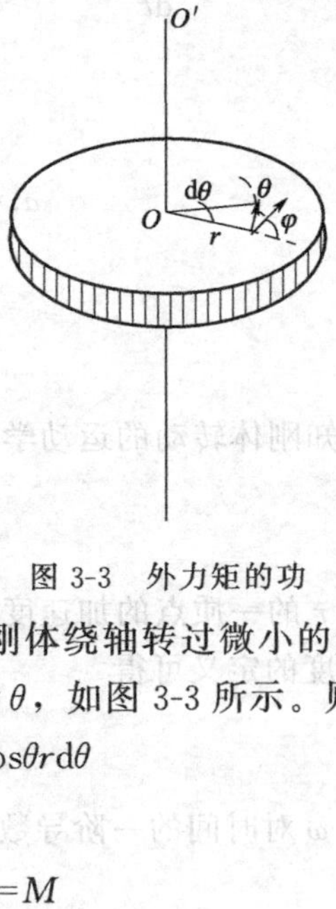

图 3-3　外力矩的功

设转动平面内的力 $\boldsymbol{F}$ 作用于刚体上的 P 点，使刚体绕轴转过微小的角位移 $d\theta$，作用点 P 的位移为 ds，$ds=rd\theta$，力 F 与位移元 ds 的夹角为 θ，如图 3-3 所示。则力 $\boldsymbol{F}$ 做的元功为

$$dA=F\cos\theta ds=F\cos\theta rd\theta \tag{3-9}$$

由于

$$\theta+\varphi=90°$$

所以

$$F\cos\theta r=F\sin\varphi r=M$$

因此式（3-9）可写为

$$dA=Md\theta \tag{3-10a}$$

当刚体在恒力矩的作用下，由 θ_1 转到 θ_2 位置时，力矩做的功为

$$A=\int_{\theta_1}^{\theta_2}Md\theta=M(\theta_2-\theta_1) \tag{3-10b}$$

如果刚体受到几个外力的作用，则式（3-8）M 应是所有外力矩的代数和，称为合外力矩。相应的式（3-10）A 为合外力矩的功。

在国际单位制中，力矩的单位为 N·m（牛顿米）。

二、刚体的转动动能和动能定理

把刚体看作质点系，刚体定轴转动的动能就是各质点动能的总和，称为**刚体的转动动能**。设刚体定轴转动的角速度为 ω，取任一与转轴的垂直距离为 r_i 的质点 m_i，其线速度 $v_i=\omega r_i$，质点 m_i 的动能为

$$\frac{1}{2}m_iv_i^2=\frac{1}{2}m_ir_i^2\omega^2$$

整个刚体的动能为

$$E_k=\sum\frac{1}{2}m_ir_i^2\omega^2=\frac{1}{2}(\sum m_ir_i^2)\omega^2 \tag{3-11}$$

式中，$\frac{1}{2}$ 和 ω 是所有质点共有的因子，可以把它们写在和式 $\sum m_ir_i^2$ 的外面。

一个具有确定转轴的刚体，它的每个质点（$m_ir_i^2$）的数值是确定的，所以和式 $\sum m_ir_i^2$ 是确定的常量，把这个常量称为刚体的**转动惯量**，用符号 I 表示

$$I=\sum m_ir_i^2 \tag{3-12}$$

于是刚体定轴转动的转动动能为

$$E_k=\frac{1}{2}I\omega^2 \tag{3-13}$$

式（3-13）说明，刚体对某一定轴的转动动能等于刚体对给轴的转动惯量与角速度平方乘积的一半。

由于刚体的大小和形状保持不变，任意两个质点之间没有相对位移，因而刚体的内力不做功，即质点系功能原理中 $A_{非保内}=0$，所以有

$$A_{外}=E_{k2}-E_{k1}$$

把 $A=\int_{\theta_1}^{\theta_2}M\mathrm{d}\theta$ 和 $E_k=\frac{1}{2}I\omega^2$ 代入上式得

$$\int_{\theta_1}^{\theta_2}M\mathrm{d}\theta=\frac{1}{2}I\omega_2^2-\frac{1}{2}I\omega_1^2 \tag{3-14}$$

式（3-14）表明，刚体绕定轴转动时，合外力矩对刚体所做的功，等于刚体转动动能的增加，这一规律称为**刚体定轴转动的动能定理**。

第三节　转动定律

一、转动定律

取不同的刚体为研究对象，用实验方法研究刚体在外力矩作用下，它的运动状态变化的规律。对刚体做如下两方面实验。

① 先使刚体的转动惯量保持一定，用不同大小的外力矩，使刚体从静止转动，可以观测到刚体的角加速度与外力矩成正比的。

② 外力矩不变，而刚体的转动惯量大小变化时，可以观测到刚体的角加速度是与 I 的大小成反比。

综合大量实验结果可以得到

$$\beta \propto \frac{M}{I}$$

在国际单位制中可写为

$$M = I\beta \tag{3-15}$$

式（3-15）称为**刚体绕定轴转动的转动定律**。它说明刚体做定轴转动时，刚体所受合外力矩等于刚体转动惯量和角加速度的乘积。与牛顿第二定律比较，它和 $\boldsymbol{F}=m\boldsymbol{a}$ 是完全对应的，其中 M 与 F，I 和 m，β 和 a 是一一对应的。转动定律是刚体转动的最基本的定律，不仅可从实验直接得出，也可以从刚体转动的动能定理导出。

二、刚体的转动惯量

将刚体的转动动能 $E_k=\frac{1}{2}I\omega^2$ 和质点平动动能 $E_k=\frac{1}{2}mv^2$ 相比较，I 相当于 m，这意味着在刚体转动中，转动惯量起着平动中质量的作用，I 是量度刚体在转动时惯性大小的物理量。

在转动惯量的定义式 $I=\sum m_i r_i^2$ 中，r_i 为质点 m_i 到轴的垂直距离，求和应遍及整个刚体。根据这一定义，可直接计算刚体的转动惯量。

当刚体的质量为连续分布时，将求和改为积分

$$I = \int r^2 \mathrm{d}m \tag{3-16}$$

式中，r 为质元 $\mathrm{d}m$ 到转轴的垂直距离，积分应遍及整个刚体。

在国际单位制中，转动惯量的单位是 $\mathrm{kg \cdot m^2}$（千克二次方米）。

由转动惯量的定义可以看到，刚体对一定转轴的转动惯量，等于刚体上各质点质量与其至转轴垂直距离平方的乘积之和。因此，转动惯量与下列三个因素有关：

① 与刚体的总质量有关；

② 在质量一定的情况下，与质量分布有关；

③ 与轴的位置有关。

原则上用式（3-12）和式（3-16）可以求各种物体对任何转轴的转动惯量。但是实际上对形状不规则的物体的转动惯量很难计算，往往用实验的方法测定。如果转动物体的形状具有对称性，质量分布具有均匀性，可用公式求出。表 3-1 中给出了部分几种几何形状规则、质量均匀的常见刚体的转动惯量，以供查用。

下面介绍计算转动惯量的两条规律。

设有两个彼此平行的转轴，一个通过物体的质心，另一个不通过质心。两平行轴之间的距离为 d，刚体的质量为 m。如果此刚体对过质心轴的转动惯量为 I_c，对另一转轴的转动惯量为 I，那么，可以证明 I 和 I_c 之间的关系为

$$I = I_c + md^2 \tag{3-17}$$

上述关系式称为**转动惯量的平行轴定理**。由式（3-17）可知，在许多平行轴中，刚体对过质心转轴的转动惯量最小。平行轴定理表明，刚体的转动惯量与转轴的位置选取有关。

对同一转轴而言，物体各部分转动惯量之和等于整个物体的转动惯量。把这一规律称为

转动惯量的可加性。

【例题 2】　如图 3-4 所示为一乙烯（C_2H_4）分子，设碳原子（C）质量为 m_C，氢原子（H）质量为 m_H。试计算该分子对过质心 O 且垂直于质量分布平面的轴的转动惯量。

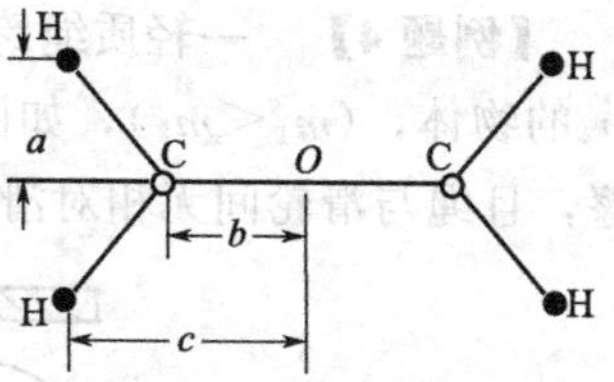

图 3-4　例题 2 附图

解　由转动惯量的定义

$$I=\sum m_i r_i^2$$

C_2H_4 分子对过质心且垂直于质量分布平面的轴的转动惯量为

$$I=2m_C b^2+4m_H(a^2+c^2)$$

表 3-1　几种质量均匀分布的刚体的转动惯量

细棒 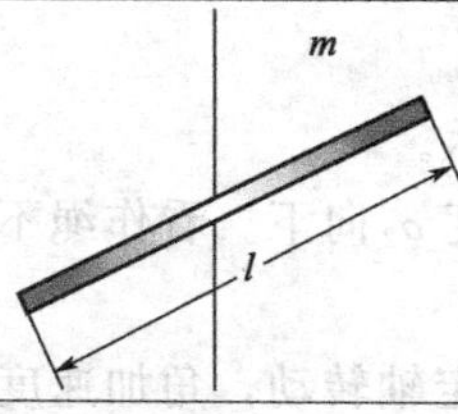 转轴通过中心与棒垂直 $I=\frac{ml^2}{12}$	细棒 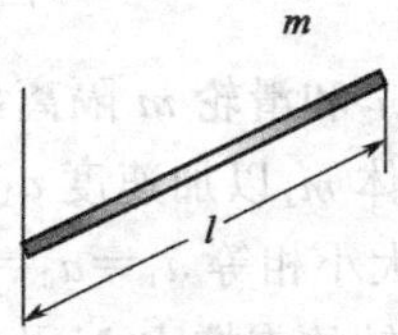 转轴通过一端与棒垂直 $I=\frac{ml^2}{3}$
圆环 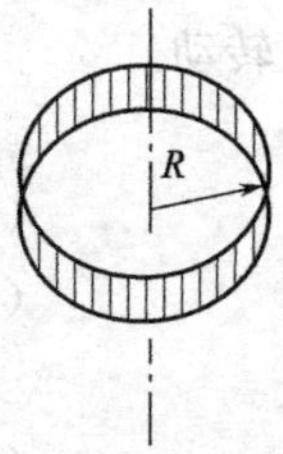 转轴通过中心与环面垂直 $I=mR^2$	圆盘 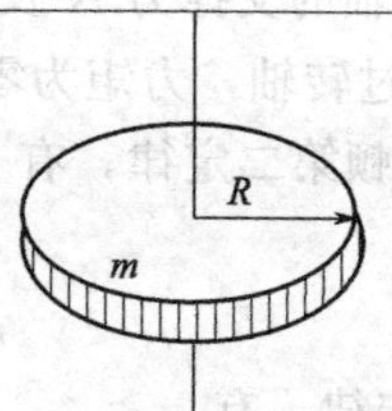 转轴通过中心与盘面垂直 $I=\frac{mR^2}{2}$
球体 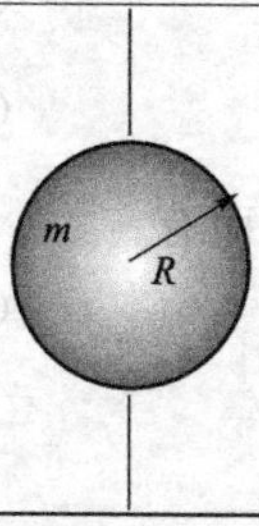 转轴沿直径 $I=\frac{2mR^2}{5}$	球壳 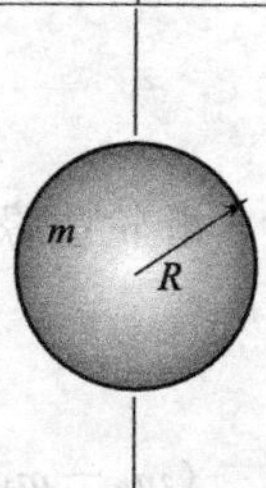 转轴沿直径 $I=\frac{2mR^2}{3}$

【例题 3】　如图 3-5 所示，求质量为 m、长为 l 的均匀细棒，其转轴通过棒的一端并与棒垂直，求其转动惯量。

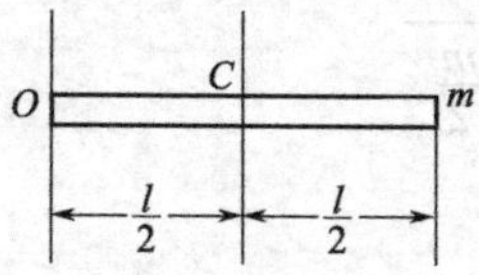

图 3-5　例题 3 附图

解　查表 3-1 知：细棒对质心轴的转动惯量为

$$I_c=\frac{1}{12}ml^2$$

转轴与质心轴的距离为 $\frac{l}{2}$，由平行轴定理得

$$I=I_c+md^2=\frac{1}{12}ml^2+m(\frac{l}{2})^2=\frac{1}{3}ml^2$$

三、转动定律应用

与运用牛顿第二定律解题相似，分析刚体转动时，首先需对刚体进行隔离受力分析和力矩分析，然后列出刚体转动定律的方程，最后联立求解。值得注意的是，一些问题中同时存在转动与线运动，这时需要借助线量与角量的关系列出方程。

【例题 4】 一轻质绳跨过一定滑轮（视作均质圆盘），绳的两端分别悬挂质量为 m_1 和 m_2 的物体，($m_1 < m_2$)，如图 3-6 所示。设滑轮质量为 m、半径为 R，设滑轮与轴之间无摩擦，且绳与滑轮间无相对滑动，求物体的加速度、滑轮的角加速度和绳的张力。

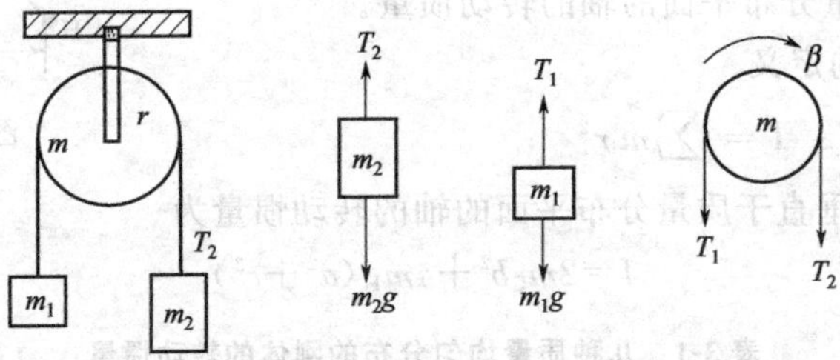

图 3-6 例题 4 附图

解 将物体 m_1、m_2 和滑轮 m 隔离出来，受力分析如图 3-6 所示。

由于 $m_1 < m_2$，物体 m_1 以加速度 a_1 向上，相反物体 m_2 以加速度 a_2 向下。看作绳不可伸长，m_1、m_2 的加速度大小相等 $a_1 = a_2 = a$。

滑轮在重力 mg、轴的支撑力 N 及蝇子张力 T_1、T_2 作用下绕定轴转动，角加速度为重力 Mg 和支撑力 N 通过转轴，力矩为零。由于 $m_1 < m_2$ 滑轮顺时针方向转动。

对 m_1、m_2 运用牛顿第二定律，有

$$T_1 - m_1 g = m_1 a \tag{1}$$

$$m_2 g - T_2 = m_2 a \tag{2}$$

对滑轮 m，根据转动定律，有

$$T_2 r - T_1 r = I\beta \tag{3}$$

$$I = \frac{1}{2} m r^2 \tag{4}$$

因绳与滑轮间无相对滑动，滑轮边缘的切向加速度等于绳的加速度，因而有

$$a = r\beta \tag{5}$$

联立求解得

$$a = \frac{(m_2 - m_1)g}{(m_1 + m_2 + \frac{m}{2})} \qquad \beta = \frac{(m_2 - m_1)g}{(m_1 + m_2 + \frac{m}{2})r}$$

$$T_1 = \frac{m_1(2m_2 + \frac{m}{2})g}{m_1 + m_2 + \frac{m}{2}} \qquad T_2 = \frac{m_2(2m_1 + \frac{m}{2})g}{m_1 + m_2 + \frac{m}{2}}$$

第四节 角动量守恒定律

一、角动量

前面质点动力学中，定义质点的动量为质量 m 与速度 v 的乘积，即 $p = mv$。引入动量后进一步推导出动量定理和动量守恒定律，不但对动量及其守恒的规律有了更深刻的认识，而且还可以给处理许多力学问题带来方便。

类似地，刚体绕定轴转动时，把转动惯量 I 和角速度 ω 的乘积称为**刚体对定轴的角动**

量，用符号 L 表示

$$L=I\omega$$

角动量是描述物体转动状态的物理量。在国际单位制中，角动量的单位是 $kg \cdot m^2/s$（千克二次方米每秒）。

二、角动量定理

刚体的转动定律

$$M=I\beta=I\frac{d\omega}{dt}$$

由于刚体对固定轴的转动惯量 I 是常量，可把它放入微分符号内，并注意到 $L=I\omega$，则上式又可写为

$$M=\frac{dL}{dt}$$

用 dt 乘上式两端，得

$$Mdt=dL \tag{3-18}$$

如果在 t_1 到 t_2 时间内，在合外力矩的作用下，使刚体的角动量从 L_1 变为 L_2，则对上式两边积分，可得

$$\int_{t_1}^{t_2} Mdt=L_2-L_1 \tag{3-19a}$$

或

$$\int_{t_1}^{t_2} Mdt=I\omega_2-I\omega_1 \tag{3-19b}$$

式（3-19a）、式（3-19b）中，左方的积分式称为力矩 M 在 t_1 到 t_2 时间内的冲量矩。刚体做定轴转动时，作用于刚体的合外力的冲量矩，等于刚体角动量的增加，这一规律称为**刚体定轴转动的角动量定理**。式（3-19a）是微分形式，式（3-19b）是积分形式。它反映了力矩对时间的积累效应。

三、角动量守恒定律

式（3-19）表明，当作用于物体的合外力矩等于零，即 $M=0$ 时有

$$L_2=L_1$$

即

$$I\omega_2=I\omega_1 \tag{3-20}$$

式（3-20）说明，如刚体所受合外力矩为零时，刚体的角动量保持不变。这个规律就是**角动量守恒定律**，角动量守恒定律是自然界最基本的一条定律。

角动量守恒定律也适用于非刚体，生活中可以找到很多这样的例子。舞蹈运动员和滑冰运动员在旋转时，先张开两臂然后迅速收拢靠近身体，使自己的转动惯量减小，因而旋转速度增大。跳水运动员起跳时两臂伸直，在空中将臂和腿尽量收拢，以减小转动惯量使角速度增大便于迅速翻转，快接近水面时，再伸直臂和腿以增大转动惯量，减小角速度，以便竖直地进入水中。上述刚体的角动量守恒条件也适用于质点的情况，如果对于某一固定点，质点所受的合外力矩为零，则此质点对该固定点的角动量不变，这一结论称为**质点角动量守恒定律**。

【例题 5】 两个飞轮 A 与 B 可通过摩擦作用接合起来构成摩擦接合器，使它们以相同的转速一起转动。如图 3-7 所示，A、B 两飞轮的轴杆在同一轴线上。已知 A 轮对轴的转动惯量 $I_A=10kg \cdot m^2$，B 轮对轴的转动惯量 $I_B=20kg \cdot m^2$，开始时 A 轮的转速 $n_A=600r/min$，B 轮

静止。求

① 两轮接合后的转速 n；

② 在接合过程中机械能的变化。

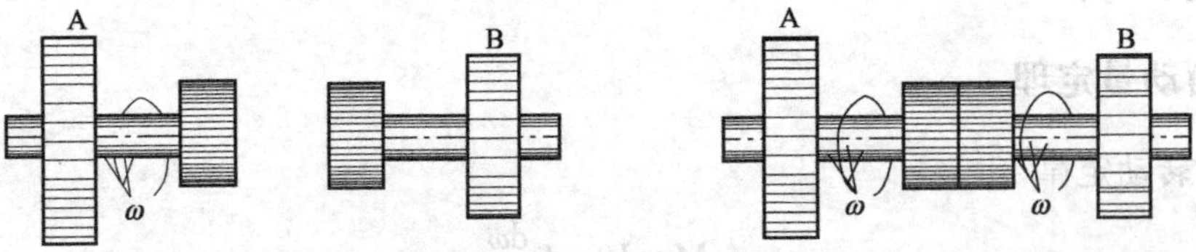

图 3-7 例题 5 附图

解 ① 把飞轮 A、B 作为一个系统来考虑，在接合过程中系统受到轴向正压力和接合面的切向摩擦力，前者对轴的力矩为零；后者对转轴有力矩，但属于系统的内力矩。系统没有受到外力矩作用，所以系统的角动量守恒，即接合前系统对轴的角动量与接合后系统对轴的角动量相等，故得

$$I_A\omega_A + I\omega_B = (I_A + I_B)\omega$$

式中，ω_A、ω_B 分别为 A、B 两轮接合前的角速度，ω 为接合后的角速度。接合前 B 静止，$\omega_B = 0$。由上式得

$$\omega = \frac{I_A}{I_A + I_B}\omega_A$$

因为 $\omega_A = 2\pi n_A$，上式变为

$$n = \frac{I_A}{I_A + I_B}n_A$$

把各量的数值代入，得

$$n = \frac{10}{10+20} \times 600 = 200\text{r/min}$$

② 在接合过程中，因摩擦力做功，所以机械能不守恒，有一部分机械能转化为热能，机械能的改变为

$$\Delta E = \frac{1}{2}(I_A + I_B)\omega^2 - \frac{1}{2}I_A\omega_A^2$$

$$= -\frac{1}{2}\left(\frac{I_A I_B}{I_A + I_B}\right)\omega_A^2$$

$$= -\frac{1}{2}\frac{I_A I_B}{I_A + I_B}\left(\frac{2\pi n_A}{60}\right)^2$$

把各量代入得

$$\Delta E = -\frac{1}{2} \times \left(\frac{10\times 20}{10+20}\right) \times \left(\frac{2\times 3.14\times 600}{60}\right)^2 = -1.31\times 10^4\text{J}$$

$\Delta E < 0$，表示机械能损失了 1.31×10^4J。

思考题

3.1 以恒定角速度转动的飞轮上有两点，一个点在飞轮边缘，另一个点在转轴与边缘的一半处。试比较：

① 在 Δt 时间内两个点转过的路程及角度的大小；

② 两个点的角速度、线速度、角加速度和线加速度的大小。

3.2　如果刚体转动的角速度很大，那么作用在它上面的力是否一定很大？作用在它上面的力矩是否一定很大？

3.3　为什么在研究刚体转动时，要研究力矩的作用？力矩和哪些因素有关？

3.4　对静止的刚体施以外力作用，如果合外力为零，刚体会不会运动？

3.5　设两个圆盘状轮子分别用密度不同的金属制成，其质量和厚度都相同。试问哪个轮子对转轴的转动惯量较大？

3.6　试述刚体定轴转动的转动定律。

3.7　如何求合外力矩对定轴转动的刚体所做的功？刚体定轴转动的动能与质点平动动能有何不同？试述刚体定轴转动的动能定理。

3.8　试述刚体定轴转动的角动量定理和角动量守恒定律。

3.9　在光滑的桌面上开一小孔 O，把系在绳子一端的质量为 m 的小球置于桌面上，绳的另一端穿过小孔而执于手中，如图 3-8 所示。开始时，小球在桌面上做半径为 r 的匀速率圆周运动，然后向下拉绳，使轨道半径减小一半。讨论小球角动量和动能的变化。

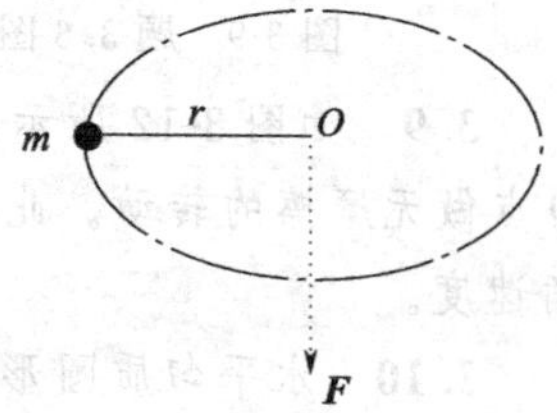

图 3-8　思考题 3.9 图

习　　题

3.1　求下列做匀速转动的各物体的角速度。

① 钟表的秒针、分针和时针；

② 转速为 1.5×10^4r/min 的汽轮机。

3.2　飞轮从静止状态开始，做匀加速转动，在最初 2min 内转了 3600r，求飞轮的角加速度和第 2min 末的角速度。

3.3　定轴转动刚体的运动学方程是 $\theta=5+2t^3$，式中 θ 以 rad 计，t 以 s 计。当 $t=1.00$s 时，刚体上距转轴 0.10m 的一点的加速度的大小是多少？

3.4　某冲床上的飞轮的转动惯量为 $4\times10^3\text{kg}\cdot\text{m}^2$，当它的转速达到 30r/min 时，它的转动动能是多少？每冲一次，其转速降低 10r/min，求每冲一次飞轮所做的功。

3.5　细棒长为 l，质量为 m，设转轴通过棒上离中心为 h 的一点并与棒垂直，用平行轴定理计算棒对此轴的转动惯量。

3.6　在边长为 a 的六边形顶点上，分别固定有质量都是 m 的六个质点如图 3-9 所示，求转动惯量。

① 设转轴Ⅰ、Ⅱ在质点所在平面内；

② 设转轴 A 垂直于质点所在的平面。

3.7　如图 3-10 所示，两个物体质量分别为 m_1 和 m_2，定滑轮的质量为 m，半径为 R，可看成圆盘。已知 m_2 与此相反桌面间的摩擦因数是 μ。设绳与滑轮间无相对滑动，且可不计滑轮轴的摩擦力矩，求 m_1 下落的加速度和两段绳中的张力。

3.8　如图 3-11 所示，一质量为 M，半径为 R 的圆盘，可绕一垂直通过盘心的无摩擦的水平轴转动。圆盘上绕有轻绳，一端悬挂质量为 m 的物体，求物体由静止下落高度 h 时，其速度的大小。

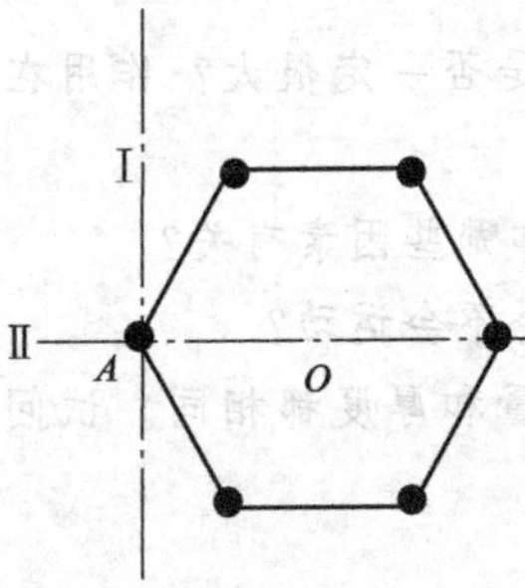

图 3-9　题 3.6 图

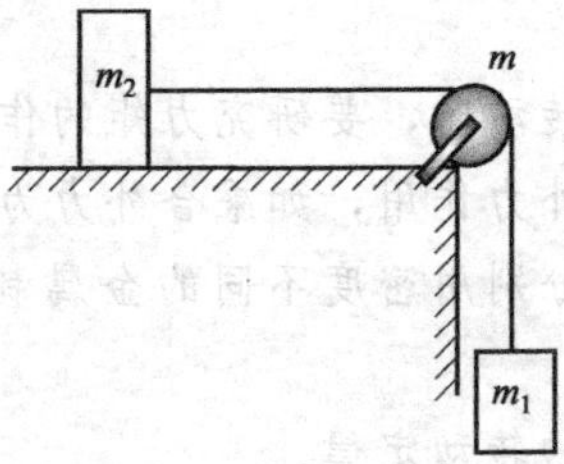

图 3-10　题 3.7 图

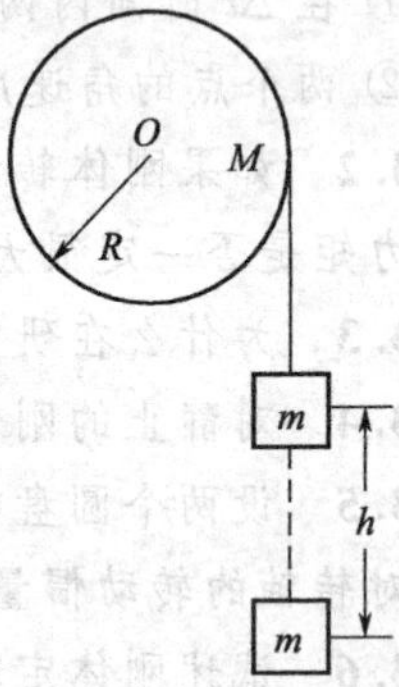

图 3-11　题 3.8 图

3.9　如图 3-12 所示，一质量为 m、长为 l 的均匀直棒，以铰链固定于一端 O 点，可绕 O 点做无摩擦的转动。此棒原来静止，今在 A 端作用一与棒垂直的冲量 $\boldsymbol{F}\Delta t$，求此棒获得的角速度。

3.10　水平匀质圆形转台，质量为 M、半径为 R，可绕经过中心的铅直轴转动，如图 3-13所示，质量为 m 的人站在转台边缘。开始时，人和转台都静止，如果人在台上沿转台边缘逆时针方向奔跑，设人的角速度（相对地面）为 ω，求此时转台转动的角速度。设轴承对转台的摩擦力矩不计。

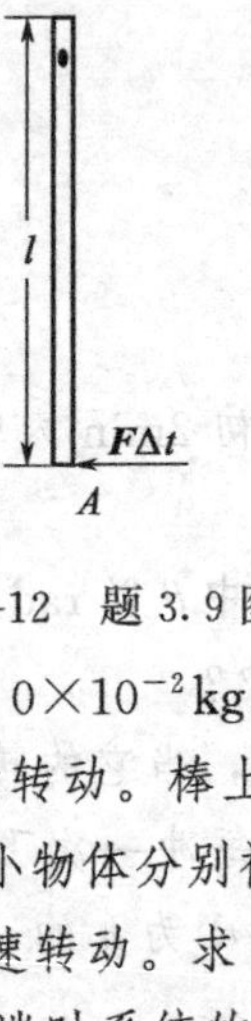

图 3-12　题 3.9 图

图 3-13　题 3.10 图

3.11　一质量为 $m=3.0\times10^{-2}\,\mathrm{kg}$，长为 $l=2.0\times10^{-1}\,\mathrm{m}$ 的均匀细棒，在水平面内绕通过棒中心并与棒垂直的固定轴转动。棒上套有两个可沿棒滑动的小物体，它们的质量都是 $m_1=2.0\times10^{-2}\,\mathrm{kg}$。开始时，两小物体分别被固定在棒中心的两侧，距棒中心都是 $r=5.0\times10^{-2}\,\mathrm{m}$，此系统以每分钟 15 圈的转速转动。求

① 当两小物体到达棒端时系统的角速度；

② 两小物体飞离棒端后，棒的角速度。

第四章 热力学基础

热学是研究热现象及其热运动规律的一门学科，热学中把研究的对象称为热力学系统，简称系统。对系统的研究有宏观和微观两种方法，宏观方法是以观察和实验事实为依据，总结出宏观热现象所遵循的基本定律，并通过逻辑推理来研究系统的热学性质，由此构成热学的一个分支——热力学，本章就属于此范畴。微观方法是从分子运动论出发，运用统计的方法寻求微观量和宏观量之间的关系，构成热学的另一分支——分子物理学或统计物理学。

本章的中心内容是热力学第一定律及其对理想气体在各种等值过程的应用，循环过程，热力学第二定律，熵和熵增加原理等。

第一节 平衡态 理想气体状态方程

一、热力学系统的平衡态

在热力学中，把大量分子或原子等微观粒子组成的宏观物体称为**热力学系统**，简称**系统**。本章研究的热力学系统以理想气体为主。与系统相互作用的周围物体称为**外界**。一定的热力学系统，在一定的条件下总是处于一定的状态，热力学所研究的就是热力学系统的宏观状态及其变化规律。

平衡态是热力学系统宏观状态中的一种简单而又非常重要的特殊情形。所谓**平衡态**是指在不受外界影响（不做功、不传热）的条件下，系统所有可观测的宏观性质（温度、压强、密度等）都不随时间变化的状态，反之为非平衡态。

需要说明的是，当一个热力学系统处于平衡态时，其宏观性质（如温度、压力）不变化，但从微观的角度看，组成系统的微观粒子仍在不停地做无规则运动，只是其平均效果不随时间改变而已。所以，热力学中的平衡态是动态平衡，称**热动平衡**。另外，自然界中的事物都是互相联系的，一个完全不受外界影响的系统是不存在的，所以平衡态只是一个理想的概念，是在一定条件下对实际情况的抽象与概括。

二、状态参量

在力学中，物体的机械运动状态是由它的位置和速度来描述的，位置、速度就是表征物体机械运动状态的两个参量。热力学系统在处于平衡态时，也可用某些确定的物理量来描述系统的宏观性质，这些表征系统宏观状态的物理量称为**状态参量**。如对一定质量的气体来说，可以用压强 p、体积 V、温度 T 来描述它的宏观物理状态，所以压强 p、体积 V、温度 T 就是描述气体状态的状态参量。必须指出，只有当系统处于平衡态时，才能用状态参量来描述其状态。

各个状态参量是从不同方面描述同一系统的同一平衡态，这些状态参量之间是有联系的。可以选择几个参量作为独立状态参量，独立状态参量的数目由系统的性质和外界条件来决定。对一定质量的理想气体，描述其状态的参量 p、V、T 中只有两个是独立的（第三个参量可由状态方程求出)。但对两种组分组成的混合气体，则还需增加表示每种化学组分的物质的量这个参量。

下面对气体的体积、压力与温度做一简单介绍。

1. 体积（V）

体积是指气体所能充满的空间。对密闭容器中的气体来说，容器的容积即为气体的体积。由于气体分子的间隙很大，所以气体的体积远比组成它的分子本身所占的体积大得多。

在国际单位制中，体积的单位为 m^3（立方米），习惯上常用单位 L（升），两者的关系为

$$1L=10^{-3}m^3$$

2. 压强（p）

压强是指气体对容器器壁单位面积所施加的正压力。

在国际单位制中，压力的单位为 Pa（帕斯卡），它与常见单位 atm（标准大气压）和 mmHg（毫米汞柱）的换算关系为

$$1atm=1.013\times10^5Pa=760mmHg$$

3. 温度（T）

温度是反映物体冷热程度的物理量。温度的高低是物体内部分子无规则运动剧烈程度的标志。

在国际单位制中，热力学温度的单位为 K（开尔文），简称开。通常也用℃（摄氏度），二者的换算关系为

$$t=T-273.15$$

三、准静态过程

一定质量的理想气体，处于一定的平衡态时必有一组确定的状态参量 p、V、T 与之对应，所以系统的平衡态就和 p-V 图中的一个点对应，不同的点表示不同的状态。而非平衡态，系统的状态不确定，因而在 p-V 图上无法表示，如图 4-1 所示。本章所讨论的问题都是以系统处于平衡态为前提的。

处于平衡态的热力学系统，若不受外界影响，则该系统内的各个状态参量都将保持不变；若该系统与外界发生能量交换（做功、传热），则系统原有平衡态就遭到破坏，成为非平衡态。处于非平衡态的系统在停止与外界的能量交换后，气体分子经过一段时间的无规则热运动和频繁碰撞后，它将逐渐地由非平衡态过渡到一个新的平衡态。把系统从一个平衡态向另一平衡态变化称为**热力学过程**，简称**过程**。

过程是与系统平衡态的破坏相联系着，如果系统原有的平衡态遭到破坏后都能立刻达到新条件下的平衡态，则过程所经历的每一中间状态都为平衡态。把每个中间状态都为平衡态的过程称为**准静态过程**。反之只要有一个中间状态为非平衡态的过程为**非静态过程**。现实中的实际过程都是非平衡过程，准静态过程是一个理想的过程。实际中，如果在比较短的时间内，过程进行的非常缓慢，这样的过程就可以看作是准静态过程。在 p-V 图中准静态过程是由一系列连续的点组成的一条光滑曲线见图 4-1。本章如不特别指明，讨论的过程都认为是理想的、无摩擦的准静态过程。

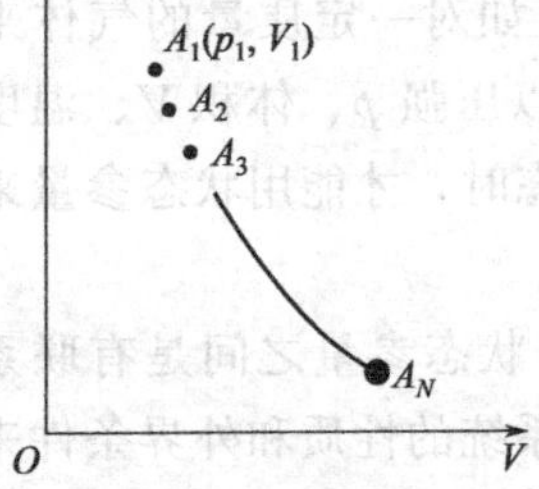

图 4-1　p-V 关系

四、理想气体状态方程

通常将遵守玻意耳定律、盖吕萨克定律和查理定律的气体称为**理想气体**。一般气体在温度不太低、压强不太大时，都可近似看作理想气体。

由气体的三个实验定律可以得到，一定质量的理想气体，处于平衡态时三个状态参量 p、V、T 之间的关系式为

$$pV=\frac{m}{M}RT \tag{4-1}$$

一般称上式为**理想气体的状态方程**。其中 M 为气体的摩尔质量；R 为摩尔气体常数，在国际单位制中 $R=8.314\text{J}/(\text{mol}\cdot\text{K})$。

第二节　热力学第一定律

一、内能、功和热量

1. 内能

内能是系统在一定状态下系统内各种能量的总和。通常系统的内能包括所有分子热运动的动能和分子间的相互作用的势能。对于理想气体来说，分子间的距离较大，它们之间的相互作用力可以忽略，因此**理想气体的内能是所有分子无规则运动的动能**。

系统处于一定的状态，就具有其确定的内能。这就是说，内能是系统状态的单值函数。理想气体的内能仅仅是温度的函数，当系统从一个状态变化到另一个状态时，不管它的变化过程如何，内能的改变总是一个确定的值。用 U 表示内能，U_1 和 U_2 分别表示系统初态和末态的内能，则内能的改变量即内能的增量为

$$\Delta U=U_2-U_1$$

那么怎样改变系统的状态呢。通常有两种方式：做功和传热。

2. 功

现在以理想气体的膨胀过程为例，来计算气体在准静态过程中对外所做的功。

如图 4-2(a) 所示，汽缸内封闭有一定量的理想气体，气体在汽缸内缓慢膨胀时，活塞在气体压力作用下向外移动了位移元为 dl，气体对活塞压强为 p，在微小的过程中可视为不变量，活塞面积为 S。则活塞受到的作用力为 $F=pS$，这个过程中气体对外所做元功为

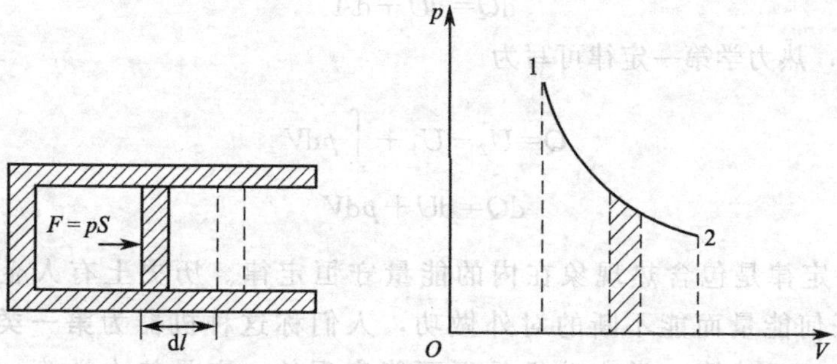

图 4-2　理想气体膨胀过程做功

$$dA = Fdl = pSdl$$

因为 $dV = Sdl$ 是气体体积的微小增量，所以

$$dA = pdV \tag{4-2a}$$

气体膨胀时，$dV>0$，$dA>0$，这表示气体对外界做功，相反，当气体被压缩时，$dV<0$，$dA<0$，这表示外界对气体做功。在 p-V 图中用小矩形的面积表示。当系统从 1 状态沿着如图 4-2(b) 所示的曲线变化到 2 状态的过程中，气体对外做的功为

$$A = \int dA = \int_{V_1}^{V_2} pdV \tag{4-2b}$$

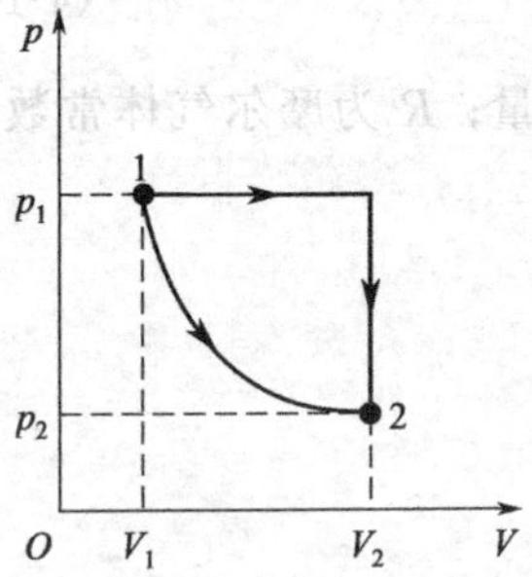

图 4-3　系统的功

对应于图上曲线区间下方的面积。这个结论是以气体膨胀为例推导出来的，可以证明这一结论对任意形状的容器中的热力学系统的体积变化的功都适用。

需要注意的是，只给定初态和末态，并不能确定过程的功。如图 4-3 所示的过程，系统同样从 1 状态变化到 2 状态，可以看出对于不同的过程，曲线下的面积不相等，说明功的数值与过程进行的具体形式有关，**功是过程量**。同时根据过程进行的方向，可以确定系统对外所做的功是正功还是负功。

3. 热量

系统与外界之间由于存在温度差而传递的能量叫做热量。它也是**过程量**，系统由一个状态到另一个状态经历不同过程，吸收（或放出）的热量不同。

在国际单位制中，热量、功和内能的单位都为 J（焦耳）。

二、热力学第一定律

一般情况下，做功和传递热量往往是同时进行的。设系统从外界吸收的热量为 Q，对外界做功为 A，系统的内能由初态的 U_1 变到末态的 U_2，热力学第一定律表达为

$$Q = U_2 - U_1 + A \tag{4-3a}$$

式（4-3a）表明系统吸收的热量，等于系统内能的增加与系统对外做功之和。这一规律称为**热力学第一定律**。

一般规定系统从外界吸热为正值，放热为负值；系统对外界做功为正值，外界对系统做功为负值。

系统状态发生微小变化时，热力学第一定律的表达式为

$$dQ = dU + dA \tag{4-3b}$$

对于准静态过程，热力学第一定律可写为

$$Q = U_2 - U_1 + \int pdV \tag{4-4a}$$

$$dQ = dU + pdV \tag{4-4b}$$

热力学第一定律是包含热现象在内的能量守恒定律。历史上有人企图制造一种机器，它不消耗任何能量而能不断的对外做功，人们称这种机器为**第一类永动机**。根据热力学第一定律，显然第一类永动机是不可能实现的，它是热力学第一定律的另一种表述。

第三节　热力学第一定律对理想气体的应用

将热力学第一定律应用到等容过程、等压过程和等温过程时，就可以得到这些过程的表达式。在这里仍以密闭汽缸中的理想气体作为热力学系统进行研究。

一、等容过程　摩尔定容热容

一定量的理想气体，在体积保持不变的条件下所进行的过程，叫做**等容过程**。等容过程的特征为体积不变，所以过程方程为 $p/T=$恒量。在 p-V 图中等容过程为平行于 p 轴的一条直线段，称为**等容线**，如图 4-4 所示。

等容过程中由于 $dV=0$，所以 $dA=0$，根据热力学第一定律可得

$$dQ_V=dU \tag{4-5a}$$

对有限的过程有

$$Q_V=U_2-U_1 \tag{4-5b}$$

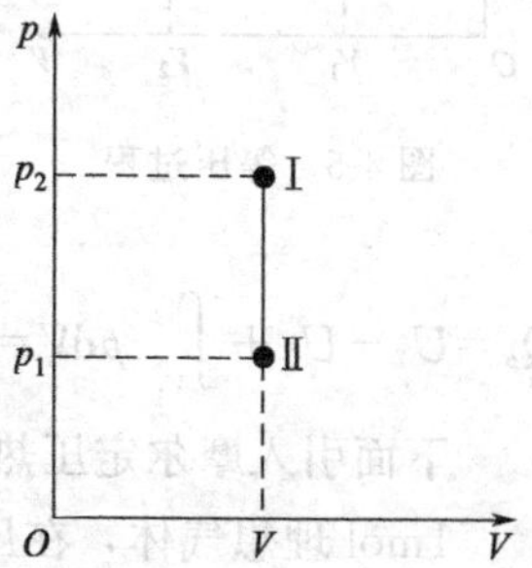

图 4-4　等容过程

式（4-5a）、式（4-5b）表明，等容过程中，系统从外界吸收的热量，全部用来使系统的内能增加。

为了计算理想气体在等容过程的吸收的热量，需引入摩尔定容热容的概念。

1mol 理想气体，在体积不变时，温度升高（或降低）1K 时所吸收（或放出）的热量，称为**摩尔定容热容**，用 C_V 表示

$$C_V=\frac{dQ_V}{dT} \tag{4-6}$$

在国际单位制中摩尔热容的单位为 J/(mol·K)，对单原子分子 $C_V=\frac{3}{2}R$，双原子分子 $C_V=\frac{5}{2}R$。

将 $dQ_V=dU$ 代入式（4-6），则 1mol 理想气体在等容过程中吸收的热量为

$$dQ_V=dU=C_V dT \tag{4-7a}$$

对质量为 m 摩尔质量为 M 的理想气体有

$$dQ_V=dU=\frac{m}{M}C_V dT \tag{4-7b}$$

引进摩尔定容热容后，气体的温度由 T_1 变为 T_2 时，吸收的热量为

$$Q_V=\frac{m}{M}C_V(T_2-T_1) \tag{4-8}$$

理想气体的内能只与温度有关，只要初态和末态相同，不管过程如何，内能的增量相同，都可表达为

$$U_2-U_1=\frac{m}{M}C_V(T_2-T_1) \tag{4-9}$$

二、等压过程　摩尔定压热容

一定量的理想气体，在压力保持不变的条件下进行的过程叫做**等压过程**。等压过程的特

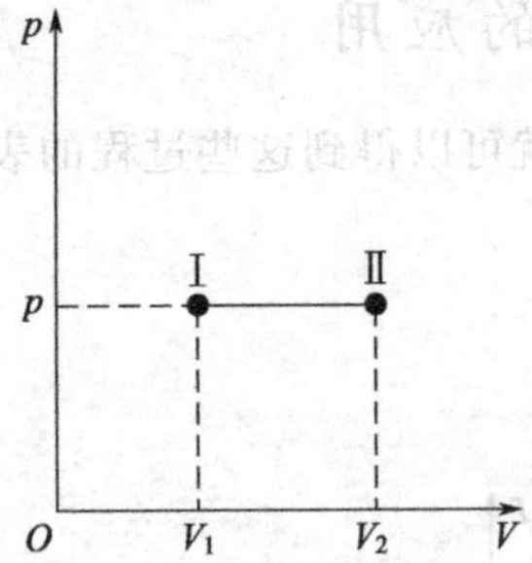

图 4-5 等压过程

征为压强不变，所以过程方程为 $V/T=$恒量。在 p-V 图中等压过程为平行于 V 轴的一条直线段，称为**等压线**，如图 4-5 所示。

根据热力学第一定律有

$$dQ_p=dU+pdV \tag{4-10a}$$

对有限的过程有

$$Q_p=U_2-U_1+\int_{V_1}^{V_2}pdV \tag{4-10b}$$

上两式表明，等压过程中，系统从外界吸收的热量，一部分用来使系统的内能增加，另一部分用来对外做功。等压过程中由于 $p=$常量，所以，吸收的热量为

$$Q_p=U_2-U_1+\int_{V_1}^{V_2}pdV=\frac{m}{M}C_V(T_2-T_1)+p(V_2-V_1)=\frac{m}{M}(C_V+R)(T_2-T_1) \tag{4-11}$$

下面引入摩尔定压热容的概念。

1mol 理想气体，在压强不变的条件下，温度升高（或降低）1K 时所吸收（或放出）的热量，称为**摩尔定压热容**，用 C_p 表示

$$C_p=\frac{dQ_p}{dT} \tag{4-12}$$

摩尔定压热容的国际单位为 J/(mol · K)。从式（4-12）可得，则 1mol 理想气体在等压过程中吸收的热量为

$$dQ_p=C_p dT \tag{4-13a}$$

对质量为 m，摩尔质量为 M 的理想气体有

$$dQ_p=\frac{m}{M}C_p dT \tag{4-13b}$$

当气体的温度由 T_1 变为 T_2 时，吸收的热量为

$$Q_p=\frac{m}{M}C_p(T_2-T_1) \tag{4-14}$$

比较式（4-11）、式（4-14）可得

$$C_p=C_V+R$$

则

$$C_p-C_V=R \tag{4-15}$$

由式（4-15）可知理想气体的摩尔定压热容比摩尔定容热容大一个摩尔气体常数 R，即 1mol 理想气体在等压过程中，温度升高 1K 时要比等容过程中多吸收 R 的热量用来对外做功。

实际应用中，常把气体的摩尔定压热容与摩尔定容热容的比值，称为该气体的**热容比**，用 γ 表示

$$\gamma=\frac{C_p}{C_V}$$

三、等温过程

一定量的理想气体，在保持温度不变的条件下进行的过程叫做**等温过程**。等温过程的特征为温度不变，过程方程为 $pV=$恒量。在 p-V 图中，等温线为一条双曲线，如图 4-6 所示。等温过程中 $dU=0$，根据热力学第一定律有

$$dQ_T = dA_T \tag{4-16a}$$

对有限的过程有

$$Q_T = A_T = \int_{V_1}^{V_2} p\,dV \tag{4-16b}$$

式（4-16a）、式（4-16b）表明，等温过程中，系统吸收的热量全部用来对外做功。

设气体初态的体积为 V_1，经等温膨胀后体积为 V_2，根据理想气体状态方程得

$$p = \frac{mRT}{MV}$$

则理想气体在等温膨胀过程中，对外做功为

$$A_T = \int_{V_1}^{V_2} \frac{mRT}{M}\frac{dV}{V} = \frac{mRT}{M}\ln\frac{V_2}{V_1} \tag{4-17}$$

四、绝热过程

气体和外界没有热量交换的过程叫做**绝热过程**。气体在绝热汽缸中进行的过程，就可以看作是绝热过程。另外气体迅速膨胀来不及和外界交换热量，也可认为是一个绝热过程。如蒸汽机中蒸汽的膨胀，压缩机中空气的压缩等，在 p-V 图中的曲线如图 4-7 所示。绝热过程的特征为 $dQ=0$，根据热力学第一定律有

$$dA_a = -dU \tag{4-18a}$$

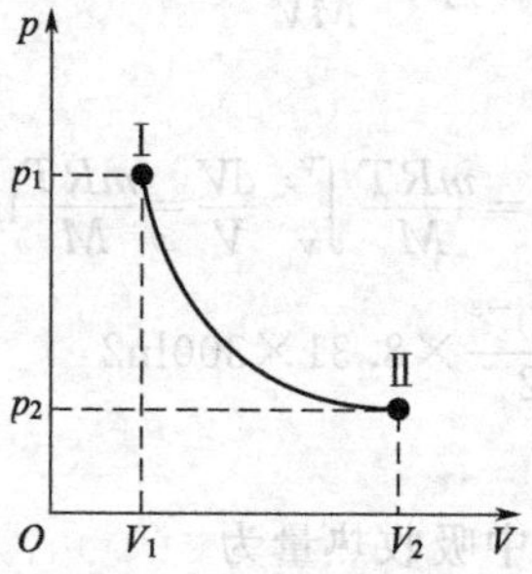

图 4-6　等温过程

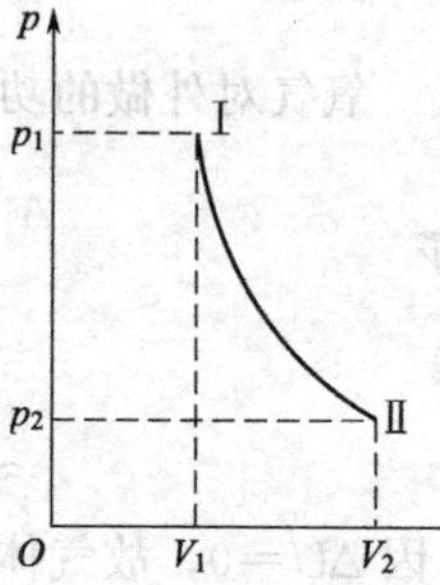

图 4-7　绝热过程

设气体初态的温度为 T_1，绝热膨胀后的温度为 T_2，气体对外做的功为

$$A_a = -(U_2 - U_1) = -\frac{m}{M}C_V(T_2 - T_1) \tag{4-18b}$$

式（4-18b）表明气体减少的内能全部用来对外做功。

绝热过程中，理想气体的三个状态参量 p、V、T 同时在变。下面应用理想气体的状态方程、热力学第一定律及绝热过程的特征，来研究绝热过程中状态参量之间的关系。由式（4-18）可知

$$p\,dV = -\frac{m}{M}C_V\,dT \tag{4-19}$$

对理想气体的状态方程 $pV=\frac{m}{M}RT$ 微分有

$$p\,dV + V\,dp = \frac{m}{M}R\,dT$$

上两式消去 dT 可得

$$(C_V + R)\,p\,dV = -C_V V\,dp \tag{4-20}$$

整理可得

$$\frac{\mathrm{d}p}{p}+\gamma\frac{\mathrm{d}V}{V}=0 \tag{4-21}$$

式中，摩尔热容比 $\gamma=\frac{C_p}{C_V}$ 为常数，对上式积分可得

$$\ln p+\gamma\ln V=恒量$$

所以

$$pV^{\gamma}=恒量 \tag{4-22a}$$

利用理想气体的状态方程可得到

$$TV^{\gamma-1}=恒量 \tag{4-22b}$$

$$\frac{p^{\gamma-1}}{T^{\gamma}}=恒量 \tag{4-22c}$$

上面三式都为理想气体的绝热过程方程，三式是等价的，但各式的恒量不相同，在 p-V 图中的绝热过程的曲线为**绝热线**。为了比较绝热线和等温线，在 p-V 图中做两过程的过程曲线，如图 4-8 所示。图中实线是绝热线，虚线是等温线，两线相交于 A 点，显然绝热线比等温线陡，将等温线的斜率和绝热线的斜率进行比较，可以证明这一点。

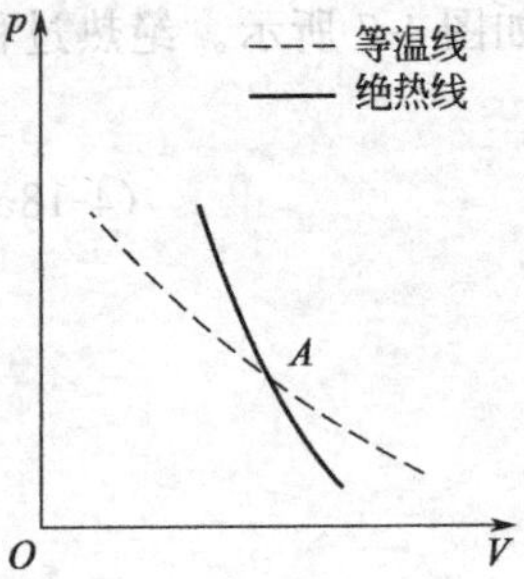

图 4-8　绝热线与等温线

【例题 1】　容器中贮有 3.2g 氧气，温度为 300K，使它等温膨胀为原体积的两倍，求该气体对外所做的功和吸收的热量。

解　氧气经历的过程为等温过程

由于

$$p=\frac{mRT}{MV}$$

氧气对外做的功为

$$A=\int_1^2 p\mathrm{d}V=\frac{mRT}{M}\int_{V_1}^{V_2}\frac{\mathrm{d}V}{V}=\frac{mRT}{M}\ln\frac{V_2}{V_1}$$

$$=\frac{3.2\times10^{-3}}{0.032}\times8.31\times300\ln2$$

$$\approx173\mathrm{J}$$

根据热力学第一定律，因 $\Delta U=0$，故气体在该过程中吸收热量为

$$Q=A=173\mathrm{J}$$

第四节　循环过程　卡诺循环

一、循环过程

物质系统经历一系列的状态变化过程又回到初始状态，这样的周而复始的变化过程称为**循环过程**，简称**循环**。循环所包括的每个过程叫做**分过程**。这个物质系统叫做**工作物**。在 p-V 图中，循环过程为一条封闭的曲线，如图 4-9 所示。如果是沿顺时针方向进行的，称为正循环，它就是热机的工作原理，反之为逆循环。由于内能是状态的单值函数，所以工作物经历一个循环，回到初始状态时，内能没有改变，这是循环过程的重要特征。

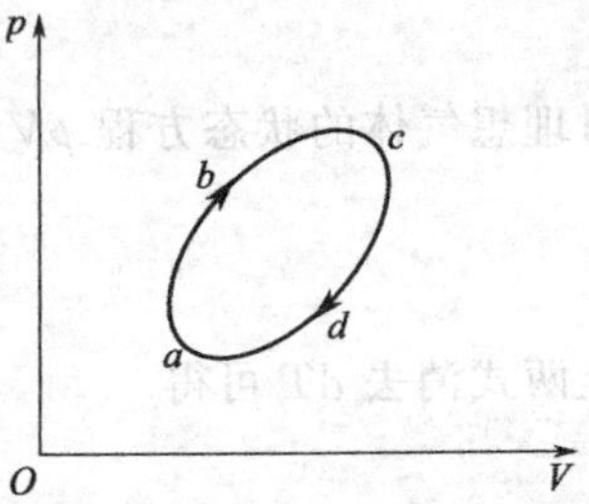

图 4-9　循环过程

在实践中，往往要求利用工作物连续不断地把热转换为功，这种装置叫做热机。表面看来，理想气体的等温膨胀过程是最有利的，气体吸取的热量全部用来对外做功。但是，只靠气体

膨胀过程来做功的机器是不切实际的，因为汽缸的长度总是有限的，气体的膨胀过程就不可能无限制地进行下去。即使不切实地把汽缸做得很长，最终当气体的压力减小到与外界的压力相同时，就不能继续对外做功了。十分明显，要连续不断地把热转化为功，只有利用上述的循环过程，使工作物从膨胀做功以后的状态，再回到初始状态，一次又一次地重复进行下去，并且必须使工作物在返回初始状态的过程中，外界压缩工作物所做的功少于工作物在膨胀时对外所做的功，这样工作物对外做的净功才不等于零，如图 4-10 所示。

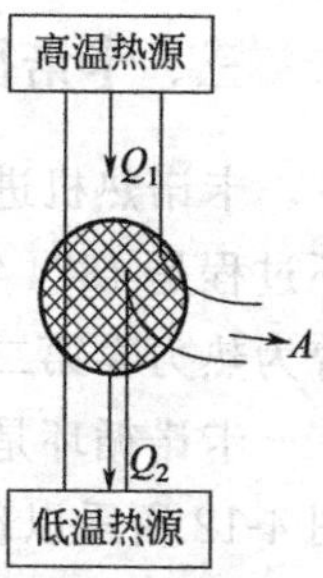

图 4-10　工作物对外做功示意

二、热机效率

设热机内的工作物质在整个循环过程中从高温热源吸收的热量为 Q_1，向低温热源放出的热量为 Q_2，对外做的净功为 A。因为循环过程系统的内能不变，由热力学第一定律得

$$Q_2-Q_1=A \tag{4-23}$$

式 (4-23) 表明，在一个正循环过程中，工作物从高温热源吸收的热量，一部分用于对外做功，另一部分向低温热源放出，能量转化情况如图 4-10 所示。在 p-V 图中，功的数值等于图 4-9 中 $abcda$ 封闭曲线所包围的面积。

为了反映热机从高温热源吸收的热量有多少用来对外做功，定义**热机的效率**，用 η 表示

$$\eta=\frac{A}{Q_1}=\frac{Q_1-Q_2}{Q_1}=1-\frac{Q_2}{Q_1} \tag{4-24}$$

式 (4-24) 为一般的热机效率公式，适用于一切正循环过程。

【例题 2】　0.32kg 的氧气做如图 4-11 所示的 $abcda$ 循环，ab 和 cd 为等温过程，bc 和 da 为等容过程。设 $V_2=2V_1$，$T_1=300\text{K}$，$T_2=200\text{K}$，求循环效率。

解　系统的物质的量为

$$n=\frac{m}{M}=\frac{0.32}{32\times10^{-3}}=10\text{mol}$$

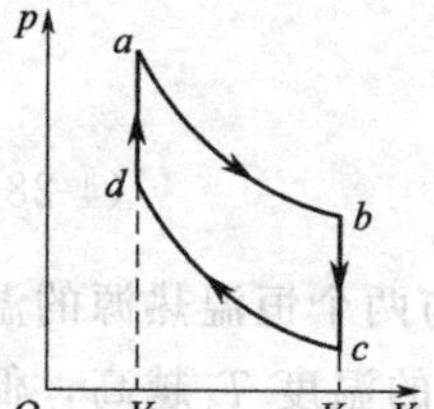

图 4-11　例题 2 附图

因

$$A_{bc}=0，A_{da}=0$$

所以整个循环过程中系统对外做的净功为

$$\begin{aligned}A&=A_{ab}+A_{cd}=nRT_1\ln(V_2/V_1)+nRT_2\ln(V_1/V_2)\\&=nR(T_1-T_2)\ln(V_2/V_1)\\&=10\times8.31\times(300-200)\times\ln2\\&=5.76\times10^3\text{J}\end{aligned}$$

气体仅在 ab 和 da 两分过程吸收热量，循环过程中系统吸收的热量为

$$\begin{aligned}Q_1&=Q_{ab}+Q_{da}\\&=nRT_1\ln(V_2/V_1)+nC_V(T_1-T_2)\\&=10\times8.31\times300\times\ln2+10\times21.1\times(300-200)\\&=3.84\times10^4\text{J}\end{aligned}$$

由此该循环效率为

$$\eta=\frac{A}{Q_1}=\frac{5.76\times10^3}{3.84\times10^4}=15\%$$

三、卡诺循环

卡诺热机进行的循环为卡诺循环。卡诺循环的研究，在热力学中是十分重要的，这种循环过程是1824年法国青年工程师卡诺对热机的最大可能效率问题进行理论研究时提出的，曾为热力学第二定律的确立起了奠基性的作用。

卡诺循环是工作于两个恒温热源（一个高温热源，一个低温热源）之间的循环过程。如图4-12所示以理想气体为工作物的卡诺循环中，工作物从 a 状态开始等温膨胀到 b 状态，然后经绝热膨胀到 c 状态，再经等温压缩到 d 状态，最后经绝热压缩回到 a 状态。

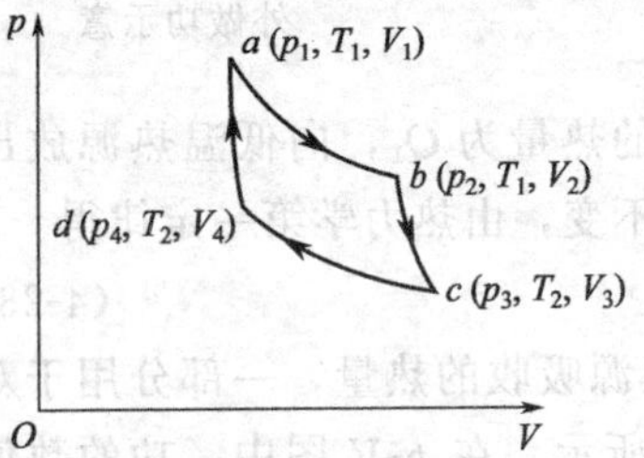

图4-12　卡诺循环

a—b 等温膨胀过程中：理想气体从高温热源吸收的热量为

$$Q_1=\frac{m}{M}RT_1\ln\frac{V_2}{V_1} \tag{4-25}$$

b—c 绝热膨胀过程中：理想气体与外界没有热量的交换。

c—d 等温压缩过程中：理想气体向高温热源放出的热量为

$$Q_2=\frac{m}{M}RT_2\ln\frac{V_3}{V_4} \tag{4-26}$$

将式（4-25）、式（4-26）代入热机效率公式 $\eta=1-\frac{Q_2}{Q_1}$ 可得

$$\eta=1-\frac{T_2\ln\frac{V_3}{V_4}}{T_1\ln\frac{V_2}{V_1}} \tag{4-27}$$

根据 b—c 和 d—a 两过程的绝热过程方程有

$$T_1V_2^{\gamma-1}=T_2V_3^{\gamma-1}$$

$$T_1V_1^{\gamma-1}=T_2V_4^{\gamma-1}$$

比较两式得

$$\frac{V_2}{V_1}=\frac{V_3}{V_4}$$

将其代入式（4-28）得，卡诺循环的效率为

$$\eta_{卡}=1-\frac{T_2}{T_1} \tag{4-28}$$

这就是**卡诺热机循环的效率**。式（4-28）表明，卡诺循环的效率只与两个恒温热源的温度有关。它在理论上指出了提高热机效率的方向和途径，如果高温热源的温度 T_1 越高，低温热源的温度 T_2 越低，则卡诺循环的效率越高。

四、制冷机　制冷系数

获得低温装置的制冷机也是利用工作物的循环过程来工作的，不过它的运行方向与热机中工作物的循环过程正好相反。设制冷机中的工作物质在外界做功 A 时，它从低温热源吸取热量 Q_2，同时向高温热源放出热量 Q_1，同样由热力学第一定律可得

$$Q_2-Q_1=-A$$

即

$$Q_1=Q_2+A \tag{4-29}$$

式（4-29）表明，系统向高温热源放出的热量 Q_1，来自从低温热源吸收的热量 Q_2 和外界对系统做的功 A。逆循环过程所表示的能量转换情况正好反映了制冷机的能量转换的基本

过程，如图 4-13 所示。

如果外界对系统做的功 A 越少，系统从低温热源吸收的热量越多，则制冷机的性能越好。为了反映制冷机的致冷性能，定义**制冷系数**，用 ε 表示

$$\varepsilon=\frac{Q_2}{A}=\frac{Q_2}{Q_1-Q_2} \tag{4-30}$$

同理，卡诺制冷机的制冷系数

$$\varepsilon_{卡}=\frac{T_2}{T_1-T_2} \tag{4-31}$$

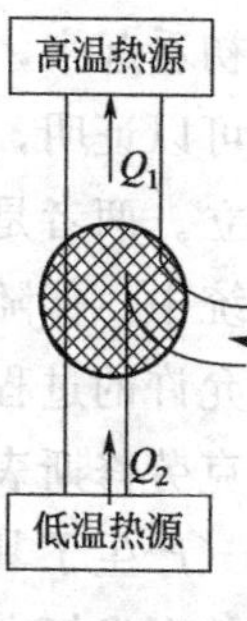

图 4-13　制冷机的能流图

第五节　热力学第二定律

一、热力学第二定律

在 19 世纪初期，由于蒸汽机的广泛应用，使提高热机的效率成为一个十分迫切的问题。由热力学第一定律，知道制造一个效率为 100% 的热机，是不违反热力学第一定律。根据热机的效率

$$\eta=\frac{A}{Q_1}=\frac{Q_1-Q_2}{Q_1}=1-\frac{Q_2}{Q_1}$$

可知如果 $Q_2=0$，那么热机从高温热源吸收的热量 Q_1 将全部转化为有用的机械功 A，热机效率可达 100%。$Q_2=0$ 的设想等于取消了循环中所依附的低温热源，因而这种热机变成了只有一个高温热源的单源热机，这种单源热机为**第二类永动机**。如果这类热机可能制成，则自然界中很多系统都可以成为可供应热机使用的取之不尽的热源。例如，全世界的海水如果降温 1K，则其热量相当于完全燃烧 10^{14} t 优质煤所释放的热量，若把它全部变为机械功，将可使全世界的工厂不停地工作十余万年。这种并不违背热力学第一定律的热机能否制成呢。虽然人们千方百计地想制造这种机器，但一直未能成功。无数尝试证明，第二类永动机同样是一种幻想，也是不可能实现的。以卡诺循环来说，它是一个理想循环，工作物从高温热源吸取热量，经过卡诺循环，总要向低温热源放出一部分热量，才能回复到初始状态，卡诺循环的效率也总是小于 1 的。

根据这些事实，开尔文于 1851 年总结出一条重要原理，热力学第二定律。**热力学第二定律的开尔文表述为：**不可能从单一热源吸取热量，使之完全变为有用功而不产生其他影响。

这里需要注意的是，所谓其他影响，指除从单一热源吸热并把它用来做功以外的任何其他变化。当有其他影响产生时，把由单一热源吸取的热量全部变为有用功是可能的，例如，理想气体的等温膨胀中，气体从单一热源吸取的热量全部用来对外做功，但这时是在产生其他影响的前提下实现的，即气体的体积膨胀了。

1850 年，克劳修斯在大量实验事实的基础上，提出热力学第二定律的另一种表述。**热力学第二定律克劳修斯表述为：**热量不可能自动地从低温物体传向高温物体而不产生其他任何影响。但是依靠外界做功，热量可以从低温物体传到高温物体，如制冷机就是这样的过程。大量实验事实表明，热传导过程中，热量能够自动的从高温物体传递给低温物体，而不可能由低温物体自动地传递给高温物体，虽然后者并不违反热力学第一定律。

初看起来，热力学第二定律的开尔文表述和克劳修斯表述并无关系，其实，两者是等价的，可以证明，如果前一个表述成立，则后一个表述也成立；反之，如果后者成立，则前者也成立。两者是同一个定律，只是表述方法不同而已。热力学第二定律的本质内容是，在孤立系统中，伴随热现象的自然过程都具有方向性。开尔文表述指出，功完全转变为热量是自然界允许的过程；反过来，把热量完全转变为功而不产生其影响是自然界不可能实现的过程。克劳修斯表述指出，热量从高温物体向低温物体传递是自发过程；反过来，必须有外力做功（产生了其他影响）才可能把热量从低温物体传递到高温物体，否则是不可能实现的。过程的自发倾向具有方向性，还可举出很多事例。例如，容器中不同部位分子数密度如果不相等，通过扩散的自发过程，必定会向密度处处相等的平衡状态进行；相反，从分子数密度处处相等的平衡状态开始，绝不可能自发地变到容器中一边密度大、另一边密度小的不平衡状态。由此看来，除了上述的表述外，热力学第二定律还可以有其他的表述。不论各种表述怎样地不同，它们都共同指出，实际的过程只能按自然界允许的方向进行。自然界中的一切实际过程都具有方向性，而相反的过程不可能自发地实现。

热力学第二定律有多种表述，人们之所以公认开尔文表述和克劳修斯表述是该定律的表述，其原因之一是热功转换与热传递是热力学中最有代表性的典型事例，又正好分别被开尔文和克劳修斯用作定律的表述，且两者是等效的；原因之二是他们是历史上最先完整的提出热力学第二定律的人，为了尊重历史和肯定他们的功绩，所以就采用了这两种表述。

二、可逆过程与不可逆过程

为了进一步研究热力学过程方向性的问题，引入可逆过程和不可逆过程的概念。

设物体从 A 状态变到 B 状态，称其为原过程。如果存在一个可逆向进行的过程，物体从 B 状态回复到 A 状态，且当物体回复到状态 A 时，周围一切也都各自回复原状，则从 A 状态到 B 状态的原过程是个**可逆过程**。反之，如对于某一过程，不论经过怎样复杂曲折的方法都不能使物体和外界恢复到原来状态而不引起其他变化，则此过程就是**不可逆过程**。

实际的过程都是不可逆过程。例如高温物体可以自动地将热量传递给低温物体，但不能再自动地从低温物体传向高温物体，说明热传导过程是不可逆的。同理摩擦做功可以全部转化为热，但热量不能在不产生其他影响的情况下全部转化为功，因此，功通过摩擦变热的过程是不可逆过程。

实现可逆过程的条件是什么呢，只有无耗散的准静态过程才是可逆过程。因为在无耗散的准静态过程中，过程的每个中间状态都达到平衡态，可以控制条件，使系统的状态按照和原过程完全相反的顺序变化，经过原过程的所有中间状态，回到初始状态，并消除所有的外界影响。

应当指出，在实际过程中无耗散的准静态过程是不存在的，因此一切实际过程都是不可逆的，可逆过程只是一种理想模型。研究可逆过程的意义在于实际过程在一定条件下可以近似看作可逆过程来处理。

三、卡诺定理

卡诺在研究卡诺循环时，提出卡诺定理，其内容如下。

① 在相同的高温热源和相同的低温热源间工作的一切可逆热机其效率都相等，与工作物无关。其效率都为

$$\eta=1-\frac{T_2}{T_1}$$

② 在相同高温热源与相同低温热源间工作的一切热机中，不可逆热机的效率都不可能大于可逆热机的效率。

$$\eta\leqslant 1-\frac{T_2}{T_1}$$

由卡诺定理可知：

① 任何实际热机的效率都不可能高于卡诺热机的效率，因而卡诺热机的效率就是热机效率的极限（即热转变为功的极限），虽然卡诺循环只是理想的循环，但指出了提高热机效率的方向，就是实际上设计的热机循环应该尽量靠近卡诺循环；

② 卡诺循环的效率由两个热源的温度 T_1 和 T_2 所决定，故设计的实际循环应尽力提高高温热源的温度，如使用过热蒸汽等办法，同时应尽力降低低温热源的温度，如降低排气温度等，来提高实际热机的效率。

另外，实际热机的不可逆性还在于它有散热、摩擦消耗、漏气等因素，应消除这些不利因素，向卡诺热机靠近。

第六节　熵和熵增加原理

热力学第二定律指出，自然界中与热现象有关的过程都是不可逆过程，都具有方向性。为了判断孤立系统中过程进行的方向，引入状态函数——熵，并用熵增加原理把系统实际过程进行的方向表示出来。

一、熵

由卡诺循环的效率可知

$$\eta=1-\frac{Q_2}{Q_1}=1-\frac{T_2}{T_1}$$

Q_2 为系统向低温热源放出的热量。由上式可得

$$\frac{Q_2}{Q_1}=\frac{T_2}{T_1}$$

即

$$\frac{Q_2}{T_2}=\frac{Q_1}{T_1}$$

所以有

$$\frac{Q_1}{T_1}-\frac{Q_2}{T_2}=0$$

如果用 $-Q_2$ 表示系统从低温热源吸收的热量，且仍用 Q_2 表示。

则有

$$\frac{Q_1}{T_1}+\frac{Q_2}{T_2}=0 \tag{4-32}$$

式中，$\frac{Q_2}{T_2}$、$\frac{Q_1}{T_1}$ 表示系统在等温膨胀和等温压缩过程中吸收的热量与热源温度的比值，称为**热温比**。式（4-32）说明在卡诺循环中，系统的热温比的和等于零。

如图 4-14 所示任意可逆循环 $ACBDA$ 中，可近似地看成是由许多微小卡诺循环组成。因曲线内的绝热线上，过程在正反方向各进行一次，效果抵消，所以这些小循环的总效果相当于图形中的锯齿形闭合曲线。对其中任一小循环都有

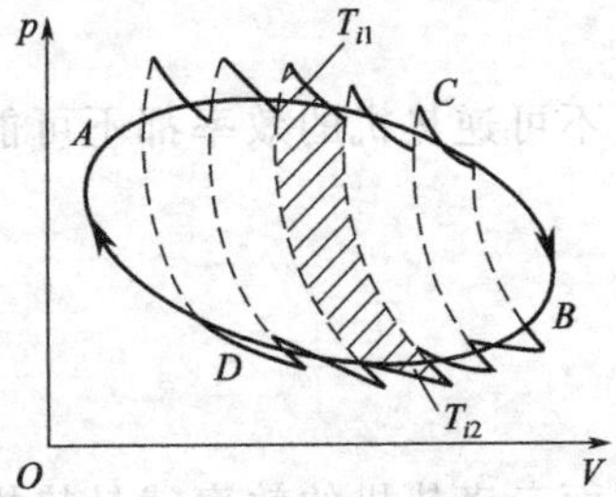

图 4-14 计算任意可逆过程的热温比

$$\frac{\Delta Q_{i1}}{T_{i1}}+\frac{\Delta Q_{i2}}{T_{i2}}=0$$

对所有这些小循环求和有

$$\sum\frac{\Delta Q_i}{T_i}=0 \tag{4-33}$$

当微小卡诺循环数目无限多时，锯齿形曲线就趋向原来的闭合曲线，对热温比求和变成积分

即
$$\oint\left(\frac{dQ}{T}\right)_{可逆}=0 \tag{4-34}$$

式中$\oint$表示沿可逆循环路径积分。式（4-34）表明，**任意的可逆循环过程中，热温比的和为零。**

对任意的可逆循环，如图 4-15 所示，上述积分式也可写为

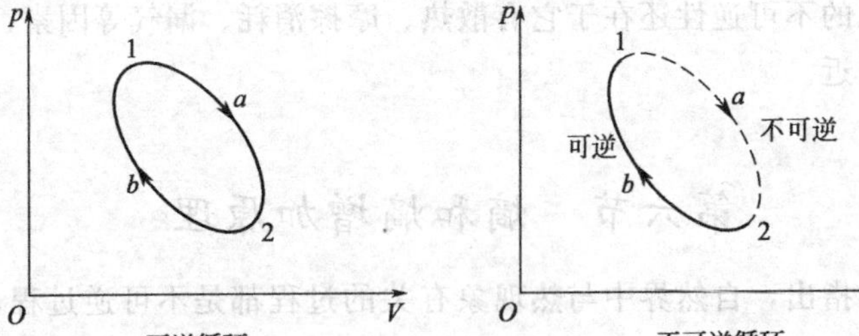

可逆循环　　不可逆循环

图 4-15 循环过程的熵

$$\oint_{1a2b1}\left(\frac{dQ}{dT}\right)_{可逆}$$
$$=\int_{1a2}\left(\frac{dQ}{T}\right)_{可逆}+\int_{2b1}\left(\frac{dQ}{T}\right)_{可逆}$$
$$=\int_{1a2}\left(\frac{dQ}{T}\right)_{可逆}-\int_{1b2}\left(\frac{dQ}{T}\right)_{可逆}=0$$

所以
$$\int_{1a2}\left(\frac{dQ}{T}\right)_{可逆}=\int_{1b2}\left(\frac{dQ}{T}\right)_{可逆} \tag{4-35}$$

式（4-35）表明系统从状态 1 经不同的可逆过程到达状态 2，其热温比的积分相等，与过程无关，只依赖于始、末状态。因此，引进一个新的**状态函数熵**，用 S 表示。系统从状态 1 变化到状态 2 时，熵的增量（或熵变）为

$$\Delta S=S_2-S_1=\int_1^2\left(\frac{dQ}{T}\right)_{可逆} \tag{4-36a}$$

对于无限小可逆过程，其熵变为

$$dS=\frac{dQ}{T} \tag{4-36b}$$

二、熵增加原理

由卡诺定理可知，对于不可逆卡诺循环有

$$\eta=\frac{Q_1-Q_2}{Q_1}<\frac{T_1-T_2}{T_1}$$

由此可得热温比之和为

$$\frac{Q_1}{T_1}+\frac{Q_2}{T_2}<0$$

可逆循环的热温比同理可以推广到任意不可逆循环过程。

如图 4-15 所示不可逆循环过程 $1a2b1$ 中，其中分过程 $1a2$ 为不可逆过程，$2b1$ 为可逆过程，此不可逆循环过程有

$$\oint_{1a2b1}\left(\frac{dQ}{dT}\right)_{\text{不可逆}}<0$$

即

$$\begin{aligned}\oint_{1a2b1}\left(\frac{dQ}{dT}\right)_{\text{不可逆}} &=\int_{1a2}\left(\frac{dQ}{T}\right)_{\text{不可逆}}+\int_{2b1}\left(\frac{dQ}{T}\right)_{\text{可逆}}\\ &=\int_{1a2}\left(\frac{dQ}{T}\right)_{\text{不可逆}}-\int_{1b2}\left(\frac{dQ}{T}\right)_{\text{可逆}}<0\end{aligned}$$

因

$$\int_{1b2}\left(\frac{dQ}{dT}\right)_{\text{可逆}}=\Delta S=S_2-S_1$$

对于 $1a2$ 不可逆过程，由上式可得

$$\Delta S=S_2-S_1>\int_1^2\left(\frac{dQ}{dT}\right)_{\text{不可逆}} \tag{4-37a}$$

对于微小不可逆过程，应有

$$dS>\int_1^2\left(\frac{dQ}{dT}\right)_{\text{不可逆}} \tag{4-37b}$$

综合式（4-36）、式（4-37）可得

$$\Delta S=S_2-S_1\geqslant\int_1^2\frac{dQ}{dT} \tag{4-38a}$$

$$dS\geqslant\int_1^2\frac{dQ}{dT} \tag{4-38b}$$

式（4-38）是从卡诺定理得出，而卡诺定理是热力学第二定律的直接结果，因此以上两式可以看作是热力学第二定律的数学语言表述。

由于孤立系统与外界没有热量的传递，由式（4-36a）、式（4-37a）可得，对于孤立系统有

$$\Delta S=0 \quad \text{（可逆过程）}$$

$$\Delta S>0 \quad \text{（不可逆过程）}$$

说明孤立系统的可逆过程熵保持不变；孤立系统的不可逆过程熵会增加，这一结论称为**熵增加原理**。由于一切自发进行的热力学过程都是由非平衡态趋向平衡态的不可逆过程，熵总是增加的，所以熵成为不可逆过程方向的判据，这就是熵作为热力学第二定律的定量描述的物理意义所在。

思 考 题

4.1 理想气体的状态量有哪些？过程量有哪些？

4.2 做功和热传递有什么共同之处？又有什么区别？

4.3 什么是平衡态和准静态过程？

4.4 试说明等容、等压、等温和绝热过程的基本特征，并写出每一个过程的特征方程和过程方程。

4.5 一定量的理想气体，从某一状态出发，如果经等压、等温和绝热过程膨胀相同的体积。在这三个过程中，做功最多的是哪个过程？气体内能减少的是哪个过程？吸收热量最多的又是哪个过程？

4.6 循环过程的特征是什么？如果一个正循环在 p-V 图上表示为一矩形，此循环对外做的净功 A 如何计算？

4.7 一般热机与卡诺热机有什么区别？能否用 $\eta_{卡}=1-T_2/T_1$ 计算一般热机的热机效率？

4.8 试述热力学第二定律的克劳修斯表述和开尔文表述。

4.9 熵是状态函数，因此任何循环过程的熵变为零这种说法对吗？

4.10 试根据热力学第二定律判别下面两种说法是否正确：

① 功可以全部转化为热，但热不能全部转化为功；

② 热量能够从高温物体传向低温物体，但不能从低温物体传向高温物体。

习　题

4.1 如图 4-16 所示，一系统从状态 A 沿 ABC 过程到达状态 C，吸收了 350J 的热量，同时对外做功 126J。

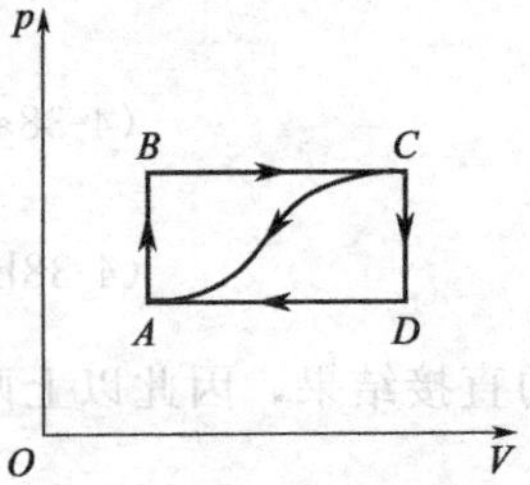

图 4-16　题 4.1 图

① 如沿 ADC 过程，做功为 42J，问系统吸收多少热量？

② 系统从状态 C 沿图中曲线所示过程返回 A 状态，外界对系统做功 84J，问系统是吸热还是放热？数值多少？

4.2 压强为 1.013×10^5 Pa，体积为 0.0082m^3 的氮气，从 300K 加热到 400K，若加热时

① 体积不变；

② 压强不变；

问各需吸收多少热量？

4.3 1mol 的理想气体，其温度为 25℃，在等温过程中，体积膨胀为原来的 3 倍，求气体对外做的功。

4.4 理想气体做绝热膨胀，由初状态 (p_0,V_0) 至末状态 (p,V)。试证明此过程中气体所做的功为

$$A=\frac{p_0V_0-pV}{\gamma-1}$$

4.5 1mol 氧气，温度为 300K 时体积为 0.002m^3，试计算下列两种过程中氧气所做的功。

① 绝热膨胀至体积为 0.02m^3；

② 等温膨胀至体积为 0.02m^3。

4.6 一卡诺机，在温度 127℃和 27℃的两个热源之间工作。

① 若一次循环，热机从 127℃的热源吸热 1200J，问应向 27℃的热源放热多少？

② 若此循环逆向工作（按制冷循环工作），从 27℃热源吸热 1200J，问应向 127℃的热源放热多少？

4.7　一卡诺热机工作的低温热源温度为 7℃，效率为 40%，若要把它的效率提高到 50%，高温热源的温度应提高多少？

4.8　设单原子分子理想气体由等温压缩、等压膨胀、等容降温三个分过程组成一个循环过程，等温压缩时的体积比 $V_2/V_1=10$，试计算该循环的热机效率。

4.9　设上题所进行的循环为逆向循环，求其制冷系数。

***4.10**　质量为 m，摩尔质量为 M 的理想气体，摩尔定压热容为 C_p，在等压过程温度从 T_1 升高到 T_2，试求这一过程中的熵变。

***4.11**　质量为 m，摩尔质量为 M 的理想气体，在等容过程中温度从 T_1 升高到 T_2，试证这一过程中的熵变为

$$\Delta S=\frac{m}{M}C_V\ln\frac{T_2}{T_1}$$

第五章 静 电 场

相对于观察者静止的电荷所产生的种种电现象称作**静电现象**，它是人类历史上最先了解的比较清楚的一种基本的电现象；静止电荷直接所激发的电场称作**静电场**。

本章的主要内容有库仑定律、电场强度、电势、电容、静电场的能量以及电场中的电介质。

第一节 电荷 真空中的库仑定律

一、电荷

对电现象的研究，始于摩擦起电。大量实验表明，自然界中只有两种电荷：正电荷、负电荷。而且，同种电荷相互排斥，异种电荷相互吸引。物体所带电荷的多少，称为**电荷量**，简称**电量**，常用 Q 或 q 表示。

在国际单位制中，电量的单位是 C（库仑）。

实验证明，在自然界中，电荷总是以基本单元的整数倍出现，近代物理把电荷的这种不连续性称为电荷的量子化。实验得出，一个电子所带电荷量的绝对值即为电荷的一个基本单元，其大小为

$$e=1.60217733\times10^{-19}\,\mathrm{C}$$

二、电荷守恒定律

实验表明，两种物质因摩擦所带的电荷，是等值异号的，摩擦起电实际上是电荷转移的过程，它并不创造电荷。

大量实验表明，电荷既不会创生，也不会消灭，只能从一个物体转移到另一个物体，或从物体的一部分转移到另一部分。这一规律称为**电荷守恒定律**。其严格的叙述为：在一个与外界没有电荷交换的系统内，任一时刻系统内的正、负电荷的代数和始终保持不变。这个定律不仅在一切宏观过程中成立，也为一切微观过程所遵守。

三、真空中的库仑定律

实验发现，两带电体之间的相互作用力，不仅与带电体携带的电量及它们之间的距离有关，而且与其几何形状有关。但当带电体本身的线度与它们之间的距离相比足够小时，带电体的几何形状可以忽略不计，而把所带电量可看作是集中于一个几何点上，这样的带电几何点，称作**点电荷**，它是一个理想化模型。

1785 年法国物理学家库仑直接用实验得出了两个点电荷之间相互作用的定量规律：在真空中，两个静止点电荷之间相互作用力的大小与这两个点电荷的电荷量的乘积成正比，而与两个点电荷之间的距离的平方成反比，作用力的方向沿着这两个点电荷的连线，同号电荷相斥，异号相吸，这就是**库仑定律**。其数学表达式为

$$\boldsymbol{F}=k\frac{q_1q_2}{r^2}\left(\frac{\boldsymbol{r}}{r}\right)=k\frac{q_1q_2}{r^2}\boldsymbol{r}^0 \tag{5-1a}$$

式中，k 为静电恒量；q_1、q_2 分别是两个点电荷的电量；$\boldsymbol{r}$ 是 q_2 相对于 q_1 的位矢，其大小为 $|\boldsymbol{r}|=r$，方向从 q_1 指向 q_2；$\boldsymbol{F}$ 为电荷 q_2 受到 q_1 的作用力；$\boldsymbol{r}^0$ 是沿 $\boldsymbol{r}$ 方向的单位矢量，它标志位矢 $\boldsymbol{r}$ 的方向。若 q_1 与 q_2 是同种电荷，乘积 $q_1q_2>0$，$\boldsymbol{F}$ 沿 $\boldsymbol{r}^0$ 的方向，表示为斥力；若 q_1 与 q_2 是异种电荷，$q_1q_2<0$，$\boldsymbol{F}$ 沿 $\boldsymbol{r}^0$ 反向，表示为引力（见图 5-1）。

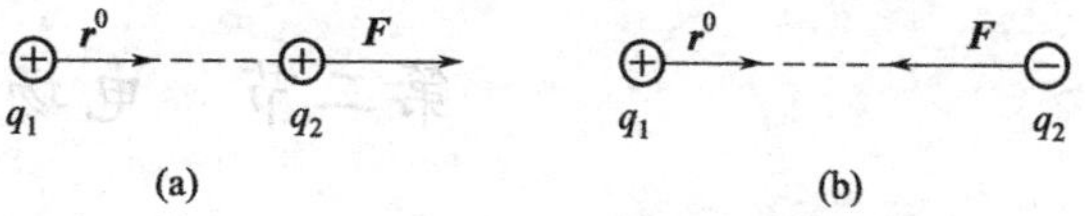

图 5-1　库仑定律

在国际单位制中，$k=8.98755\times10^9\,\mathrm{N\cdot m^2/C^2}$。通常，引入一个新的常量 ε_0 来取代 k。令 $k=\frac{1}{4\pi\varepsilon_0}$，这样真空中库仑定律便可完整地表示为如下的常用形式，即

$$\boldsymbol{F}=\frac{1}{4\pi\varepsilon_0}\frac{q_1q_2}{r^2}\boldsymbol{r}^0 \tag{5-1b}$$

式中，ε_0 称为真空电容率或真空介电常数。

$$\varepsilon_0=\frac{1}{4\pi k}=8.85\times10^{-12}\,\mathrm{C^2/(N\cdot m^2)}$$

注意：

① 上式只适用于点电荷情况；

② 也适用于微观世界。

四、库仑定律的叠加原理

库仑定律的叠加原理：如果空间存在有多个点电荷，则作用在其中任一点电荷上的力就等于其余每个点电荷单独存在时对其作用力的矢量和。

若是比较大的带电体，不能看成点电荷，则必须用积分方法求和。

【例题 1】　计算氢原子内电子和原子核之间的库仑力与万有引力之比值（注意，氢原子的核外只有一个电子，核内只有一个带 e 的质子，$e=1.60\times10^{-19}\,\mathrm{C}$，电子质量 $m_1=9.11\times10^{-31}\,\mathrm{kg}$，原子核质量 $m_2=1840m_1$）。

解　设氢原子里电子与原子核相距为 r，且因电子和原子核所带的电荷等量异号，电荷大小均为 e，故电子与原子核间的库仑力（吸引力）大小为

$$F_e=\frac{1}{4\pi\varepsilon_0}\frac{e^2}{r^2} \tag{1}$$

电子与原子核间的万有引力大小为

$$F_m=G\frac{m_1m_2}{r^2} \tag{2}$$

式中，G 为万有引力常量。把式（1）和式（2）相比，有

$$\frac{F_e}{F_m}=\frac{1}{4\pi\varepsilon_0G}\cdot\frac{e^2}{m_1m_2} \tag{3}$$

式中，$1/(4\pi\varepsilon_0)=9\times10^9\,\mathrm{N\cdot m^2/C^2}$；$G=6.67\times10^{-11}\,\mathrm{N\cdot m^2/kg^2}$，将它们代入式（3），可算出库仑力与万有引力的比值为

$$\frac{F_e}{F_m}=\frac{(9\times10^9)\times(1.60\times19^{-19})^2}{(6.67\times10^{-11})\times1840\times(9.11\times10^{-31})^2}=2.26\times10^{39}$$

上述结果表明，$F_e\gg F_m$，即在物质的原子内，电子和原子核之间的静电力远比它们之间的

万有引力大，因此在考察原子内电子与原子核之间的相互作用时，万有引力可以忽略不计。然而，在讨论行星、恒星、星系等大型天体之间的相互作用力时，则主要考虑万有引力，因为它们都是电中性的。

第二节　电场　电场强度

一、电场

从库仑定律知道，在电荷附近的空间具有一种特殊的物质，处于其中的其他带电体会受到力的作用，把这种特殊的物质称为**电场**。电荷之间的相互作用就是通过电场来传递的，它对处于其中的任何带电体（不论运动或静止）都施以电场力的作用；电场具有能量、质量和动量。

二、电场强度

为了显示静电场的存在，并研究静电场中各点（简称场点）的性质，通常取一个电量足够小（不至于影响原电场）的点电荷 q_0 放在各场点来测试此电场，通常把这个电荷称作**检验电荷**。

实验指出，在电场中的某一个确定点上，若检验电荷 q_0 的量值改变，它所受的力 $\boldsymbol{F}$ 的大小也改变，但它们两者之比这个矢量却是确定不变的，与检验电荷 q_0 的量值无关。对于电场中不同的点，一般来说，$\frac{\boldsymbol{F}}{q_0}$ 也要随之而变，但各点分别有其确定的大小和方向。由此可见，可以用 $\frac{\boldsymbol{F}}{q_0}$ 来描述电场。把检验电荷在电场中某一点所受的电场力 $\boldsymbol{F}$ 与检验电荷的电荷量 q_0 之比称为该点的**电场强度**，简称**场强**，用符号 $\boldsymbol{E}$ 表示

$$\boldsymbol{E}=\frac{\boldsymbol{F}}{q_0} \tag{5-2}$$

由上可知，电场中某点的电场强度（大小和方向）等于位于该点的单位正电荷所受的力。也就是说，某一点的电场强度矢量，其大小等于单位正电荷在该点所受电场力的大小；其方向与正电荷在该点所受电场力的方向一致。

在国际单位制中，电场强度的单位是 V/m（伏每米），也可用 N/C（牛顿每库仑）

必须指出，只要有电荷存在就有电场存在，电场的存在与否是客观的，与是否引入检验电荷无关，引入检验电荷只是为了检验电场的存在和讨论电场的性质而已。正像人们使用天平可以称量出物体的质量，如果不用天平去称量物体，物体的质量仍然是客观存在的一样。

三、点电荷的场强

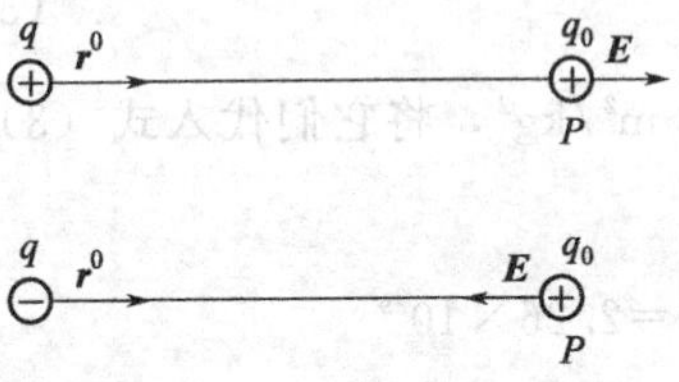

图 5-2　点电荷的场强

如图 5-2 所示，在真空中有一个静止的点电荷 q，在与它相距为 r 的场点 P 上，设想放一个检验电荷 q_0（$q_0>0$），按库仑定律，检验电荷 q_0 所受的力为

$$\boldsymbol{F}=\frac{1}{4\pi\varepsilon_0}\frac{qq_0}{r^2}\boldsymbol{r}^0$$

式中，$\boldsymbol{r}^0$ 是单位矢量，用来表示点 P 相对于场源点电荷

q 的位矢 $\boldsymbol{r}$ 的方向。按场强定义 $\boldsymbol{E}=\boldsymbol{F}/q_0$，即得点 P 的场强为

$$\boldsymbol{E}=\frac{1}{4\pi\varepsilon_0}\frac{q}{r^2}\boldsymbol{r}^0 \tag{5-3}$$

即在点电荷 q 的电场中，任一点 P 的场强大小为 $E=q/(4\pi\varepsilon_0 r^2)$，其值与场源电荷的大小 $|q|$ 成正比，并与点电荷 q 到该点距离 r 的平方成反比，且当 $r\to\infty$ 时，场强大小 $E\to 0$；场强 $\boldsymbol{E}$ 的方向沿场源电荷 q 和点 P 的连线，其指向取决于场源电荷 q 的正、负：若 q 为正电荷（$q>0$），其方向与 $\boldsymbol{r}^0$ 的方向相同，即沿 $\boldsymbol{r}^0$ 而背离 q；若 q 为负电荷（$q<0$），其方向与 $\boldsymbol{r}^0$ 的方向相反，而指向 q。

可见，在点电荷 q 的电场中，以点电荷 q 为中心、以 r 为半径的球面上各点的场强大小均相同，场强的方向沿半径向外（若 $q>0$）或指向中心（若 $q<0$）。通常说，具有这样特点的电场是球对称的。

如果电场中各点电场强度的大小和方向都相同，这种电场称为**匀强电场**。

四、场强叠加原理

在点电荷 q_1、q_2、…、q_n 共同激发的电场中，在场点 P 处放置一个检验电荷 q_0。根据静电力的叠加原理，检验电荷 q_0 所受的力 $\boldsymbol{F}$ 等于各个点电荷 q_1、q_2、…、q_n 单独存在时电场施于检验电荷 q_0 的力 $\boldsymbol{F}_1$、$\boldsymbol{F}_2$、…、$\boldsymbol{F}_n$ 之矢量和，即

$$\boldsymbol{F}=\boldsymbol{F}_1+\boldsymbol{F}_2+\cdots+\boldsymbol{F}_n$$

$$\boldsymbol{E}=\frac{\boldsymbol{F}}{q_0}=\frac{\boldsymbol{F}_1}{q_0}+\frac{\boldsymbol{F}_2}{q_0}+\cdots+\frac{\boldsymbol{F}_n}{q_0}$$

按场强定义，上式右端的各项分别是各点电荷单独存在时（场源电荷）在同一点 P 的场强，于是，有

$$\boldsymbol{E}=\boldsymbol{E}_1+\boldsymbol{E}_2+\cdots+\boldsymbol{E}_n \tag{5-4}$$

式（5-4）表明，电场中某点的总场强，等于各个点电荷单独存在时在该点场强的矢量和，这就是**电场强度叠加原理**。它是电场的基本性质之一，利用这个原理，可以计算任意点电荷系或带电体的场强。

【例题 2】　求电偶极子中垂直面上任一点的场强 $\boldsymbol{E}$。

解　两个等量异号电荷相距为 l，当所考虑的场点到它们的距离 r 远大于 l 时，这样的电荷系称为**电偶极子**，如图 5-3 所示。令中垂线上某点 P 到电偶极子中心 O 的距离为 r，则在 $+q$ 和 $-q$ 的电场中，点 P 的场强大小分别为

$$E_+=E_-=\frac{q}{4\pi\varepsilon_0\left(r^2+\dfrac{l^2}{4}\right)}$$

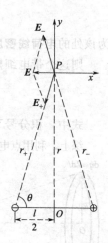

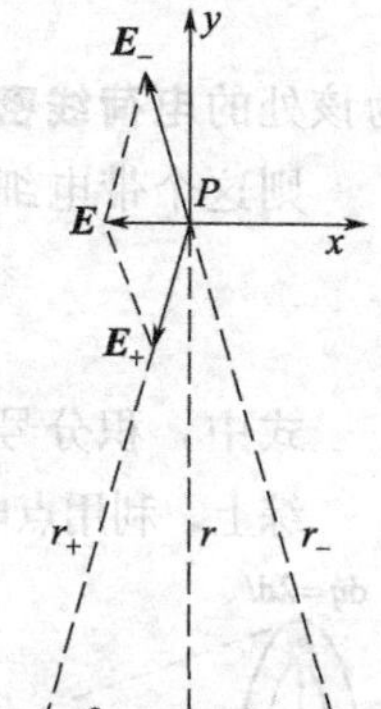

图 5-3　例题 2 附图

即 $E_+=E_-$，它们的方向分别在电荷 $+q$ 和 $-q$ 到点 P 的连线上，方向如图 5-3所示。根据叠加原理，P 点的合场强 $\boldsymbol{E}$ 为 E_+ 和 E_- 的矢量和。为了计算方便，取 P 为原点的直角坐标（如图 5-3 所示），由对称性可知，E_+ 和 E_- 在 y 轴上的分量大小相等，方向相反；在 x 轴上的分量大小相等，方向相同，都指向 x 轴的负向。所以合场强在 x、y 轴上的分量分别为

$$E_x=E_{+x}+E_{-x}=-2E_+\cos\theta$$

$$E_y=E_{+y}+E_{-y}=0$$

由图可知

$$\cos\theta=\frac{l/2}{\sqrt{r^2+\left(\frac{l}{2}\right)^2}}$$

所以合场强大小

$$E=|E_x|=\frac{2q}{4\pi\varepsilon_0\left[r^2+\left(\frac{l}{2}\right)^2\right]}\cdot\frac{l/2}{\sqrt{r^2+\left(\frac{l}{2}\right)^2}}$$

$$=\frac{ql}{4\pi\varepsilon_0\left[r^2+\left(\frac{l}{2}\right)^2\right]^{\frac{3}{2}}}$$

由于 $l\ll r$，所以有

$$E=\frac{ql}{4\pi\varepsilon_0 r^3}\tag{5-5}$$

方向沿 x 轴负向。

定义 $\boldsymbol{P}=q\boldsymbol{l}$ 为**电偶极矩矢量**；$\boldsymbol{l}$ 的方向由负电荷指向正电荷，则式（5-5）可表示为

$$\boldsymbol{E}=\frac{-\boldsymbol{P}}{4\pi\varepsilon_0 r^3}\tag{5-6}$$

对于电荷连续分布的有限大小带电体，可把带电体分割成无限多个极小的电荷元 $\mathrm{d}q$，每个电荷元 $\mathrm{d}q$ 在电场中任一点产生的电场强度为

$$\mathrm{d}\boldsymbol{E}=\frac{1}{4\pi\varepsilon_0}\frac{\mathrm{d}q}{r^2}\boldsymbol{r}^0$$

整个带电体的电场强度为

$$\boldsymbol{E}=\int_\tau \mathrm{d}\boldsymbol{E}=\int_\tau \frac{1}{4\pi\varepsilon_0}\frac{\mathrm{d}q}{r^2}\boldsymbol{r}^0$$

式中，r 是电荷元 $\mathrm{d}q$ 到场点的距离；$\boldsymbol{r}^0$ 是电荷元 $\mathrm{d}q$ 指向的单位矢量；τ 表示此积分遍及整个带电体。

如果电荷分布于细棒上，并且细棒的直径远小于棒上任一点到所研究的场点的距离，则可把它看作“带电线”。在带电线上取一线元 $\mathrm{d}l$，它所带电荷量为 $\mathrm{d}q$，则定义

$$\lambda=\frac{\mathrm{d}q}{\mathrm{d}l}\tag{5-7}$$

为该处的**电荷线密度**。

则这个带电细棒在场中某点的电场强度为

$$\boldsymbol{E}=\int_L \mathrm{d}\boldsymbol{E}=\int_L \frac{\lambda}{4\pi\varepsilon_0}\frac{\mathrm{d}l}{r^2}\boldsymbol{r}^0\tag{5-8}$$

式中，积分号下的“L”表示对整个带电线积分。

综上，利用点电荷的场强公式和场强叠加原理，原则上可以讨论任意带电体的电场分布情况。

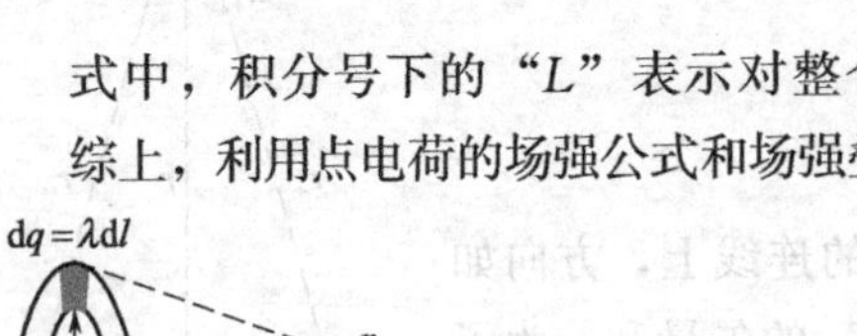

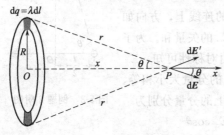

图 5-4　例题 3 附图

【例题 3】　如图 5-4 所示，电荷 $+q$ 均匀分布在一半径为 R 的细圆环上，计算在垂直于环面的轴线上任一场点 P 的场强。

解　若环的横截面直径远小于环到所考虑场点的距离，则环的粗细对所产生的场强的影响可以忽略不计，带电圆环可以当成带电曲线来处理。

如图 5-4 所示，在圆环上取线元 $\mathrm{d}l$，所带的电量

为 $dq=\lambda dl$，它在轴上任一点 P 产生的场强的大小为

$$dE=\frac{\lambda dl}{4\pi\varepsilon_0 r^2}$$

方向如图所示。对应于电荷元 dq，在环上必存在另一关于轴线对称的电荷元 dq'，dq'产生的场强 $d\boldsymbol{E}'$与 $d\boldsymbol{E}$ 也关于轴线对称，它们在垂直于轴线的分量互相抵消，所以合场强必在轴线方向。$d\boldsymbol{E}$ 的轴线分量为

$$dE_x=\frac{\lambda dl}{4\pi\varepsilon_0 r^2}\cos\theta$$

带电圆环在 P 点的合场强为

$$E=E_x=\oint dE_x=\oint\frac{\lambda dl}{4\pi\varepsilon_0 r^2}\cdot\cos\theta$$

对于环上的任意电荷元，r 和 θ 都相等，可以从积分号中取出，故

$$E=\frac{\lambda\cos\theta}{4\pi\varepsilon_0 r^2}\oint dl=\frac{\lambda\cos\theta}{4\pi\varepsilon_0 r^2}\cdot 2\pi R$$

由图可知 $\qquad r^2=R^2+x^2 \quad \cos\theta=\frac{x}{r}=\frac{x}{\sqrt{R^2+x^2}}$

带入上式得

$$E=\frac{2\pi R\lambda x}{4\pi\varepsilon_0(R^2+x^2)^{\frac{3}{2}}}=\frac{qx}{4\pi\varepsilon_0(R^2+x^2)^{\frac{3}{2}}} \tag{5-9}$$

方向沿 x 轴正向。

讨论。

① 当 P 点在远离环心的地方，即 $x\gg R$ 时，则上述公式变成 $E=\frac{q}{4\pi\varepsilon_0 x^2}$。该式与点电荷的场强公式一致。亦即，在求远离环心处的场强时，可以将环上电荷看成全部集中在环心处的一个点电荷，并用点电荷的场强公式来求。

② 在环心，即 $x=0$ 处，$E=0$。

说明：从以上各例可以看到，利用场强叠加原理求各点的场强时，由于场强是矢量，具体运算中需将矢量的叠加转化为各分量（标量）的叠加；并且在计算时，关于场强的对称性分析也是很重要的，在某些情形下，它往往能立即看出矢量 $\boldsymbol{E}$ 的某些分量相互抵消而等于零，使计算大为简化。

【例题 4】 一半径为 R 的均匀带电圆盘，盘面 S 上每单位面积所带的电荷（称为面电荷密度，其单位是 C/m^2）为 σ，设圆盘带正电，即 $\sigma>0$，求垂直于盘面的轴上任一场点 P 的场强。

分析：按题意，圆盘面 S 为一均匀带电平面，故面电荷密度 σ 为一恒量。求解时，可将均匀带电圆盘视作由许多不同半径的同心带电圆环所组成，每一圆环在轴上任一场点的场强 $d\boldsymbol{E}$ 可借上例的结果给出，再按电场强度叠加原理，通过积分，就可以求出整个带电圆盘在点 P 的场强 $\boldsymbol{E}$。

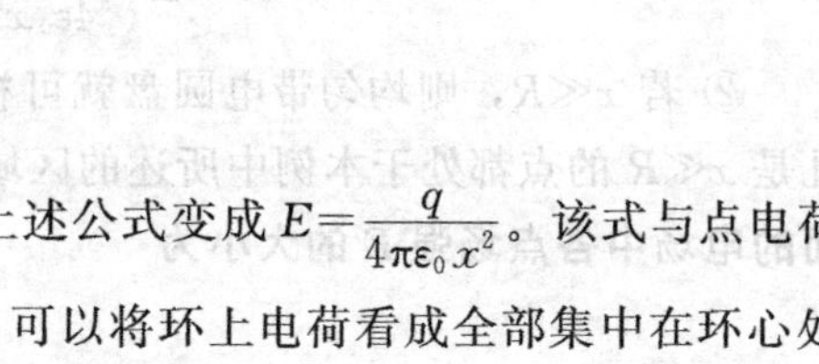

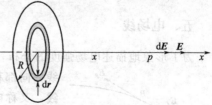

图 5-5 例题 4 附图

解 如图 5-5 所示，在圆盘上距盘心为 r 处取宽度 dr 的圆环，这个圆环上带有电荷 $dq=\sigma(2\pi r\cdot dr)$，利用上例的结果，它在点 P 的场强为

$$d\boldsymbol{E}=\frac{1}{4\pi\varepsilon_0}\frac{(dq)x}{(x^2+r^2)^{\frac{3}{2}}}\boldsymbol{i}=\frac{1}{4\pi\varepsilon_0}\frac{(2\pi r\sigma)x dr}{(x^2+r^2)^{\frac{3}{2}}}\boldsymbol{i}=\frac{\sigma x}{2\varepsilon_0}\frac{r dr}{(x^2+r^2)^{\frac{3}{2}}}\boldsymbol{i}$$

对上式进行矢量积分，即得整个带电圆盘在轴上一点 P（x 为定值）的场强为

$$\boldsymbol{E}=\int_S \mathrm{d}\boldsymbol{E}=\frac{\sigma x}{2\varepsilon_0}\int_0^R \frac{r\mathrm{d}r}{(x^2+r^2)^{\frac{3}{2}}}\boldsymbol{i}$$

即
$$\boldsymbol{E}=\frac{\sigma x}{2\varepsilon_0}\left(1-\frac{x}{\sqrt{x^2+R^2}}\right)\boldsymbol{i} \tag{5-10}$$

说明：由于各带电同心圆环在点 P 的场强 $\mathrm{d}\boldsymbol{E}$，其方向一致，所以上式矢量积分实际上只是进行标量积分的运算。

讨论。

① 若 $x \gg R$，则可将上式改写成

$$\boldsymbol{E}=\frac{\sigma}{2\varepsilon_0}\left[1-\left(1+\frac{R^2}{x^2}\right)^{-\frac{1}{2}}\right]\boldsymbol{i}$$

将上式的 $(1+R^2/x^2)^{-\frac{1}{2}}$ 按二项式定理展开，有

$$(1+R^2/x^2)^{-\frac{1}{2}}=1-\frac{1}{2}\left(\frac{R^2}{x^2}\right)+\frac{3}{8}\left(\frac{R^2}{x^2}\right)^2-\cdots$$

因 $x \gg R$，可略去式中的高阶项，只保留前两项。然后，把它代入前式，并化简，从而可得离盘面甚远处的场强公式，它与点电荷的场强公式相同，即

$$\boldsymbol{E}=\frac{\sigma R^2}{4\varepsilon_0 x^2}\boldsymbol{i}=\frac{\sigma\pi R^2}{4\pi\varepsilon_0 x^2}\boldsymbol{i}=\frac{q}{4\pi\varepsilon_0 x^2}\boldsymbol{i}$$

② 若 $x \ll R$，则均匀带电圆盘就可视作无限大的均匀带电平面；对无限大的平面而言，凡是 $x \ll R$ 的点都处于本例中所述的区域内。因此，由上例的结果，可得**无限大均匀带电平面的电场中各点场强 $\boldsymbol{E}$ 的大小为**

$$E=\frac{\sigma}{2\varepsilon_0} \tag{5-11}$$

可见，在上述电场区域内，各点场强 $\boldsymbol{E}$ 的大小相等，与上述区域内各点离开平面的距离无关，也与平面的形状和线度无关。至于场强 $\boldsymbol{E}$ 的方向，理应沿着垂直于该平面的中心轴，由于平面为“无限大”，所以在上述区域内，任一条垂直于该平面的轴线都可视作中心轴，因而各点场强 $\boldsymbol{E}$ 的方向都垂直于平面而相互平行；若该平面带正电，即 $\sigma>0$，则场强 $\boldsymbol{E}$ 的方向背离平面，反之，若平面带负电，即 $\sigma<0$，则场强 $\boldsymbol{E}$ 的方向指向平面。

综上所述，“无限大”均匀带电平面的电场是均匀电场，各点的场强（包括大小和方向）相同。

实际上，任何一个带电平面，其大小总是有限的，因此，也只有在靠近平面中部附近的区域，电场才是均匀的，而相对于平面边缘附近的点而言，就不能将平面看作是无限大的，该处的电场也是不均匀的，上式不再适用。

五、电场线

为了形象地描述电场强度的分布，可以在电场中画出一系列曲线，使曲线上每一点的切线方向都和该点的场强方向一致（见图 5-6），这些线称为**电场线**，又称**电力线**。利用电场线，可确定它所通过的每一点的场强 $\boldsymbol{E}$ 的方向，因而也就可以表示出放在该点上的正电荷 $+q$ 所受电场力 $\boldsymbol{F}$ 的方向。但要注意，一般情况下，电场线并非是正电荷 $+q$ 受电场力作用而运动的轨迹，因为电荷运动方向（即速度方向）不一定沿场的方向。

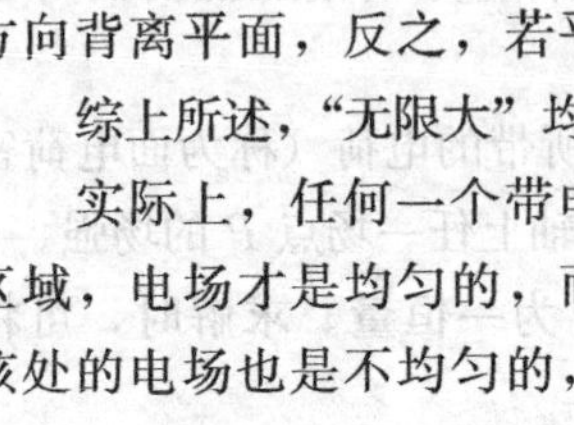

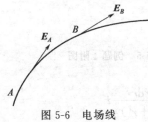

图 5-6 电场线

为了使电场线不仅能够表示出场强的方向，同时还能够表示出场强的大小，在电场中任一点，假想做一个面元 $dS_{\perp}$，与该点场强 $\boldsymbol{E}$ 的方向相垂直，使得通过该面元所画的电场线条数 dN 满足以下的关系：

$$\frac{dN}{dS_{\perp}}=E \tag{5-12}$$

式中，$dN/dS_{\perp}$ 称为**电场线密度**。

根据式（5-12），可规定：在电场中任一点处的电场线密度在数值上等于该点处场强的大小。这样，用电场线密度来表示场强的大小时，密度大的区域，电场线密集，表示该处的场强较强；密度小的区域，电场线较稀疏，表示该处的场强较弱。

静电场的电场线具有如下性质。

① 电场线起始于正电荷（或无穷远），终止于负电荷（或无穷远处），不会在无电荷处终止，也不会在无电荷处发出。

② 电场线不形成闭合曲线。

③ 电场线不能相交。

不同的带电体，周围的电场分布不同，其电场线的形状也不同，图 5-7 给出了几种常见的电场线。

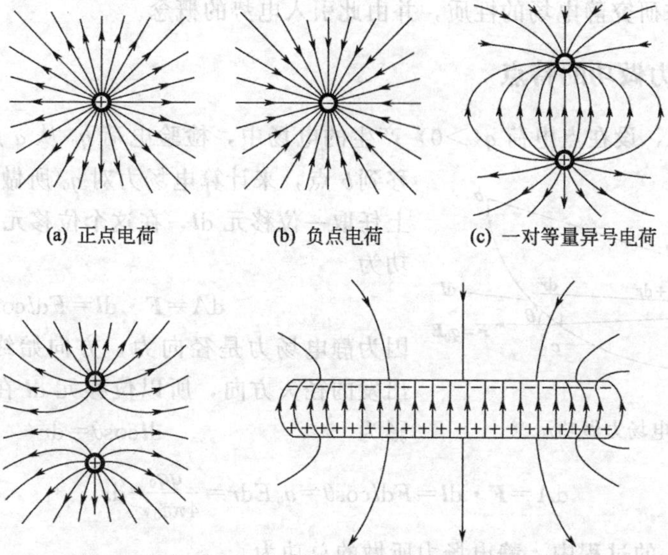

(a) 正点电荷　(b) 负点电荷　(c) 一对等量异号电荷

(d) 一对等量正电荷　(e) 带有等量异号电荷的平行平板

图 5-7　常见电场线

六、电通量

按照电场线的画法对其密度所做的规定，定义通过某个面积的**电通量**就是穿过电场中该面积的电场线条数，用符号 ϕ 表示。

如图 5-8 所示，通过面元 dS 的电通量等于式（5-12）中的 dN，用 $d\phi$ 表示此无穷小通量，则

$$d\phi=dN=EdS_{\perp}=EdS\cos\theta \tag{5-13}$$

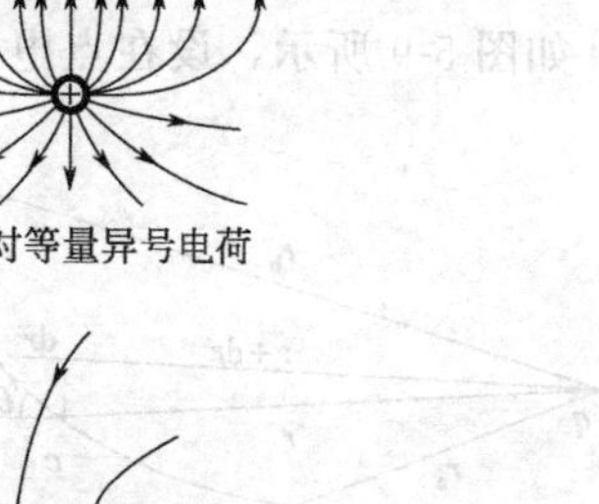

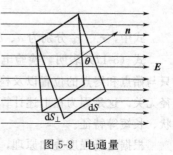

图 5-8　电通量

式中，$dS_\perp$是面元 dS 在垂直于电场线的平面上的投影，因而有 $dS_\perp = dS\cos\theta$；θ是面元 $dS_\perp$ 和 dS 的夹角。如果按如图 5-8 所示规定面元的法向单位矢量 $\boldsymbol{n}$，可引入矢量面元 $d\boldsymbol{S}= dS\boldsymbol{n}$，因为 $\boldsymbol{E}$ 与 $\boldsymbol{n}$ 的夹角也等于θ，所以，式（5-13）可写成如下形式：

$$d\phi = EdS\cos\theta = \boldsymbol{E}\cdot d\boldsymbol{S} \tag{5-14}$$

电通量是标量，θ为锐角时，电通量为正；θ为钝角时，电通量为负；θ为直角时，电通量为零。

通过任意曲面 S 的电通量，可以把曲面分割成许多小面元 dS，对这些面元上的电通量 $d\phi$ 求积分，即得

$$\phi = \iint_{(S)} d\phi = \iint_{(S)} EdS\cos\theta = \iint_{(S)} \boldsymbol{E}\cdot d\boldsymbol{S} \tag{5-15}$$

在均匀电场中，则穿过面积 S 的电通量应该是

$$\phi = ES\cos\theta = \boldsymbol{E}\cdot\boldsymbol{S} \tag{5-16}$$

第三节 静电场的环路定理 电势

本章的前面部分是从力的角度讨论电场，本节从能量的角度进行讨论。由于电荷在静电场中受电场力作用，所以电荷在电场中移动时，电场力就要对它做功。现在，从电场力对电荷做功这一表现来研究静电场的性质，并由此引入电势的概念。

一、静电场力做功的特点

如图 5-9 所示，设在点电荷 $q(>0)$ 产生的电场中，检验电荷 q_0 从 a 点沿任意路径 acb 移到b 点，来计算电场力对 q_0 所做的功。在路径 acb 上任取一位移元 $d\boldsymbol{l}$，在这个位移元上 $\boldsymbol{F}$ 对 q_0 所做的功为

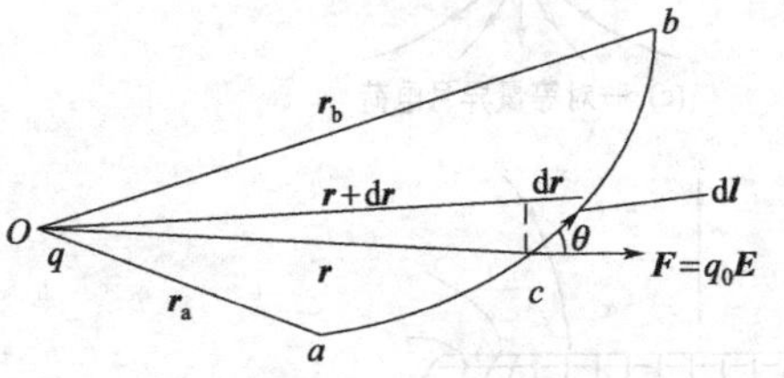

图 5-9 静电场力做功示意

$$dA = \boldsymbol{F}\cdot d\boldsymbol{l} = Fdl\cos\theta$$

因为静电场力是径向力，方向始终沿着从点电荷 q 出发的径矢方向，所以位移元 $d\boldsymbol{l}$ 在电场力方向的投影为

$$dl\cos\theta = dr$$

因此

$$dA = \boldsymbol{F}\cdot d\boldsymbol{l} = Fdl\cos\theta = q_0 E dr = \frac{qq_0}{4\pi\varepsilon_0 r^2}dr$$

q_0 从点 a 移到点b 的过程中，静电场力所做的总功为

$$A = \int_a^b dA = \frac{qq_0}{4\pi\varepsilon_0}\int_{r_a}^{r_b}\frac{dr}{r^2} = \frac{qq_0}{4\pi\varepsilon_0}\left(-\frac{1}{r}\right)\Bigg|_{r_a}^{r_b} \tag{5-17}$$

$$= \frac{qq_0}{4\pi\varepsilon_0}\left(\frac{1}{r_a}-\frac{1}{r_b}\right)$$

式中，r_a、r_b 分别为 a、b 点离开电荷 q 的距离。

式（5-17）表明，检验电荷 q_0 在静止点电荷 q 的电场中移动时，静电场力所做的总功只与始点和终点的位置以及检验电荷的电量值 q_0 有关，而与检验电荷在电场中所经历的路径无关。这是因为在上述计算中，取的是任意路径，且上式的计算结果并未反映出路径的形状、长短等特征。

根据电场强度叠加原理，上述结论可推广为：**检验电荷在任何静电场中移动时，静电场**

力所做的功，仅与检验电荷以及始点和终点的位置有关，而与所经历的路径无关。

二、静电场的环路定理

静电场力做功与路径无关这一结论，还可以表述为另一种形式。在任意静电场中，将一电荷从某一点出发沿任意闭合回路再回到原来的位置，电场力做功为零。即

$$A=q_0\oint \boldsymbol{E}\cdot \mathrm{d}\boldsymbol{l}=0$$

则

$$\oint \boldsymbol{E}\cdot \mathrm{d}\boldsymbol{l}=0 \tag{5-18}$$

式中，$\oint \boldsymbol{E}\cdot \mathrm{d}\boldsymbol{l}$ 是场强 E 沿闭合路径 l 的线积分，称为场强 $\boldsymbol{E}$ 的环流。式 (5-18) 表示，静电场中场强 $\boldsymbol{E}$ 的环流恒等于零，称为静电场的**环路定理**。这一结论可由"电场力做功与路径无关"的结论导出，如图 5-10 所示，在电场中任取一闭合回路 L，检验电荷 q_0 从点 a 出发沿回路 L 移动一周，电场力做功为

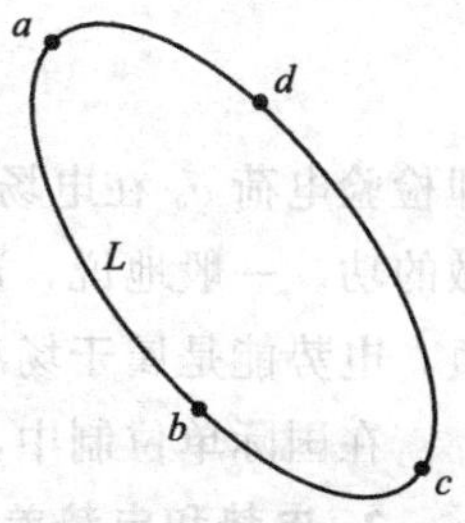

图 5-10　闭合回路电场力做功示意

$$A=\oint \boldsymbol{F}\cdot \mathrm{d}\boldsymbol{l}=q_0\oint \boldsymbol{E}\cdot \mathrm{d}\boldsymbol{l}$$

$$=q_0\int_{abc}\boldsymbol{E}\cdot \mathrm{d}\boldsymbol{l}+q_0\int_{cda}\boldsymbol{E}\cdot \mathrm{d}\boldsymbol{l}$$

$$=q_0\int_{abc}\boldsymbol{E}\cdot \mathrm{d}\boldsymbol{l}-q_0\int_{adc}\boldsymbol{E}\cdot \mathrm{d}\boldsymbol{l}$$

因为电场力所做的功与路径无关，即

$$q_0\int_{abc}\boldsymbol{E}\cdot \mathrm{d}\boldsymbol{l}=q_0\int_{adc}\boldsymbol{E}\cdot \mathrm{d}\boldsymbol{l}$$

所以

$$A=q_0\oint_L \boldsymbol{E}\cdot \mathrm{d}\boldsymbol{l}=0$$

于是

$$\oint_L \boldsymbol{E}\cdot \mathrm{d}\boldsymbol{l}=0$$

反过来，由环路定理也能导出电场力做功与路径无关的结论。所以环路定理与"电场力做功与路径无关"的说法是等价的，它是描述静电场规律的一条重要定理。

静电场力做功与路径无关这一特性，表明静电场是保守力场，因此，是一种有势场，亦即静电场力和重力相类同也是一种保守力。

用环路定理可以证明，静电场中的电场线不能形成闭合曲线。

三、电势　电势能

1. 电势能

与物体在重力场中具有重力势能类似，电荷在静电场中某一处，也具有一定的电势能。设以 W_a 和 W_b 分别表示检验电荷 q_0 在始点 a 和终点 b 时的电势能，把点电荷 q_0 沿任意路径从点 a 移到点 b 的过程中电场力所做的功 A_{ab} 等于电势能的减少 W_{ab}

$$W_{ab}=W_a-W_b=A_{ab}=\int_a^b q_0\boldsymbol{E}\cdot \mathrm{d}\boldsymbol{l} \tag{5-19}$$

当电场力做正功时，$A_{ab}>0$，则 $W_a>W_b$，电势能减少；当电场力做负功时，$A_{ab}<0$，则 $W_a<W_b$，电势能增加。

式（5-19）只能决定电场中检验电荷位置改变时电势能的改变，并不能决定检验电荷在电场中某一点的电势能。那么，一点的电势能如何表述呢。已知求物体在地球表面附近的重力势能，是先选定物体的零势能点后再进行计算的。同样，求电荷在电场中某点的电势能时，也要先选定电势能为零的参考点。如选 $W_b=0$，则 b 点就是零势能点，因而

$$W_a=\int_a^{参考点} q_0\boldsymbol{E}\cdot d\boldsymbol{l} \tag{5-20}$$

通常就取检验电荷 q_0 在无限远处作为量度电势能的零点，即取 $W_\infty=0$。按照这个规定，由上式可得检验电荷 q_0 在电场中任一点 a 电势能为

$$W_a=\int_a^{\infty} q_0\boldsymbol{E}\cdot d\boldsymbol{l} \tag{5-21}$$

即检验电荷 q_0 在电场中任一点 a 的电势能 W_a，等于电荷 q_0 从点 a 移到无限远处电场力所做的功。一般地说，这个功有正（例如斥力场中）、有负（例如引力场中），电势能也有正有负，电势能是属于场源电荷与引入场中的电荷所组成的带电系统的。

在国际单位制中，电势能的单位为 J（焦）。

2. 电势和电势差

电势能不仅与电场有关，还与检验电荷有关。但是，比值$\frac{W_a}{q_0}$与检验电荷无关，而只与电场的性质有关。定义该比值为静电场中 a 点的**电势**，以 U_a 表示，有

$$U_a=\frac{W_a}{q_0}=\int_a^{参考点} \boldsymbol{E}\cdot d\boldsymbol{l} \tag{5-22}$$

式（5-22）表明，静电场中某点的电势，在数值上等于放在该点的单位正电荷的电势能，亦即等于单位正电荷从该点经过任意的路径移到参考点电场力所做的功，若选无限远处为零电势点，则

$$U_a=\frac{W_a}{q_0}=\int_a^{\infty} \boldsymbol{E}\cdot d\boldsymbol{l} \tag{5-23}$$

电势是一个标量。静电场中某一点的电势，也只具有相对意义，它是相对于参考点的电势为零而言的。参考点的选取可以是任意的，但在实际电路问题中，常选取大地的电势为零，在电子仪器中取金属外壳的电势为零。在理论计算中，若电荷分布在有限区域内，可选取无限远处的电势为零。

在静电学中，任意两点 a 和 b 的电势之差称为**电势差**（在电路中两点的电势差也称为电压），用 U_a-U_b 或 U_{ab} 表示。则 a、b 两点的电势差为

$$U_{ab}=U_a-U_b=\frac{W_a-W_b}{q_0}=\int_a^b \boldsymbol{E}\cdot d\boldsymbol{l} \tag{5-24}$$

即静电场中 a、b 两点的电势差，等于单位正电荷从点 a 经过任意路径移到点 b 处电场力所做的功。因此，任一个点电荷 q_0 在电场中从点 a 移到点 b，电场力所做的功 A_{ab} 为

$$A_{ab}=q_0U_{ab}=q_0(U_a-U_b) \tag{5-25}$$

式（5-25）的物理意义是：电场力所做的功等于电势能之差，这是电学中的一个重要公式。

在国际单位制中，电势的单位是 V，称为伏特，简称伏；电势差（或电压）的单位与电势的单位相同，也是 V（伏）。

3. 电势的计算

电荷分布已知的带电体，其电势分布情况可以通过两种方法来求。

(1) 定义法

即应用定义式$U_a=\int_a^{参考点}\boldsymbol{E}\cdot d\boldsymbol{l}$计算电势的方法，通常用来计算电场分布比较容易求出的带电体的电势。

对有限大小的带电体所激发的场，一般都是取无限远处为电势零点，有时亦可选地球或接地导体的电势为0。

求点电荷q激发的静电场中任意点a处的电势，选无限远处为零电势点，根据电势的定义式可知

$$U_a=\int_a^{参考点}\boldsymbol{E}\cdot d\boldsymbol{l}=\int_r^{\infty}\boldsymbol{E}\cdot d\boldsymbol{r}=\frac{q}{4\pi\varepsilon_0}\int_r^{\infty}\frac{dr}{r^2}=\frac{q}{4\pi\varepsilon_0 r} \tag{5-26}$$

式(5-26)表明：点电荷电场中任一点的电势，与点电荷的电量q成正比，与该点到电荷距离r成反比。若q是正，电势都是正且由近及远逐渐减小为零；若q是负，电势都是负值且由近及远逐渐增大为零。

(2) 电势叠加法

通常用来计算电场分布不容易求出的带电体的电势。

设a为多个点电荷q_1、q_2、…、q_n共同激发的电场中任一点，由场强叠加原理和电势的定义，可得a点的电势为

$$U_a=\int_a^{\infty}\boldsymbol{E}\cdot d\boldsymbol{l}=\int_a^{\infty}\sum_{i=1}^{n}\boldsymbol{E}_i\cdot d\boldsymbol{l}=\frac{1}{4\pi\varepsilon_0}\sum_{i=1}^{n}\frac{q_i}{r_i}=\sum_{i=1}^{n}U_i \tag{5-27}$$

式中，r_i是a点到点电荷q_i的距离。

上述结果称为**电势叠加原理**：即点电荷系的电场中任一点的电势，等于各个点电荷单独存在时在该点电势的代数和。

如果场源电荷在有限区域内是连续分布的，可将它分成无限个电荷元dq（均为点电荷），将式(5-27)的求和改为求积分，就可求得电场中某点P处的电势为

$$U_P=\frac{1}{4\pi\varepsilon_0}\int_V\frac{dq}{r} \tag{5-28}$$

式中，r为dq到某一场点P的距离；积分号下的V表示对整个场源电荷分布的区域（例如带电体）求积分。

【例题5】 求均匀带电圆环轴线上任一点P点的电势。设环的半径为R，所带电量为q，电荷线密度为λ，环心到P点距离为x。

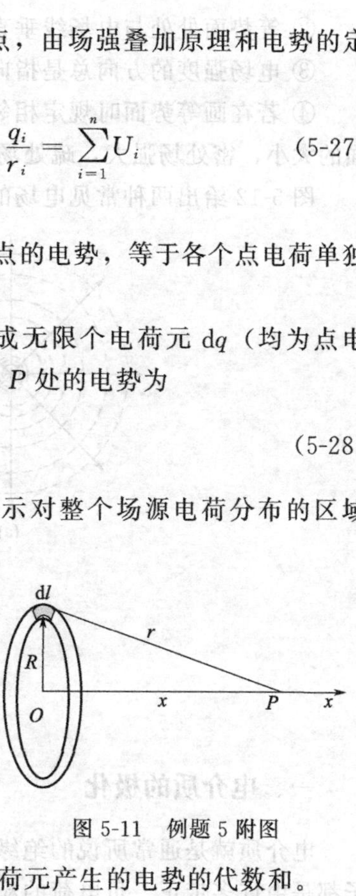

图 5-11 例题5附图

解 如图5-11所示，把圆环分割成无限多个线元dl，每个线元的电荷量为d$q=\lambda$dl，在P点产生的电势为

$$dU_P=\frac{dq}{4\pi\varepsilon_0 r}=\frac{\lambda dl}{4\pi\varepsilon_0 r}$$

利用电势的叠加原理，整个圆环在P点产生的电势为所有电荷元产生的电势的代数和。

$$U_P=\oint_L dU_P=\frac{\lambda}{4\pi\varepsilon_0 r}\oint_L dl=\frac{\lambda}{4\pi\varepsilon_0 r}\cdot 2\pi R$$

$$=\frac{q}{4\pi\varepsilon_0\sqrt{R^2+x^2}} \tag{5-29}$$

讨论。

① P 点远离圆环中心，即 $x \gg R$ 时，

$$U=\frac{q}{4\pi\varepsilon_0 x} \tag{5-30}$$

即圆环轴线上远离环心处的电势与电量全部集中在环心的点电荷的电势相同。

② P 点为环心，即 $x=0$ 时，

$$U=\frac{q}{4\pi\varepsilon_0 R} \tag{5-31}$$

四、等势面

电场中场强的分布可以用电场线形象地描述，与此类似，电场中电势的分布可以用等势面形象地描述。

电场中电势相等的各点构成的曲面称为**等势面**。

等势面有下列几个性质。

① 在等势面上任意两点间移动电荷时，电场力不做功。

② 等势面处处与电场线垂直。

③ 电场强度的方向总是指向电势降落的方向。

④ 若在画等势面时规定相邻两等势面间的电势差相等，则由等势面的疏密可以看出场强的大小，密处场强大，疏处场强小。

图 5-12 给出两种常见电场的等势面。

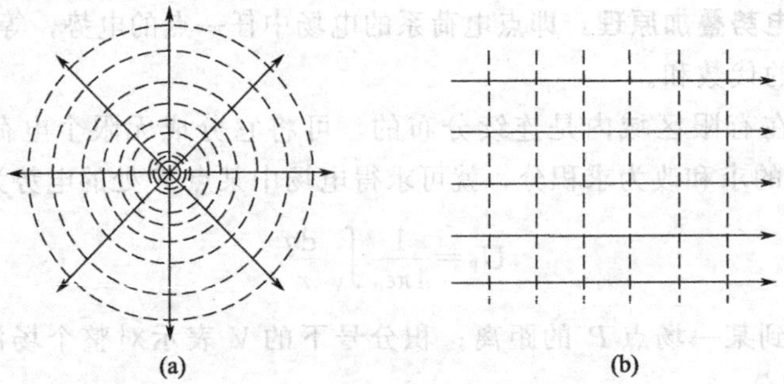

图 5-12　两种常见电场的等势面

第四节　电　介　质

一、电介质的极化

电介质就是通常所说的绝缘体，电介质内部不存在可自由运动的电子，电介质中每个分子都是由许多带正、负电荷的粒子组成；这些正负电荷彼此束缚较紧密，在没有外电场作用时，由于热运动，正负电荷的分布杂乱无章，电介质整体呈中性。在有外电场作用时，分子中的正负电荷将做比较有序的排列，从宏观看，沿外电场方向的电介质的两个端面将分别出

现正、负电荷，这种现象称为**电介质的极化**，如图5-13所示。电介质表面出现的电荷称为**束缚电荷或极化电荷**。此时，在电介质中除了外电场 $\boldsymbol{E}_0$ 外，束缚电荷也在电介质中产生电场 $\boldsymbol{E}'$，电介质中的电场是外电场 $\boldsymbol{E}_0$ 和束缚电荷电场 $\boldsymbol{E}'$ 叠加的结果。电介质中的合场强 $\boldsymbol{E}$ 的大小比外电场 $\boldsymbol{E}_0$ 小，它们之间有如下关系：

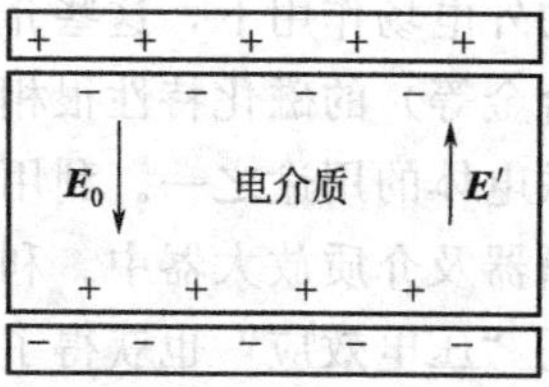

图 5-13

$$\frac{\boldsymbol{E}_0}{\boldsymbol{E}}=\varepsilon_r \tag{5-32}$$

式中，ε_r 是电介质的相对电容率。

二、压电效应

铁电体和某些晶体，如石英（SiO_2）、电气石等在外力作用下被压缩或被伸长而产生形变时，它相对的两个表面会产生异号电荷。这种没有外电场作用，只是由于形变而产生极化的现象称为**压电效应**。通常把有压电效应的介质称为**压电体**。例如石英晶体在 9.8×10^4 Pa（相当于在 $1cm^2$ 面积上放置1kg重物的压力）的压力下，其相对两面可产生0.5V左右的电压。压电效应是机械能转化为电能的效应。

压电体还有逆压电效应，在晶体上加一外电场，晶体不仅极化，还会发生机械形变（伸长或压缩），这种现象称为**电致伸缩**。如果外电场为交变电场，则压电体交替出现伸长或压缩，即发生机械振动，电致伸缩效应是电能转化为机械能的效应。

压电效应和电致伸缩效应已被广泛应用于近代科学、生产技术。这方面的例子如下。

(1) 晶体振荡器

利用压电效应，将压电体的机械振动转变为同频率的电振荡，用压电体制成的电振荡器称为**晶体振荡器**。由于晶体振荡器频率的稳定度很高，所以被广泛应用于通信、精密电子设备、小型计算机、微处理机中。利用这种振荡器制造的石英钟、每天计时误差可小到 10^{-5} s数量级。

(2) 电声换能器

利用压电效应可将声能转换为电振动；也可利用电致伸缩效应把电能转换为声能。压电晶体可被用于制造电唱头、扬声器、耳机、蜂鸣器等电声器件。当压电晶体片所加交变电压的频率与压电晶体片固有频率相同时，晶片就产生强烈的振动而发射出超声波（频率大于20000Hz）。目前，这种超声波已应用于医疗检查（B超）、固体探伤以及海洋中的潜艇或鱼群探测等各方面。

(3) 压力传感器

利用压电效应，可将非电量压力的测量转换成电学量的测量，转换成电学量，便于放大、传递、运算、记录和显示。陶瓷压力计就是根据这一原理制成的。

由于利用压电效应原理制成的压电式传感器具有体积小、质量轻、工作频带宽等特点，因而压电式传感器广泛应用在声学、计时仪器中，在各种动态力、机械冲击与振动的测量中，在机床测力仪测试系统和火箭发射架的复杂测力系统中。

三、铁电体

有些物质，如酒石酸钾钠（又称洛瑟盐）、钛酸钡等，具有一些特殊的极化性质。这些介质极化时，不仅表现出各向异性，而且在外电场撤去后，还有剩余极化存在。即使在很弱的外电场作用下，这些介质也可能有很强的极化。因这些特性与铁磁介质（铁、钴、镍及其合金等）的磁化特性很相似，所以这些特殊电介质被称为**铁电体**，电容将增加很多倍，这是铁电体的用途之一。利用铁电体的非线性关系制成非线性电容，可应用于振荡电路、频率倍增器及介质放大器中。利用铁电体的电滞特性，可制成计算机中的记忆元件。另外，铁电体的"压电效应"也获得了广泛应用。

四、永电体

前面所述电介质在外电场作用下会产生极化效应，当外加条件撤去后，除铁电体能保留剩余极化外，其他电介质的极化效应随之消失。但是有一类物质，在外电场撤去后却能长期保持极化状态，这类能长期保持极化状态的物质称为**永电体**，又称**驻电体**。

第一块永电体是用巴西棕榈蜡和树脂混合熔融，略加蜂蜡，然后在强电场下经极化处理制成。它虽能保持静电极化，但机械强度很差，不便应用。现在知道，一些有机材料（蜡、碳氢化合物、固体酸）和无机材料（钛酸钡、钛酸钙等）都可用来制备永电体，最有前途的是合成有机高分子材料。从20世纪60年代开始，由于高分子科学的飞跃发展，许多用高分子材料制备成的永电体不仅电荷密度高，机械强度好，而且可以制成薄膜器件，这对永电体的研究推动很大。

第五节　电　容　器

电容是导体和导体组的一个重要性质，电容器是一种其电容不受周围导体影响的导体组，它是科学实验和电工、无线电技术中的重要元件。本节主要讨论平行板电容器和电容器的连接。

一、电容器的电容

通常所用的电容器由两个金属极板和介于其间的电介质所组成，电容器带电时常使两极板带上等量异种的电荷（或使一板带电，另一板接地，借感应起电而带上等量异种电荷）。电容器的**电容**定义为电容器一个极板所带电荷 q（指它的绝对值）和两极板的电势差 U_A-U_B（不是某一极板的电势）之比：

$$C=\frac{q}{U_A-U_B} \tag{5-33}$$

式中，电容 C 由 A、B 两导体的几何性质（表面的大小、形状、相对位置）决定，与它们是否带电以及带电多少无关。

电容的单位为 F，称为法拉或法。如电容器所带的电荷为 1C 时，两极板间电势差为 1V，则该导体的电容就是 1F。即

$$1F=\frac{1C}{1V}$$

在实际中，常用 μF（微法）或 pF（皮法）等较小的单位。

$$1\mu F=10^{-6}F，1pF=10^{-12}F$$

二、平行板电容器

设有两平行的金属极板，每板的面积为 S，两板的内表面之间相距为 d，并使板面的线

度远大于两板内表面的间距，如图 5-14 所示。令板 A 带正电，板 B 带等量的负电。由于板面线度远大于两板的间距，所以除边缘部分以外，两板间的电场可以认为是均匀的，而且电场局限于两板之间。现在先不考虑介质的影响即认为两板间为真空或充满空气，可以证明，平行无限大均匀带电平面的电场强度大小为

$$E=\frac{\sigma}{2\varepsilon_0} \tag{5-34}$$

可见，无限大平面周围的电场分布是均匀的，方向与所带电荷的正负有关，若平面带正电($\sigma>0$)，则场强背离平面指向无穷远处；若平面带负电（$\sigma<0$），则场强指向平面。这样带等量异号电荷的两极板，在其间的电场强度大小、方向都相同，所以两极板间均匀电场的场强大小为

$$E=\frac{\sigma}{\varepsilon_0} \tag{5-35}$$

式中，σ 为任一极板上所带电荷的面电荷密度（绝对值），两极板间的电势差U_A-U_B为

$$U_A-U_B=Ed=\frac{\sigma}{\varepsilon_0}d=\frac{qd}{\varepsilon_0 S}$$

式中，$q=\sigma S$ 为任一极板表面上所带的电荷大小。

设两极板间为真空时的平行板电容器电容为 C_0，则由电容器电容的定义，得

$$C_0=\frac{q}{U_A-U_B}=\frac{\varepsilon_0 S}{d} \tag{5-36}$$

由式（5-36）可知，只要使两极板的间距 d 足够微小，并加大两极板的面积 S，就可获得较大的电容。

实际用的电容器在两极板间往往充入电介质，类似的可以导出，在充入均匀电介质后，平行板电容器的电容 C 将增大为真空情况下的 ε_r 倍。电容器的性能规格有两个指标：电容和耐压。如某一电容器上标有“0.1μF，450V”，表示这个电容器的电容是 0.1μF，耐压是 450V。如果超过这个电压，电介质会被击穿，电容器就要损坏，这是使用中必须注意的。

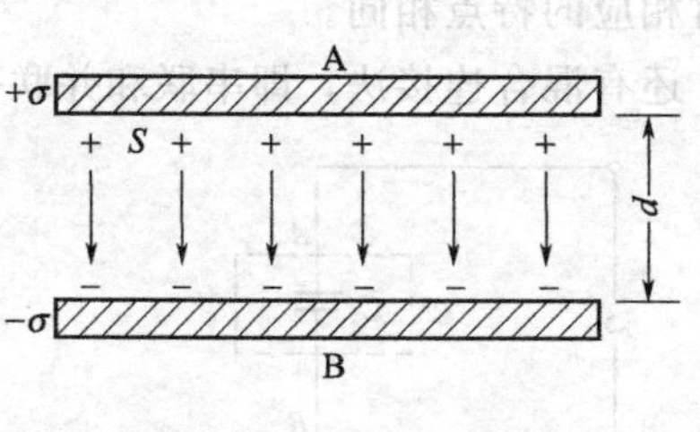

图 5-14 平行板电容器

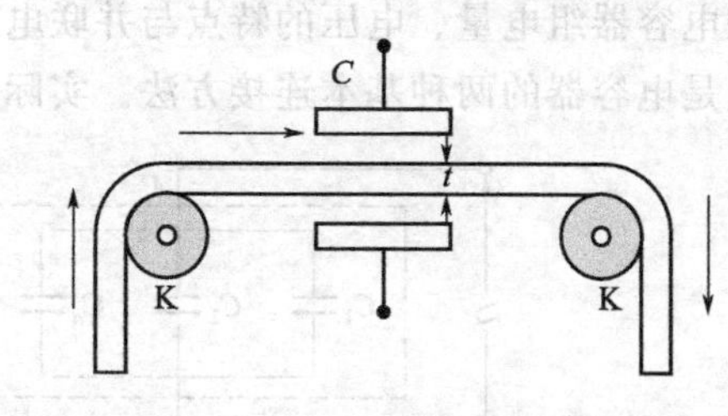

图 5-15 电容测厚仪

有的材料（如钛酸钡），它的 ε_r 可达数千，用来作为电容器的电介质，就能制成电容大、体积小的电容器。

从式（5-36）可知，当 S、d 和 ε_0 三者中任一个量发生变化时，都会引起电容 C 的变化。根据这一原理所制成的电容式传感器，可用来测量诸如位移、液面高度、压力和流量等非电学量。例如，如图 5-15 所示的电容测厚仪，可用来测量塑料带子等的厚度。

三、电容器的连接

在实际应用中，常会遇到手头现有的电容器不适合于需要，如电容的大小不合适或者是打算加在电容器上的电势差（电压）超过电容器的耐压程度（电容器所能承受的电压）等，这时可以把现有的电容器适当地连接起来使用。

当几只电容器互相连接后，它们所容纳的电荷与两端的电势差之比，称为电容器组的**等值电容**。

电容器连接的基本方法有串联和并联两种，现分述如下。

1. 电容器的串联

串联可以增加耐压能力，几个电容器的极板首尾相接连成一串，两端的两个极板接到电源上，这种连接叫做**串联**，如图 5-16(a) 所示。

可以证明，串联电容器组的等值电容的倒数，等于各个电容器电容的倒数之和，如图 5-16(b)所示。这样，电容器串联后，使总电容变小但每个电容器两极板间的电势差，比欲加的总电压小，因此电容器的耐压程度有了增加，这是串联的优点。

串联电容器组电量、电压的特点与串联电阻时相应的特点相同。

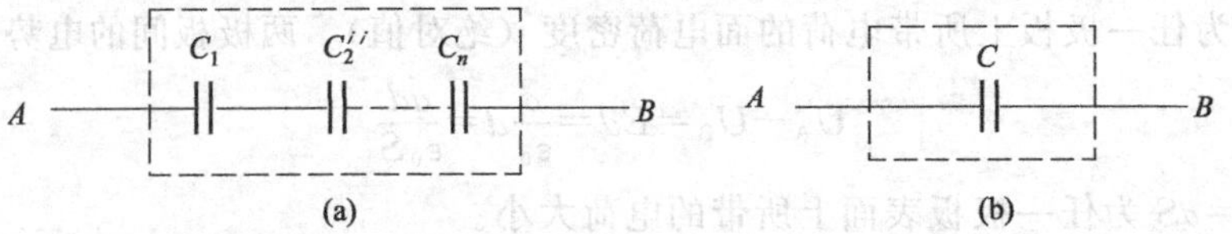

图 5-16　电容器的串联

2. 电容器的并联

并联可以增大电容量，几个电容器按如图 5-17(a) 所示连接，其中每个电容器的一个极板接在公共点 A，另一个极板接在公共点 B，A、B 分别接在电源的两极上，这种连接叫做**并联**。

可以证明，并联电容器组的等值电容是各个电容器电容之总和，如图 5-17(b) 所示。这样，总的电容量是增加了，但是每只电容器两极板间的电势差和单独使用时一样，因而耐压程度并没有因并联而改变。

并联电容器组电量、电压的特点与并联电阻时相应的特点相同。

以上是电容器的两种基本连接方法。实际上，还有混合连接法，即串联和并联一起用。

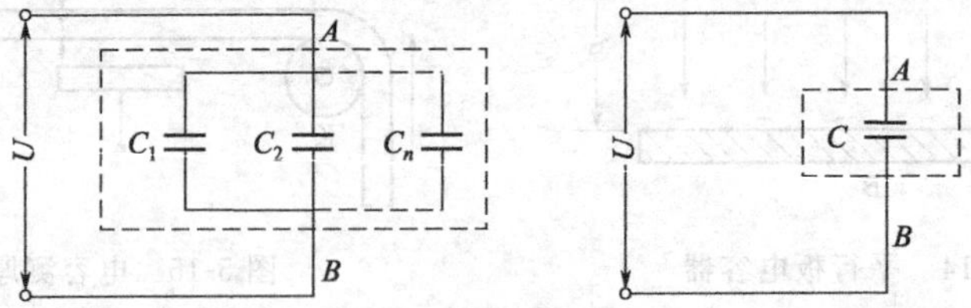

图 5-17　电容器的并联

第六节　静电场的能量

任何带电过程都是正、负电荷的分离过程。在带电系统的形成过程中，外力必须克服电荷之间相互作用的静电力而做功，因此带电系统通过外力做功而获得一定的能量，这能量是从外界能源传递给这一带电系统的。带电系统形成后，根据能量守恒定律，外界能源所供给的能量必定转变为这带电系统的电能。电能在数值上等于外力所做的功，所以任何带电系统都具有一定值的能量。

一、电容器的储能

为了确定一个带电系统所储藏的能量，先研究系统带电过程中外界能源所做的功。

设某一系统在带电过程中的某一时刻的电势为 U，如果再从无限远处将 dq 的电荷移到该系统上而使它的电荷增加 dq，则外力所做的元功是

$$dA = U dq$$

这一系统在电荷由零逐步地达到 q 值的整个带电过程中，外力所做的总功应是

$$A = \int_0^q U dq$$

上述外力所做的功都转变成带电系统储藏的能量，以 W_e 表示带电系统的能量，则

$$W_e = A = \int_0^q U dq \tag{5-37}$$

如图 5-18 所示，若带电系统是一电容器，它的电容为 C。设想电容器的带电过程是这样的，即不断地从原来中性的极板 B 上取负电荷［见图 5-18(c)］到极板 A 上，而使两极板 A 和 B 所带的电荷分别达到 $+q$ 和 $-q$，这时两极板间的电势差

$$U_{AB} = U_A - U_B = q/C$$

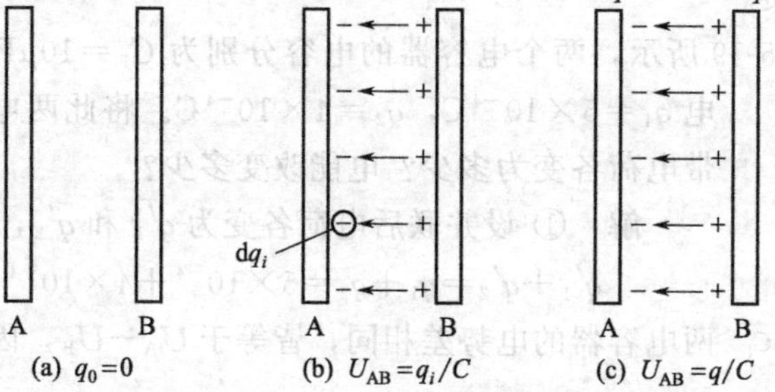

图 5-18 电容器的带电过程

在上述带电过程中的某一时刻，设两极板已分别带电 $+q_i$ 和 $-q_i$，且其电势差为 $+q_i/C$［见图 5-18(b)］，若板 B 再将电荷 dq_i 移到 A 上，则外力做功为

$$dA = q_i dq_i / C$$

在极板带电从零达到 q 值的整个过程中，外力做功为

$$A = \int_0^q dA = \int_0^q \frac{q_i}{C} dq_i = \frac{1}{2}\frac{q^2}{C}$$

外力做功便等于带电荷为 q 的电容器所具有的能量 W_e，即

$$W_e = \frac{1}{2}\frac{q^2}{C} \tag{5-38}$$

根据电容器电容的定义式，上式也可写成：

$$W_e = \frac{1}{2} C U_{AB}^2 = \frac{1}{2} q U_{AB} \tag{5-39}$$

不管电容器的结构如何，这一结果对任何电容器都是正确的。

二、电场的能量

上面说明带电系统在带电过程中如何从外界获得能量，现在进一步说明这些能量是如何

分布的。

实验证明，在电磁现象中，能量能够以电磁波的形式和有限的速度在空间传播，这证实了带电系统所储藏的能量分布在它所激发的电场空间之中，即电场具有能量。电场中单位体积内的能量，称为**电场的能量密度**。现在以平行板电容器为例，导出电场的能量密度公式。今把 $C=\varepsilon S/d$ 代入式（5-39）中，得

$$W_e=\frac{1}{2}\frac{\varepsilon S}{d}U_{AB}^2=\frac{1}{2}\varepsilon(Sd)\left(\frac{U_{AB}}{d}\right)^2=\frac{1}{2}\varepsilon E^2V \tag{5-40}$$

这就是电场的能量。式中，E 是电容器两极板间的电场强度；$V=Sd$ 是电场分布的体积。

由于平行板电容器中的电场是均匀的，所以将电场能量 W_e 除以电场分布的体积 V，即为**电场的能量密度** W_e，故由上式得

$$W_e=\frac{\varepsilon E^2}{2} \tag{5-41}$$

上述结果虽从均匀电场导出，但可证明它是一个普遍适用的公式。也就是说，在任何非均匀电场中，只要给出场中某点的电容率 ε、场强 E，那么该点的电场能量密度就可由上式确定。

因为能量是物质的状态特性之一，所以它是不能和物质分割开的。电场具有能量，这就证明电场也是一种物质。

【例题 6】 如图 5-19 所示，两个电容器的电容分别为 $C_1=10\mu F$，$C_2=20\mu F$，分别带电 $q_1=5\times10^{-4}C$，$q_2=4\times10^{-4}C$。将此两电容器并联，电容器所带电荷各变为多少？电能改变多少？

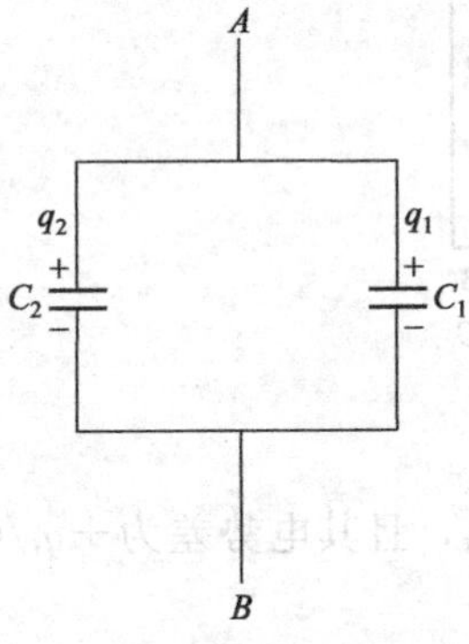

图 5-19 例题 6 附图

解 ① 设并联后电荷各变为 q'_1 和 q'_2，则得

$$q'_1+q'_2=q_1+q_2=5\times10^{-4}+4\times10^{-4}=9\times10^{-4}\ (C) \tag{1}$$

两电容器的电势差相同，皆等于 U_A-U_B，因此得

$$\frac{q'_1}{C_1}=\frac{q'_2}{C_2}$$

即

$$\frac{q'_1}{q'_2}=\frac{C_1}{C_2}=\frac{10}{20}=\frac{1}{2} \tag{2}$$

将式（1）、式（2）联立求解，得

$$q'_1=3\times10^{-4}C \quad q'_2=6\times10^{-4}C$$

② 两电容器并联前的能量为

$$W_{e1}=\frac{q_1^2}{2C_1}+\frac{q_2^2}{2C_2}$$
$$=\frac{(5\times10^{-4})^2}{2\times10\times10^{-6}}+\frac{(4\times10^{-4})^2}{2\times20\times10^{-6}}$$
$$=0.0165\ J$$

并联后的能量为

$$W_{e2}=\frac{q'^2_1}{2C_1}+\frac{q'^2_2}{2C_2}=\frac{(3\times10^{-4})^2}{2\times10\times10^{-6}}+\frac{(6\times10^{-4})^2}{2\times20\times10^{-6}}=0.0135\ J$$

可见能量减少了

$$W_{e1}-W_{e2}=0.0165-0.0135=0.0030\ J$$

这些能量在电荷通过导线而重新分布时，在导线中转变为热能而散失了。

三、静电危害的预防和静电应用

由于摩擦和感应等原因，在绝缘体和被绝缘的导体上会出现带电现象，物体上带静电的现象，在日常生活、生产以及自然界中经常遇到，它们往往给人们带来麻烦，甚至造成危害。雷电就是云层中静电积累过多而放电的结果；在印刷车间，纸张间的摩擦起电，使纸张粘在一起，很难分开；印染工厂中，棉纱、毛线、人造纤维上的静电，会吸引空气中的尘埃，使印染质量下降；穿着人造纤维织物的服装，由于摩擦带电后而吸引尘埃；这种因摩擦而产生的静电还能吸引出织物中的纤维，使织物表面起毛等。

静电电荷积累较多时，静电物体的电势将升高，因而在带电物体附近可见产生较强的电场。有人做过测验，人体相对地面的电容值与鞋子和地面等介质的性质有关，其数值从几十到数百皮法。例如，一个人穿着解放鞋，站在木地板上，他相对地面的电容约为 60pF。现在，随着人造纤维织物的大量使用，穿着这种织物制作的服装，由于摩擦可以积累大量电荷；如果人在工作中经常接触带电体（如橡胶制品、粉尘、胶卷等），带电体所带的静电也能转移到人体上，不知不觉地积累大量电荷。以人相对于地面的电容值取 60pF 为例，如果他所带电荷为 6×10^{-9}C，则人体相对地面的电势差

$$U=\frac{Q}{C}=\frac{6\times10^{-9}}{60\times10^{-12}}=100\ \text{V}$$

即这时人体对地的电势差可达 100V。事实上，人体带电后电势差在 3kV 左右是常见的现象。当电势差为 3kV 时，人体的电势能为

$$W_e=\frac{1}{2}CU^2=\frac{1}{2}\times60\times10^{-12}\times3000^2=0.27\ \text{mJ}$$

当带电体所产生的电场足够强时，将使空气击穿，产生火花放电。如果周围环境中有可燃性气体，这种放电的火花可能引起爆炸而酿成严重事故。以乙烷为例，人们测得它的最小点燃能量为 0.25mJ，由此可见，通常情况下的静电放电能量足以点燃可燃性气体。

在计算机的机房里，人体带电可能妨碍计算机正常运行，造成计算机的误动作。在修理计算机或生产半导体的过程中，人体所带静电可能使集成电路元件击穿。

防止静电危害的办法是设法减小物体与地面之间的电阻，及时把产生的静电导走，避免越积越多。防止人体带电的方法有，穿防静电鞋、防静电工作服和使用导电性地板。一般鞋子的鞋底电阻在 $10^9\,\Omega$ 以上，防静电鞋的鞋底电阻在 $10^5\sim10^8\,\Omega$ 范围内。通过计算可知，当人穿上阻值为 $10^7\,\Omega$ 的鞋子时，在 0.01s 内，人体所带电荷量可下降为原有电荷量的 1%。因人体带电而有可能产生事故的场所，地面的电阻值在 $1.0\times10^6\,\Omega$ 以下，在混凝土地面上洒一些水就能达到这个要求。而在电子计算机的机房中，则应该用导电橡胶或导电塑料制成的地板。

人们一方面设法减小和防止静电产生的危害；另一方面，还在努力将静电的特点应用于生产之中，例如静电复印、静电选料、静电除尘、静电植绒等。

思 考 题

5.1 试述电场强度的定义？它的单位是怎样规定的？

5.2 有人问：“对于电场中的某定点，场强的大小 $E=F/q_0$，不是与检验电荷 q_0 成反

比吗，为什么却说 $\boldsymbol{E}$ 与 q_0 无关？”你能回答这个问题吗？

5.3 什么叫电场线？有何用处？电场线有什么性质？为什么均匀电场的电场线是一系列疏密均匀的同方向平行直线？

5.4 ① 试问环路定理说明静电场的什么性质？

② 试用静电场的环路定理证明电场线是不闭合的。

5.5 电势能是如何规定的？试与重力势能相比较，说明负的检验电荷在正电荷的电场中移动时所做的功和相应电势能的增减情况。

5.6 ① 为什么不用电势能而用电势来描述电场？电势和电势差及其单位是如何规定的？如何从电势差计算电场力所做的功？

② 当场源电荷分布在有限区域内时，通常取无限远处的电势为零，这样，电场中各点的电势是否一定为正？如果把地球的电势不取为零，而取为10V，可以吗？这对测量电势的数值和测量电势差的数值是否都有影响？

③ 发电机的输出端与输电线未接通（即空载）时，两端A、B间的电势差 $U_A - U_B = 220\text{V}$，当A端接地时或B端接地时，分别计算另一端的电势？

5.7 什么叫等势面？它有些什么特征？问在下述情况下，电场力有否做功：

① 电荷沿同一个等势面移动；

② 电荷从一个等势面移到另一个等势面；

③ 电荷沿一条电场线移动。

5.8 ① 电场强度和电势是描写静电场性质的两个重要概念，它们各描写电场的哪种属性？它们之间有何联系？

② 为什么说场强为零的点，电势不一定为零；电势为零的点，场强不一定为零？一条细铜棒，两端的电势不等，问在棒内是否有电场？沿棒轴的场强与两端的电势差有什么关系？场强的方向如何？

习　题

5.1 如图5-20所示，两小球的质量均为 $m = 0.1\times10^{-3}\text{kg}$，分别用两根长 $l = 1.20\text{m}$ 的塑料细线悬挂着。当两球带有等量的同种电荷时，它们相互排斥分开，在彼此相距 $d = 5\times10^{-2}\text{m}$ 处达到平衡，求每个球上所带的电荷 q。

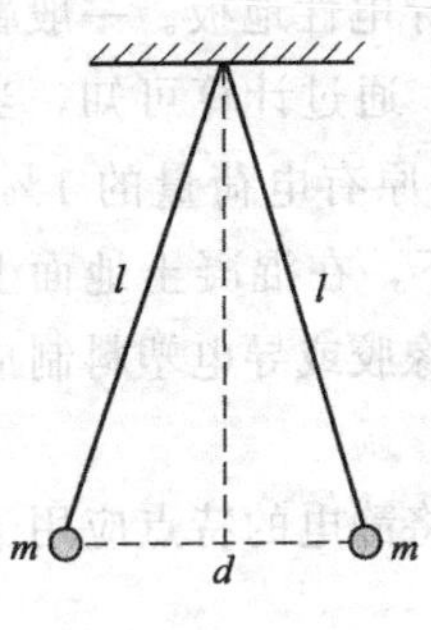

图5-20　题5.1图

5.2 在半径为 R 的均匀带电的半圆弧形塑料细杆上，均匀地分布着正电荷 Q，求圆心 O 处的电场强度 $\boldsymbol{E}$。

5.3 一半径为 R，圆心角为 $\frac{2}{3}\pi$ 的圆环上均匀分布电荷 $-Q$，求环心处的电场强度。

5.4 求电偶极子在其轴线上的场强。设有一对相距为 l 的等量异种点电荷 $+q$ 和 $-q$，在这两个点电荷连线的延长线上，求某点 A 的场强 $\boldsymbol{E}_A$。

5.5 长为 l 的直导线上均匀地分布着线电荷密度 λ 的电荷，求：

① 其延长线上距近端 r 处一点 P 的电场强度。

② 带电导线的垂直平分线上离中点 r 处一点的电场强度。

③ 当 $l=15\text{cm}$，$\lambda=5.0\times10^{-8}\text{C/m}$，$r=5.0\text{cm}$ 时以上两结果的数值。

5.6　两相距为 d 的无限大平面，其电荷面密度为 σ，求两平面间及两平面外空间中的电场强度。

5.7　场强为 $\boldsymbol{E}$ 的匀强电场与半径为 R 的半球面的对称轴平行。求证：穿过此半球面的电通量为 $\pm\pi R^2E$（提示：本题未指出半球面法线的指向，故应考虑两种情况）。

5.8　边长为 am 的立方盒子的六个面分别平行于 Oxy、Oyz 和 Oxz 平面。盒子的一角在坐标原点处，在此区域有匀强电场，匀强电场 $\boldsymbol{E}=(200\boldsymbol{i}+300\boldsymbol{j})\text{V/m}$，求通过各面的电通量。

5.9　设无限远处的电势能为零，将一正的点电荷从无限远处移入电场内的一点 P，反抗静电场力所做的功为 600J。问该点的电势能为多少？无限远处的电势能比该点的电势能较大还是较小？

5.10　两块无限大平行带电金属板的电势分别为 U_a 和 U_b（$U_a>U_b$），距离为 l，求两板之间的场强。

5.11　平行板电容器充电后切断电源，使两极板间的距离增大，试问：两极电压有何变化？极板间电场强度有何变化？电容增加还是减小？电容器的能量如何变化？如果是在连接电源的情况下增大极间距离，则以上各量又如何变化？

5.12　一平行板电容器的电容为 10pF，充电到电荷为 $1.0\times10^{-8}\text{C}$ 后，切断电源，问：

① 计算极板间的电压，电场能量。

② 若把两板拉到原距离的两倍，计算前后电场能量的改变，并解释其原因。

第六章 稳恒电流的磁场

静止电荷周围存在着电场，运动电荷周围不仅有电场，而且还有磁场。磁场和电场一样，也是物质的一种形态。当电荷运动形成稳定电流时，在它周围激发的磁场是**稳恒磁场**，即不随时间而变化的磁场。

稳恒磁场和静电场虽然是两种不同的场，但在探讨思路和研究方法上却有类似之处。因此，在学习时应随时对照前面静电场中的有关内容，通过类比和借鉴，以便能更好地掌握本章内容。

本章主要研究：磁感应强度、毕奥-萨伐尔定律、洛仑兹力、安培力、磁介质。

第一节 真空中的稳恒磁场

一、磁场 磁感应强度

大量的实验发现，磁铁与磁铁之间，电流与磁铁之间，以及电流与电流之间都有磁相互作用。这种相互作用是通过磁场来实现的，也就是说，任何磁铁、电流或运动电荷周围空间里都存在着磁场，而它们之间的相互作用实际上是和磁场间的相互作用，是磁场力的具体体现。

值得指出，运动电荷与静止电荷不同之处在于：静止电荷的周围空间存在静电场，而任何运动电荷或电流的周围空间存在磁场。电场对处于其中的任何电荷（不论运动与否）都有电场力作用；而磁场则只对运动电荷有磁场力作用。

磁铁、载流导线和运动电荷周围都伴随着磁场，磁场看不见摸不着，但是可以用人们感知到的方式描述它。磁场既具有方向，又显示强弱，那么如何来描述磁场呢。

可以通过运动电荷在场中的受力情况，引入磁感应强度这一物理量，来描述磁场中各点的方向和强弱。

实验表明，运动点电荷在磁场中任一指定点处所受的磁场力，具有两种特殊情况。

① 当点电荷沿磁场方向运动时，它不受磁场力作用，$\boldsymbol{F}=0$。

② 当点电荷垂直于磁场方向运动时，它所受的磁场力最大，用 $F_{\max}$ 表示。

但对磁场中某一指定点而言，$F_{\max}$ 与 $|q|v$ 的比值 $\dfrac{F_{\max}}{|q|v}$ 是一个与 $|q|$ 和速率 v 的大小都无关的恒量，这恒量仅与磁场在该点的性质有关。定义**磁感应强度 $\boldsymbol{B}$** 如下。

① 磁场中某点磁感应强度的大小为 $B=\dfrac{F_{\max}}{|q|v}$。 (6-1)

② 磁感应强度的方向就是该点的磁场方向，即正运动电荷在受力为零的运动方向。磁感应强度 $\boldsymbol{B}$（简称 $\boldsymbol{B}$ 矢量）是表述磁场中各点磁场强弱和方向的物理量。

③ 磁感应强度 $\boldsymbol{B}$ 的单位是 T，叫做“特斯拉”(Tesla)，简称特。

如果磁场中各点的磁感应强度 $\boldsymbol{B}$ 大小和方向都相同，把这种磁场称为**匀强磁场**，否则为非匀强磁场。

二、磁感应线　磁通量

磁感应线就像在静电场中用电场线来表示静电场的分布那样，可以在磁场中画曲线来表示磁场中各处磁感应强度 $\boldsymbol{B}$ 的方向和大小，这样的曲线称为**磁感应线**（如图 6-1 所示），磁感应线上任一点的切线方向都和该点的磁场方向一致，如图 6-2 给出了几种典型的载流导线产生的磁场的磁感应线分布情况。分析图中各种磁感线图形，可看出磁感线具有如下特性。

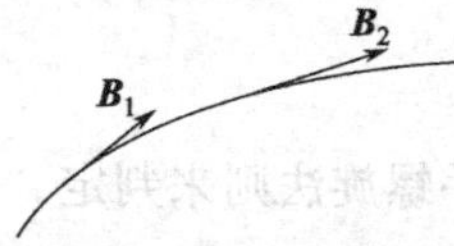

图 6-1　磁感应线

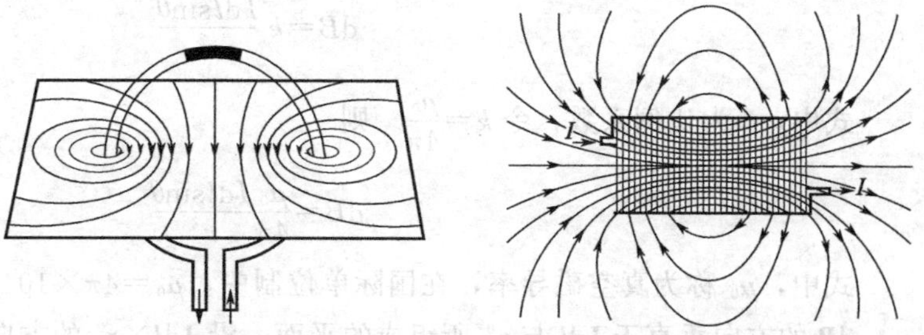

(a) 环形电流　　(b) 通电螺线管

图 6-2　载流导线产生的磁场的磁感应线分布

① 在任何磁场中每一条磁感应线都是环绕电流的无头无尾的闭合线，既没有起点也没有终点，而且这些闭合线都和闭合电路互相套连。

② 在任何磁场中，每一条闭合的磁感应线的方向与该闭合磁感应线所包围的电流流向服从右手螺旋法则。

③ 磁场中任意两条磁感应线不会相交。这是因为磁场中任一点的磁场的方向是惟一的。

为了使磁感应线也能够定量地描述磁场的强弱，规定：通过某点上垂直于 $\boldsymbol{B}$ 矢量的单位面积的磁感线条数称为该点的**磁感应线密度**，它在数值上等于该点 $\boldsymbol{B}$ 矢量的大小。

在均匀磁场中，磁感应线是一组间隔相等的同方向平行线。

在电场中引入电通量的概念，类似地，在磁场中将引入磁通量的概念。定义通过某个面积的**磁通量**就是穿过磁场中该面积的磁感应线条数。在磁场中设想一个面积元 $\mathrm{d}S$，并用单位矢量 $\boldsymbol{n}^0$ 表示它的法线方向，$\boldsymbol{n}^0$ 与该处 $\boldsymbol{B}$ 矢量之间的夹角为 θ，则根据磁感应线密度的定义，穿过 $\mathrm{d}S$ 的磁通量 $\mathrm{d}\phi_{\mathrm{m}}$ 为

$$\mathrm{d}\phi_{\mathrm{m}}=\boldsymbol{B}\cdot\mathrm{d}\boldsymbol{S}=B\cos\theta\mathrm{d}S \tag{6-2}$$

在磁场中穿过一面积为 S 的有限曲面的磁通量 ϕ_{m} 为

$$\phi_{\mathrm{m}}=\int\mathrm{d}\phi_{\mathrm{m}}=\iint_S\boldsymbol{B}\cdot\mathrm{d}\boldsymbol{S} \tag{6-3}$$

磁通量的单位是 Wb，称为韦伯，简称韦，$1\mathrm{Wb}=1\mathrm{T}\cdot\mathrm{m}^2$。

第二节　毕奥-萨伐尔定律及其应用

一、毕奥-萨伐尔定律

计算磁场的基本方法与在静电场中计算带电体的电场时的方法相仿，为了求恒定电流的磁场，也可将载流导线分成无限多个小的载流线元，每个小的载流线元的电流情况可用 $I\mathrm{d}\boldsymbol{l}$

来表征，称为**电流元**，电流元可作为计算电流磁场的基本单元。如果能知道电流元 $I\mathrm{d}\boldsymbol{l}$ 产生磁场的规律，就可根据叠加原理，求出任意形状的电流所产生的磁场。

1820 年，法国科学家毕奥、萨伐尔和拉普拉斯在实验的基础上，分析总结出电流元产生磁场的规律——**毕奥-萨伐尔定律**，其内容如下。

载流导体中任一电流元 $I\mathrm{d}\boldsymbol{l}$，在空间某点 P 的磁感应强度 $\mathrm{d}\boldsymbol{B}$ 的大小，与电流元的大小 $I\mathrm{d}l$ 以及电流元 $I\mathrm{d}\boldsymbol{l}$ 与矢径 $\boldsymbol{r}$（电流元指向场 P 点的矢量）之间的夹角 θ 的正弦成正比，而与矢径大小 r 的平方成反比，即

$$\mathrm{d}B=k\frac{I\mathrm{d}l\sin\theta}{r^2} \tag{6-4}$$

式中，k 为比例系数，令 $k=\frac{\mu_0}{4\pi}$ 则

$$\mathrm{d}B=\frac{\mu_0}{4\pi}\frac{I\mathrm{d}l\sin\theta}{r^2}$$

式中，μ_0 称为真空磁导率，在国际单位制中，$\mu_0=4\pi\times10^{-7}\,\mathrm{H/m}$。

$\mathrm{d}\boldsymbol{B}$ 的方向垂直于 $I\mathrm{d}\boldsymbol{l}$ 与 $\boldsymbol{r}^0$ 所组成的平面，沿 $I\mathrm{d}\boldsymbol{l}\times\boldsymbol{r}^0$ 的方向，用右手螺旋法则来判定。上式写成矢量式，则为

$$\mathrm{d}\boldsymbol{B}=\frac{\mu_0}{4\pi}\frac{I\mathrm{d}\boldsymbol{l}\times\boldsymbol{r}^0}{r^2} \tag{6-5}$$

式中，$\boldsymbol{r}^0$ 为沿 $\boldsymbol{r}$ 方向的单位矢量。

二、磁感应强度叠加原理

实验证明，磁场也服从叠加原理。空间某一点的磁场（以磁感应强度表示）是各个磁场源（电流元或载流导线）各自在该点产生的磁场的叠加（矢量和）。

设有若干个电流元，这些电流元同时存在时，在空间某点的总磁感应强度 $\boldsymbol{B}$ 等于所有电流元单独存在时在该点产生的磁场的磁感应强度的矢量和，即

$$\boldsymbol{B}=\int\mathrm{d}\boldsymbol{B} \quad \text{或} \quad \boldsymbol{B}=\sum_{i=1}^{n}\boldsymbol{B}_i \quad (i=1,2,\cdots,n) \tag{6-6}$$

三、毕奥-萨伐尔定律的应用

应用毕奥-萨伐尔定律计算磁场中各点磁感应强度的具体步骤如下。

① 首先，将载流导线划分为一段段电流元，任选一段电流元 $I\mathrm{d}\boldsymbol{l}$，并标出 $I\mathrm{d}\boldsymbol{l}$ 到场点 P 的位矢 $\boldsymbol{r}$，确定两者的夹角 θ。

② 根据毕奥-萨伐尔定律的公式，求出电流元 $I\mathrm{d}\boldsymbol{l}$ 在场点 P 所激发的磁感应强度 $\mathrm{d}\boldsymbol{B}$ 的大小，并由右手螺旋法则决定 $\mathrm{d}\boldsymbol{B}$ 的方向。

③ 建立坐标系，将 $\mathrm{d}\boldsymbol{B}$ 在坐标系中分解，并用磁场叠加原理做对称性分析，以简化计算步骤。

④ 最后，就整个载流导线对 $\mathrm{d}\boldsymbol{B}$ 的各个分量分别积分，一般在直角坐标系中

$$\boldsymbol{B}_x=\int_L\mathrm{d}\boldsymbol{B}_x \quad \boldsymbol{B}_y=\int_L\mathrm{d}\boldsymbol{B}_y \quad \boldsymbol{B}_z=\int_L\mathrm{d}\boldsymbol{B}_z \tag{6-7}$$

对积分结果进行矢量合成，求出磁感应强度 $\boldsymbol{B}$；即

$$\boldsymbol{B}=B_x\boldsymbol{i}+B_y\boldsymbol{j}+B_z\boldsymbol{k}$$

下面通过两个典型例子来举例说明毕奥-萨伐尔定律的应用。

1. 载流直导线周围的磁场

图 6-3 为一段载流直导线 CD，设通过导线的电流强度为 I，试求距离导线为 a 的 P 点的磁感应强度（已知这段载流直导线两端电流元与其到场点 P 的矢径的夹角分别为 θ_1 和 θ_2）。在载流直导线上任取一个电流元 $I\mathrm{d}\boldsymbol{l}$，从它引向场点 P 的位矢为 $\boldsymbol{r}$，令其夹角为 θ，于是电流元 $I\mathrm{d}\boldsymbol{l}$ 在点 P 激发的磁感应强度 $\mathrm{d}\boldsymbol{B}$ 的大小为

$$\mathrm{d}B=\frac{\mu_0}{4\pi}\cdot\frac{I\mathrm{d}l\sin\theta}{r^2}$$

电流元 $I\mathrm{d}\boldsymbol{l}$ 激发的 $\mathrm{d}\boldsymbol{B}$ 方向垂直于电流元与位矢所决定的平面，指向向里，因为所有电流元在点 P 的 $\mathrm{d}\boldsymbol{B}$ 的方向一致，所以总磁感应强度为

$$B=\int_L \mathrm{d}B=\int_L \frac{\mu_0}{4\pi}\cdot\frac{I\sin\theta}{r^2}\mathrm{d}l \tag{6-8}$$

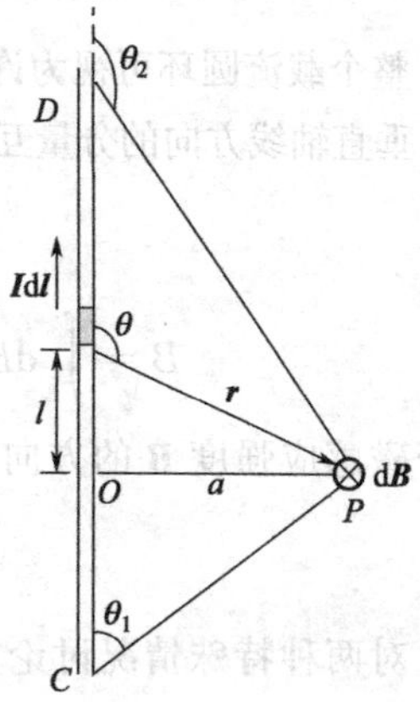

图 6-3　载流直导线周围的磁场

要完成上述积分，需要将各变量统一用一个变量表示出来，式中 r、l 可用 θ 表示。由图知

$$l=a\cot(\pi-\theta)=-a\cot\theta$$

$$\mathrm{d}l=\frac{a\mathrm{d}\theta}{\sin^2\theta}\quad r=\frac{a}{\sin\theta} \tag{6-9}$$

将式（6-9）代入式（6-8），并从直电流始端沿电流方向积分到末端，得

$$B=\frac{\mu_0 I}{4\pi a}\int_{\theta_1}^{\theta_2}\sin\theta\mathrm{d}\theta=\frac{\mu_0 I}{4\pi a}(\cos\theta_1-\cos\theta_2) \tag{6-10}$$

$\boldsymbol{B}$ 的方向与直电流成右手螺旋关系。

讨论。

（1）无限长直电流的磁场

若载流直导线为"无限长"，则上式中 $\theta_1\to 0$，$\theta_2\to\pi$，磁感应强度的大小为

$$B=\frac{\mu_0 I}{2\pi a} \tag{6-11}$$

即"无限长"的直电流在某点所激发的磁感应强度的大小，正比于电流强度，反比于该点到导线的距离。

（2）载流直导线延长线上任一点的磁感应强度

在沿电流方向的延长线上任一点处，$\theta_1=0$，$\theta_2=0$，带入式（6-10）可得 $B=0$；在逆着电流方向的延长线上任一点处，$\theta_1=\pi$，$\theta_2=\pi$，带入式（6-10）同样得 $B=0$。

2. 圆电流轴线上的磁场

如图 6-4 所示为一圆环导线，设圆环半径为 R、通有稳恒电流 I，试求圆环轴线上距离圆心 O 为 a 的 P 点的磁感应强度 $\boldsymbol{B}$。

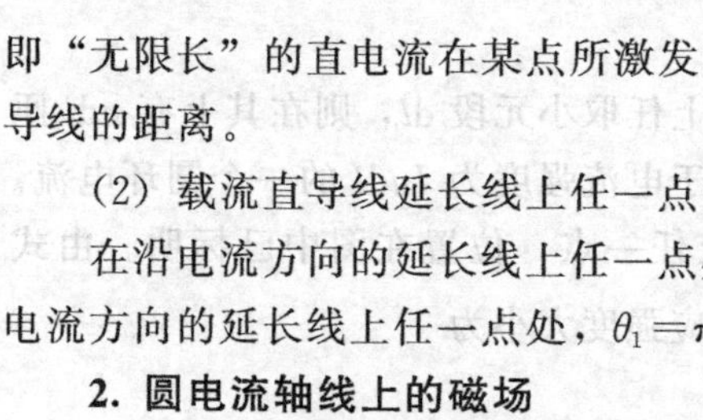

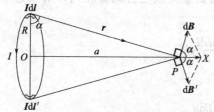

图 6-4　圆电流轴线上的磁场

如图 6-4 所示，电流元 $I\mathrm{d}\boldsymbol{l}$ 和位矢 $\boldsymbol{r}$ 的方向处处垂直，由毕奥-萨伐尔定律可得场点 P 的磁感应强度 $\mathrm{d}\boldsymbol{B}$ 的大小为

$$\mathrm{d}B=\frac{\mu_0}{4\pi}\frac{I\mathrm{d}l\sin 90^\circ}{r^2}=\frac{\mu_0}{4\pi}\frac{I\mathrm{d}l}{r^2}$$

将 $\mathrm{d}\boldsymbol{B}$ 沿平行方向、垂直方向分解得

$$dB_{/\!/}=dB\cos\alpha=\frac{\mu_0}{4\pi}\frac{Idl}{r^2}\cdot\frac{R}{r}$$

$$dB_{\perp}=dB\sin\alpha$$

整个载流圆环可视为许多电流元组成的。由对称性分析可知，这些电流元在 P 点的磁感应强度在垂直轴线方向的分量互相抵消、平行轴线方向的分量互相加强。所以对整个圆线圈叠加有

$$\int_L dB_{\perp}=0$$

$$B=\int_L dB_{/\!/}=\int_0^{2\pi R}\frac{\mu_0}{4\pi}\frac{Idl}{r^2}\frac{R}{r}=\frac{\mu_0 IR}{4\pi r^3}\int_0^{2\pi R}dl=\frac{\mu_0 IR^2}{2(a^2+R^2)^{3/2}} \tag{6-12}$$

由于磁感应强度 $\boldsymbol{B}$ 的方向沿轴向，与电流方向之间遵从右手定则，表示成矢量形式为

$$\boldsymbol{B}=\frac{\mu_0 IR^2}{2(a^2+R^2)^{3/2}}\boldsymbol{i} \tag{6-13}$$

对两种特殊情况讨论如下。

① 在圆心处，$a=0$，

$$B=\frac{\mu_0 I}{2R}。 \tag{6-14}$$

② 在轴线上离圆心很远处，$a\gg R$，则

$$B\approx\frac{\mu_0}{2}\frac{R^2 I}{a^3}$$

3. 均匀密绕螺线管轴线上的磁场

如图 6-5 所示，一均匀密绕螺线管的半径为 R，长度为 L，单位长度上有 n 匝，电流强度为 I。每匝线圈可看作封闭的圆环电流，求轴线上的磁场分布。

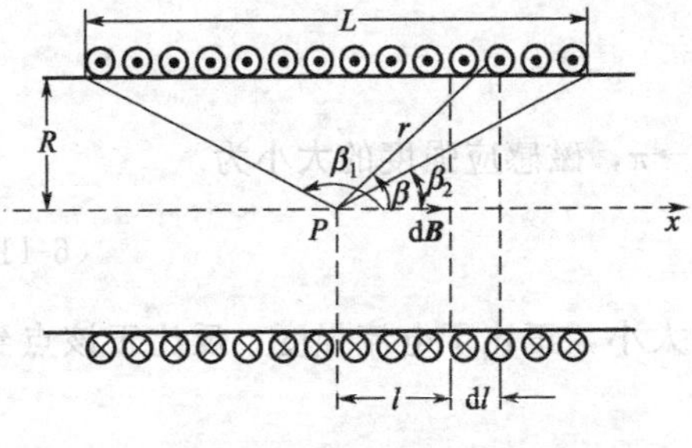

图 6-5　均匀密绕螺线管轴线上的磁场

整个载流螺线管可以看作是由一系列共轴的相同圆环电流紧密排列组成的，圆环电流在轴线上的磁场已经求过，因而求载流螺线管在轴线上某点产生的磁感应强度，只要将所有圆环电流在该点产生的磁感应强度叠加即可。为方便起见，取轴线为 x 轴。

在螺线管上任取小元段 dl，则在其上有 ndl 匝线圈，它相当于电流强度为 $Indl$ 的一个圆环电流。设 P 点为轴上任一点，位置在图中已标明。由式 (6-13) 可知，小元段 dl 的圆环电流在 P 点产生的磁感应强度大小为

$$dB=\frac{\mu_0}{2}\frac{R^2 Indl}{(R^2+l^2)^{3/2}}$$

方向沿 x 轴正向。因为各小元段上的电流在 P 点产生的磁感应强度方向都相同，所以这个载流螺线管在 P 点产生的总磁感应强度的大小为

$$B=\int_L dB=\int_L\frac{\mu_0}{2}\frac{R^2 Indl}{(R^2+l^2)^{3/2}}$$

为了便于积分运算，引入图示的 β 角作为参变量，则有

$$l=R\cot\beta\quad dl=-R\csc^2\beta d\beta$$

$$R^2+l^2=R^2+R^2\cot^2\beta=R^2\csc^2\beta$$

代入积分得
$$B=\int_{\beta_1}^{\beta_2}\frac{\mu_0}{2}\frac{R^2 In(-R\csc^2\beta)\mathrm{d}\beta}{R^3\csc^3\beta}$$
$$=\frac{\mu_0 nI}{2}\int_{\beta_1}^{\beta_2}(-\sin\beta)\mathrm{d}\beta$$
$$=\frac{\mu_0 nI}{2}(\cos\beta_2-\cos\beta_1) \tag{6-15}$$
方向沿 x 轴正方向。

当 $L\gg R$ 时，载流螺线管可视为无限长，这时 $\beta_1=\pi$，$\beta_2=0$，轴线上任一点的磁感应强度为
$$B=\mu_0 nI \tag{6-16}$$
这表明，无限长的密绕载流螺线管轴线上的磁场是均匀的，其磁感应强度的大小只取决于单位长度上的匝数和导线中的电流强度，与场点在轴线上的位置无关。可以证明，无限长均匀密绕载流螺线管及均匀密绕载流螺绕环内部空间的磁场都是均匀的，磁感应强度大小均可用式（6-16）表示。

第三节　磁场力　磁力矩

本节讨论磁场对电流（或运动电荷）的作用力——磁场力，磁场力是实现电磁能向机械能转换的基本动力，电动机就是根据载流导线在磁场中受力而运动的原理制成的，磁场力也是磁电式仪表工作的基本动力。

一、磁场对运动电荷的作用力——洛仑兹力

1. 洛仑兹力

已经知道，当点电荷沿磁场方向运动时，它不受磁场力作用，当点电荷垂直于磁场方向运动时，它所受的磁场力最大。如图 6-6 所示，讨论一速度为 $\boldsymbol{v}$（与 $\boldsymbol{B}$ 成 θ 角）的运动点电荷在磁场中的受力情况。先将速度 $\boldsymbol{v}$ 沿垂直于磁场方向和平行于磁场方向分解为 $\boldsymbol{v}_\perp$、$\boldsymbol{v}_{/\!/}$，由于平行于磁场方向运动的电荷不受力，所以该运动电荷所受的力和以 $\boldsymbol{v}_\perp$ 的速度垂直于磁场运动时所受的力相等，即

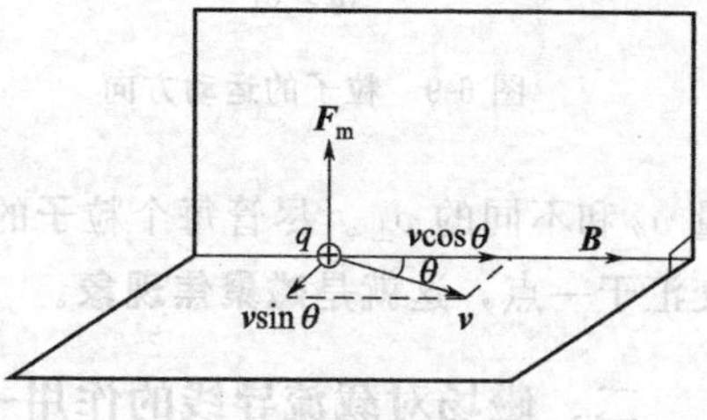

图 6-6　点电荷受磁场力

$$F=qv_\perp B=qvB\sin\theta$$
考虑到方向，上式可写成矢量式
$$\boldsymbol{F}=q\boldsymbol{v}\times\boldsymbol{B} \tag{6-17}$$
该公式称为**洛仑兹公式**，力 $\boldsymbol{F}$ 称为**洛仑兹力**，其方向：$q>0$ 时，就是 $\boldsymbol{v}\times\boldsymbol{B}$ 的方向；$q<0$ 时，与 $\boldsymbol{v}\times\boldsymbol{B}$ 的方向相反。

2. 带电粒子在均匀磁场中的运动

带电粒子在均匀磁场中运动时，速度 $\boldsymbol{v}$ 和 $\boldsymbol{B}$ 的夹角不同，粒子的运动轨迹类型就不同，这样可以获得不同的实际应用。

① 当 $\boldsymbol{v}\perp\boldsymbol{B}$ 时，粒子将在磁场中做匀速圆周运动，如图 6-7 所示。圆周运动的回旋半径为
$$R=\frac{mv}{qB} \tag{6-18}$$
圆周运动的周期为
$$T=\frac{2\pi m}{qB} \tag{6-19}$$

应用：测定带电粒子的荷质比，由带电粒子的回旋半径公式 $R=\frac{mv}{qB}$ 可知，在设定好磁场的磁感应强度 $\boldsymbol{B}$ 之后，通过控制带电粒子速度 $\boldsymbol{v}$ 的大小，就可以通过测量粒子在磁场中的轨道半径的方法，测得粒子的荷质比。

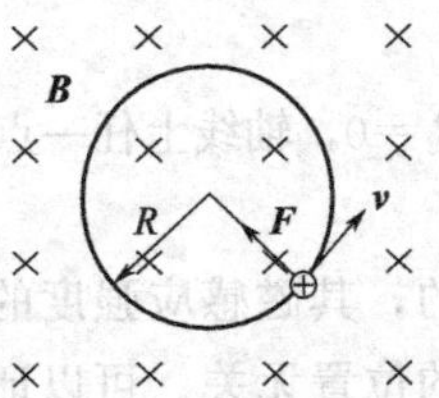

图 6-7 粒子在磁场中的运动

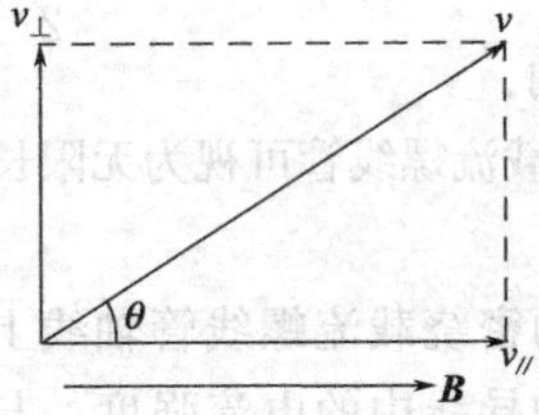

图 6-8 粒子在磁场中的受力

② 当初速度 $\boldsymbol{v}$ 不与 $\boldsymbol{B}$ 垂直，即初速度 $\boldsymbol{v}$ 与 $\boldsymbol{B}$ 成任意角 θ 时，带电粒子同时参与两种运动，粒子速度垂直于磁场方向的分量 $v_\perp$ 所对应的洛仑兹分力，将使粒子绕磁场做圆周运动，回旋半径

$$R=\frac{mv\sin\theta}{qB}$$

粒子速度平行于磁场方向的分量 $v_{/\!/}$ 所对应的洛仑兹分力，将使粒子做匀速直线运动。两个分运动合成为螺旋线运动，如图 6-9 所示，螺距为

$$h=v_x T=\frac{2\pi mv\cos\theta}{qB} \tag{6-20}$$

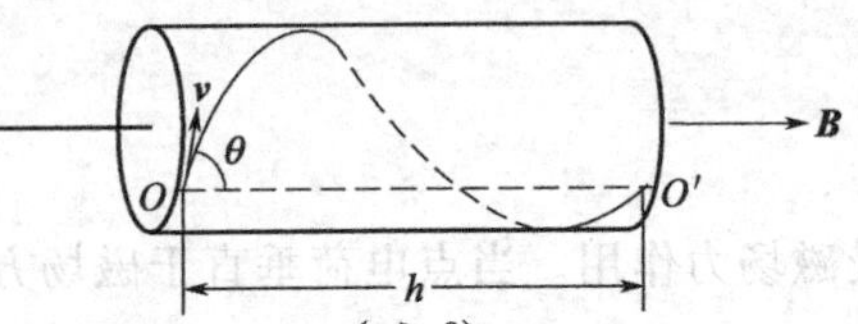

图 6-9 粒子的运动方向

带电粒子在螺旋线上每旋转一周，沿磁场 $\boldsymbol{B}$ 的方向前进一个螺距，螺距的大小与 $v_{/\!/}$ 成正比，而与 $v_\perp$ 无关。

应用：磁聚焦，若从带电粒子源向磁场中发射出一束高速带电粒子流，则它们具有相同的速度分量 $v_{/\!/}$ 和不同的 $v_\perp$。尽管每个粒子的轨迹和半径不同，但它们在距出发点为 h、$2h$ 等处又会交汇于一点，这就是**磁聚焦现象**。

二、磁场对载流导线的作用——安培力

实验发现，载流导线在磁场中要受到力的作用，磁场对载流导线的作用就称为**安培力**。

安培力的规律就是安培由实验确定的，称为**安培定律**，它表明：磁场对电流元 $I\boldsymbol{dl}$ 的作用力，在数值上等于电流元的大小、电流元所在处的磁感应强度 $\boldsymbol{B}$ 的大小以及电流元与磁感应强度两者方向间夹角的正弦之乘积，其数学表达式为

$$\mathrm{d}F=I\mathrm{d}lB\sin\theta$$

电流元所受安培力 $\mathrm{d}\boldsymbol{F}$ 的方向服从右手螺旋法则。用矢量形式表示为

$$\mathrm{d}\boldsymbol{F}=\boldsymbol{I}\mathrm{d}\boldsymbol{l}\times\boldsymbol{B} \tag{6-21}$$

任何载流导线都是由连续的无限多个电流元所组成的，因此，根据安培定律，磁场对有限长度 l 的载流导线的作用力 $\boldsymbol{F}$，等于各电流元所受磁场力的矢量叠加，即

$$\boldsymbol{F}=\int\mathrm{d}\boldsymbol{F}=\int\boldsymbol{I}\mathrm{d}\boldsymbol{l}\times\boldsymbol{B} \tag{6-22}$$

一般情况下，在计算一段载流导线的安培力时，如果各电流元所受磁场力的方向是一致的，则上式积分就转化成标量积分。

对于一段长为 l 的载流直导线，若电流强度为 I，电流方向与均匀磁场 $\boldsymbol{B}$ 之间的夹角为 θ，则

$$F=\int_0^l I\mathrm{d}lB\sin\theta = IlB\sin\theta \tag{6-23}$$

当 $\theta=90°$，即电流方向与 $\boldsymbol{B}$ 垂直时，

$$F=IlB \tag{6-24}$$

以上两式在中学物理和普通物理中均直接使用。

三、均匀磁场对平面载流线圈的磁力矩

根据安培定律，分别计算载流线圈四条边受到的磁场力，可得出一个普遍的结论：如图 6-10 所示，平面载流线圈在均匀磁场中。

所受磁场力之和为

$$\sum_i \boldsymbol{F}_i \equiv 0。$$

所受磁力矩大小为

$$M=BIS\sin\theta \tag{6-25}$$

定义：**平面载流线圈的磁矩**

$$m=NI\boldsymbol{S}=NIS\boldsymbol{n}^0 \tag{6-26}$$

式中，N 是线圈匝数；I 是线圈电流；S 是线圈面积；$\boldsymbol{n}^0$ 是线圈面积正法线方向的单位矢量，其方向这样规定：当右手四指沿电流方向旋转时，大拇指的指向即为 $\boldsymbol{n}^0$ 的方向。可见，磁矩矢量 m 完全反映了载流线圈本身的特征。磁矩的单位是 $\mathrm{A\cdot m^2}$（安培平方米）。

这样，在均匀磁场中 N 匝平面载流线圈的磁力矩，写成矢量式为

$$\boldsymbol{M}=m\times\boldsymbol{B} \tag{6-27}$$

通过上面的分析可知：均匀磁场中的平面载流线圈不会平动，但可以转动。

因为载流线圈在磁场中所受的磁力矩 M 与 $\sin\theta$ 成正比，故可得下述几种特殊情形。

① 当 $\theta=\dfrac{\pi}{2}$ 时，线圈所受到的磁力矩最大，$M_{\max}=mB$，此时线圈处于最不稳定状态。

② 当 $\theta=0$ 时，磁力矩最小，$M=0$，此时线圈处于稳定平衡状态。

③ 当 $\theta=\pi$ 时，磁力矩也是最小，$M=0$，此时线圈处于非稳定平衡状态。

直流电动机、磁电式仪表都是靠其内部的载流线圈在磁场中的转动来工作的。

四、霍耳效应

将通有电流 I 的金属板（或半导体板）置于磁感应强度为 $\boldsymbol{B}$ 的均匀磁场中，磁场的方向和电流方向垂直（如图 6-11 所示），在金属板的上下两对表面间就可以测得电势差 U_{H}，该现象称为**霍耳效应**。U_{H} 则称为**霍耳电势差**。

实验测定，霍耳电势差的大小和电流 I 及磁感应强度 $\boldsymbol{B}$ 成正比，而与板的厚度 d 成反比。进一步的理论分析表明：霍耳电势差可定量地表示为

$$U_{\mathrm{H}}=R_{\mathrm{H}}\frac{IB}{d} \tag{6-28}$$

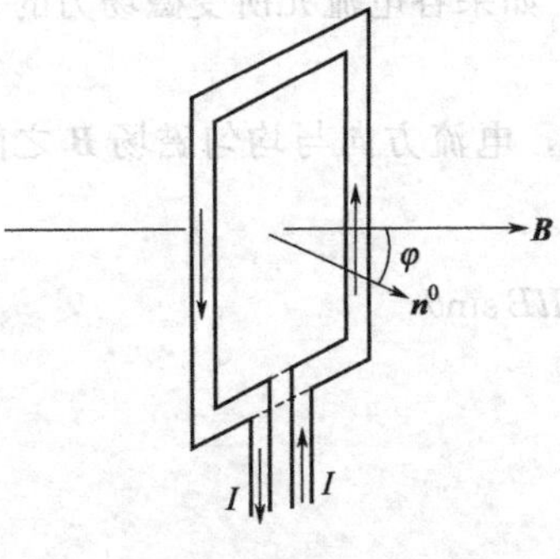

图 6-10 载流线圈所受磁场力

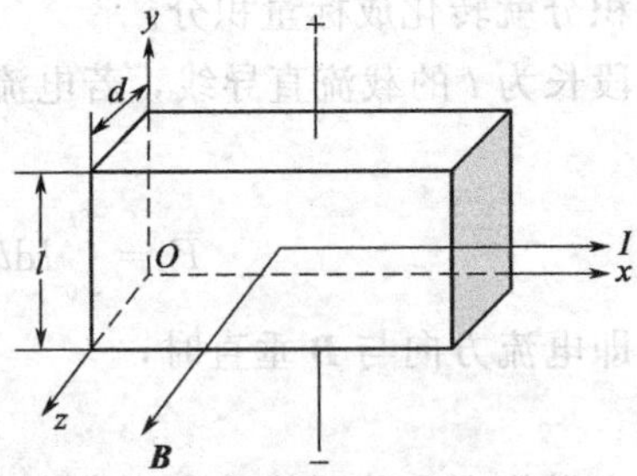

图 6-11 霍耳效应

式中，R_H 称为**霍耳系数**，$R_H=1/nq$，这里 n、q 分别为载流子数密度和载流子的电荷量。

利用霍耳效应，可实现磁流体发电。

【例题 1】 一半径为 R 的半圆形线圈，通有电流 I，放在均匀磁场 $\boldsymbol{B}$ 中，磁场方向与线圈平面垂直，如图 6-12 所示，求线圈所受的磁场力和磁力矩。

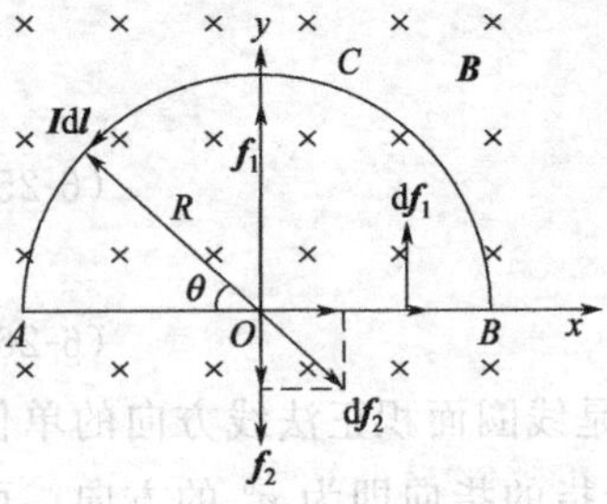

图 6-12 例题 1 附图

解 在直线 AB 段上取电流元 $I\mathrm{d}\boldsymbol{l}$，所受磁场力

$$\mathrm{d}\boldsymbol{f}_1=I\mathrm{d}\boldsymbol{l}\times\boldsymbol{B}$$

其大小为

$$\mathrm{d}f_1=I\mathrm{d}lB\sin90°=I\mathrm{d}lB$$

方向恒向上。

直线 AB 段所受总磁场力大小为

$$f_1=\int_0^{2R}IB\,\mathrm{d}l=2IBR$$

$\boldsymbol{f}_1$ 作用在中心 O 处，方向向上。在弧 ACB 上对应于 θ 角处，取电流元 $I\mathrm{d}\boldsymbol{l}$，所受磁场力为

$$\mathrm{d}\boldsymbol{f}_2=I\mathrm{d}\boldsymbol{l}\times\boldsymbol{B}$$

大小为

$$\mathrm{d}f_2=I\mathrm{d}lB=IBR\mathrm{d}\theta$$

方向沿径向指向中心 O，取坐标系 Oxy，$\mathrm{d}f_2$ 的 x、y 轴上的分量为

$$\mathrm{d}f_{2x}=BIR\cos\theta\mathrm{d}\theta \quad \mathrm{d}f_{2y}=BIR\sin\theta\mathrm{d}\theta$$

弧 ACB 所受磁场力 $\boldsymbol{f}_2$ 的 x、y 轴上的分量为

$$f_{2x}=\int_l\mathrm{d}f_{2x}=BIR\int_0^{\pi}\cos\theta\mathrm{d}\theta=0$$

$$f_{2y}=\int_l\mathrm{d}f_{2y}=BIR\int_0^{\pi}\sin\theta\mathrm{d}\theta=2BIR$$

即

$$f_2=f_{2y}=2BIR$$

整个线圈所受的总磁场力为

$$\boldsymbol{f}=\boldsymbol{f}_1+\boldsymbol{f}_2$$

即

$$f=f_1+f_2=-2IBR+2IBR=0$$

由 $\boldsymbol{M}=\boldsymbol{m}\times\boldsymbol{B}$ 得线圈所受的磁力矩为

$$M=NISB\sin\pi=0$$

第四节　磁　介　质

介质处在外磁场 $\boldsymbol{B}_0$ 中时，将会产生附加磁场 $\boldsymbol{B}'$，从而使原来空间的总磁场发生改变，$\boldsymbol{B}=\boldsymbol{B}_0+\boldsymbol{B}'$，这种现象称为**磁化现象**。

一、磁介质的磁化

实验表明，不同的磁介质在磁场中磁化的效果是不同的。在有些磁介质中，磁化后总磁场大于原来的外磁场，即 $B>B_0$，这类磁介质称为**顺磁质**；在另一些磁介质中，磁化后总磁场小于原来的外磁场，即 $B<B_0$，这类磁介质称为**抗磁质**。这两类磁介质统称为**弱磁物质**。

还有一类磁介质，如铁、镍、钴及其合金等，磁化后可以显著地增强和影响外磁场，使 $B\gg B_0$，这类磁介质称为**铁磁质或强磁物质**。

二、磁导率、磁场强度

1. 磁导率

充满某种磁介质时的磁感应强度 $\boldsymbol{B}$ 和真空中的磁感应强度 $\boldsymbol{B}_0$ 的比值称为该磁介质的**相对磁导率** μ_r，即

$$\frac{\boldsymbol{B}}{\boldsymbol{B}_0}=\mu_r \tag{6-29}$$

令 $\mu=\mu_0\mu_r$，称为磁介质的**绝对磁导率**。μ_r、μ 与 μ_0 一样，都是表示物质磁性的物理量。μ_r 是量纲为 1 的物理量，μ 与 μ_0 的单位一样。

对于顺磁质，$\mu_r>1$；对于抗磁质，$\mu_r<1$；以上两类磁介质，μ_r 非常接近于 1，对原磁场的影响非常小，所以统称为弱磁物质。

在引入了描述磁介质物理性质的参量后，可将真空中磁场的毕奥-萨伐尔定律推广到有磁介质时的磁场中去。

无限大均匀磁介质中的导线上任取一段电流元 $I\mathrm{d}\boldsymbol{l}$，可以证明，它在场点 P 激发的磁感应强度为

$$\mathrm{d}\boldsymbol{B}=\frac{\mu}{4\pi}\frac{I\mathrm{d}\boldsymbol{l}\times\boldsymbol{r}^0}{r^2} \tag{6-30}$$

这就是无限大均匀磁介质中毕奥-萨伐尔定律的表示形式，式中 $\boldsymbol{r}^0$ 为场点 P 相对于电流元 $I\mathrm{d}\boldsymbol{l}$ 的单位矢量。所得的结果与真空中的类同，只不过将 μ_0 换成 μ。

2. 磁场强度

为方便起见，引入描写磁场的辅助物理量 $\boldsymbol{H}$，称为**磁场强度**，简称 $\boldsymbol{H}$ 矢量。在各向同性介质中，$\boldsymbol{H}$ 的定义为

$$\boldsymbol{H}=\frac{\boldsymbol{B}}{\mu} \tag{6-31}$$

即磁场强度等于磁感应强度与介质磁导率的比值。

国际单位制中，磁场强度的单位是 A/m（安培每米）。

三、铁磁质

1. 铁磁质的特性

对于铁磁质，$\mu\gg1$，且不是恒量，对原磁场的影响非常大，其次铁磁质有明显的磁滞

效应，下面简单介绍一下铁磁质的特性。

实验研究铁磁质性质时通常用一均匀充满铁磁质（未磁化过）的螺绕环，使线圈通有电流 I，环中的磁场强度 $\boldsymbol{H}$ 可以计算出来，环内的 $\boldsymbol{B}$ 可以测出来。于是可得出一组对应的 $\boldsymbol{H}$ 和 $\boldsymbol{B}$ 值，改变 I，可依次测得多组 $\boldsymbol{H}$、$\boldsymbol{B}$ 值，这样就可绘出一条关于磁介质的 $\boldsymbol{B}$-$\boldsymbol{H}$ 关系曲线，这样的曲线叫**磁化曲线**，如图 6-13 所示。

若电流从零逐渐增大，从而逐渐增大 H 时，所得曲线叫**起始磁化曲线**，如图 6-14 所示。从图可知，开始时 B 随 H 增加较快，当 H 大到一定程度之后，B 增加得就比较慢了，

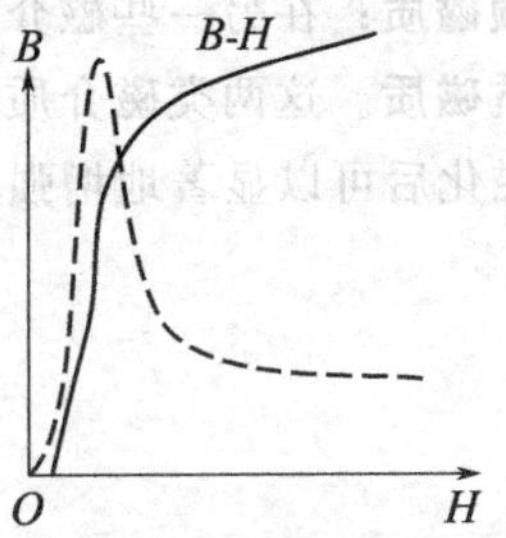

图 6-13　磁化曲线

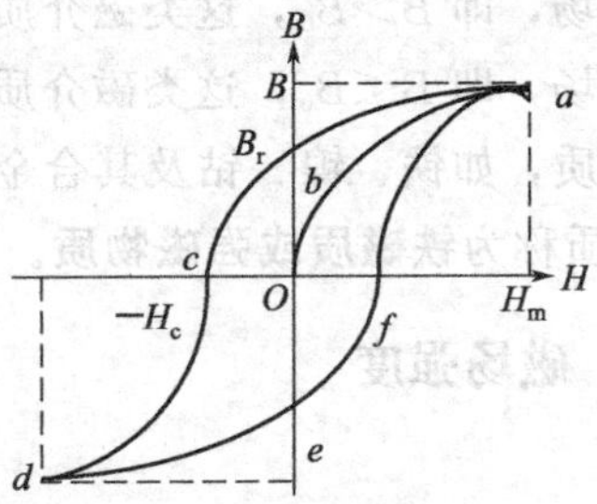

图 6-14　起始磁化曲线

甚至几乎不再随 H 的增加而增加了，称这种现象为**磁饱和**。

当铁磁质饱和后，若慢慢减少 H 值，B 并不沿起始磁化曲线逆向减小，而减小的比原来增加时慢，这种现象叫**磁滞现象**（图 6-14）。当 H 恢复到零时，B 仍保持一定数值 B_r，叫**剩磁**。要把剩磁完全消除，需改变电流方向，$H=-H_c$时，$B=0$，此 H_c值叫铁磁质的**矫顽力**。再反向增加 H，可使铁磁质反向饱和（cd 段）。将反向 H 逐渐减小到零时，$B=-B_r$（de 段）。再正向增加 H，铁磁质经过 H_c又回到原来的饱和状态（efa 段）。这样磁化曲线就形成了一个闭合曲线，这一曲线叫**磁滞回线**。可见，铁磁质的磁化状态不仅与电流有关，还决定于磁化历史。

实验指出，当温度高达一定程度时，铁磁质的上述特性将消失而成为顺磁质，这一温度叫**居里点**，铁、钴、镍的居里点分别是 1040K、1390K、630K。

铁磁性的起源可用“磁畴”理论来解释。在铁磁质内部存在着无数个线度约为 10^{-4} m 的小区域，这些小区域叫**磁畴**。在未磁化时，各磁畴的磁矩取向是无规则的［图 6-15(a)］，因而在宏观上不显磁性。当铁磁质内加上外磁场并逐渐增大时，各个磁畴在外磁场的作用下都逐渐趋向于沿外场方向规则地排列，所以在外磁场的作用下铁磁质可表现出很强的磁性。图 6-15 中（b）、（c）、（d）表示磁畴随着外磁场增大而变化的情况，在图 6-15(e) 中，当外磁场达到一定大小时，所有磁畴都沿外磁场方向排列，以后如果再增大外磁场，附加磁场 $\boldsymbol{B}'$不再增加。

2. 铁磁质的应用

铁磁质用途广泛，平常所说的磁性材料主要是指这类磁介质。

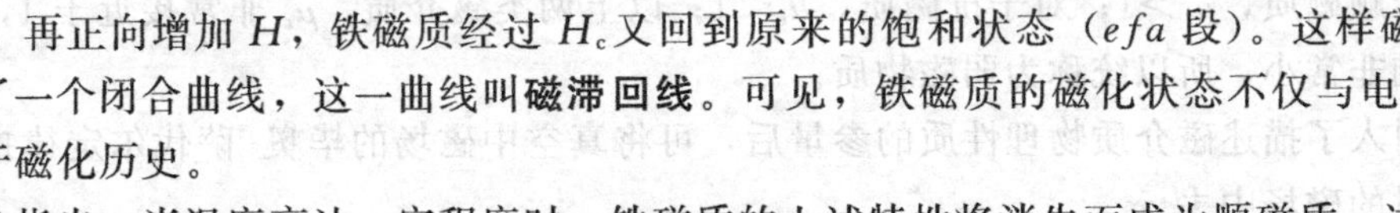

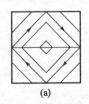

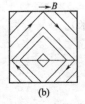

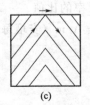

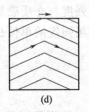

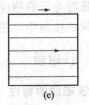

图 6-15　磁畴的取向

对铁磁材料来说，因为它具有的 μ 值高、磁化过程的非线性和磁滞等特性，使它在工程上有广泛应用。可用于制成电磁铁、功率放大器等装置中的非线性磁性元件、永久磁铁等。

① 利用电磁铁可以开动各种机械装置（例如开关、阀门等）、控制电路等。由电磁铁开动的开关叫做继电器（见图 6-16），它是由衔铁和安装在其下面的电磁铁组成，衔铁的位置受弹簧和电磁铁控制。由于它使用灵活，控制方便，常被广泛应用于自动控制和远程控制等方面。

② 已经知道，磁场是“无源场”——N 极和 S 极不可分割，因此，磁场无法像静电场那样很容易实现静电屏蔽，但是，铁磁质是高磁导率的材料，磁感线在空气和铁磁质的界面，会严重地偏离法线方向，铁磁质对磁感线表现出强烈的“吸收性”。利用这一特点，将铁磁材料制作成厚的空壳状，可一部分地实现“磁屏蔽”。

③ 某些铁磁材料及其合金和某些铁氧体等都具有磁致伸缩的特性，如果在这些材料中沿着某一方向施加外磁场，则随着外磁场的强弱变化，材料沿此方向的长度就会发生伸缩，如图 6-17 所示。这种具有磁致伸缩特性的材料可作为超声波技术中的换能器，以用于超声波清洗和探测鱼群等。

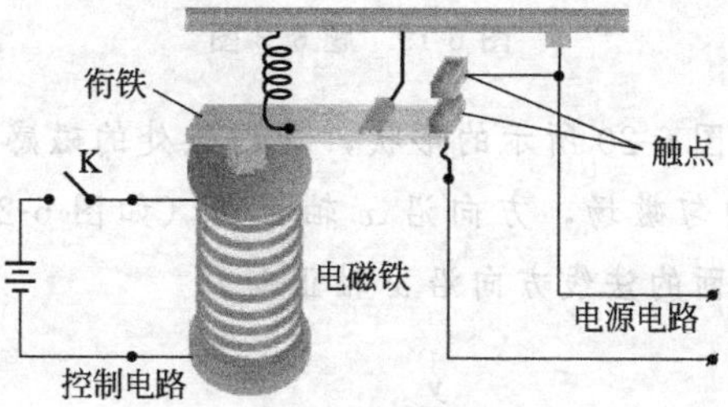

图 6-16　继电器

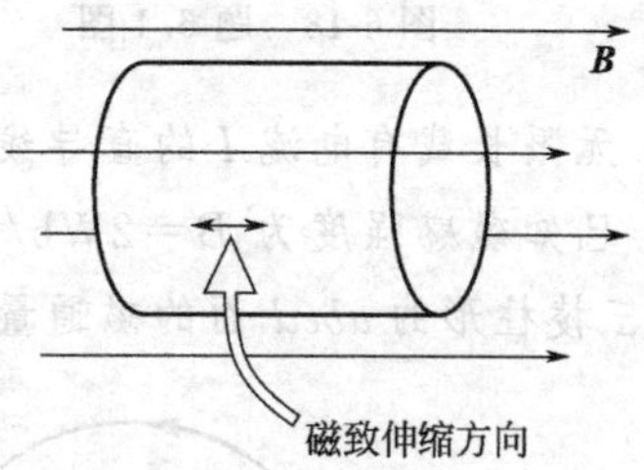

图 6-17　磁致伸缩

④ 稀土永磁材料——钕铁硼（Nd-Fe-B），是一种新型永磁性材料。它的最大优点是无需电激磁，没有磁损耗，且有很强的矫顽力，可达数百到近千千安每米。将它用在电机中，做成稀土永磁电机，能提高电机的效率，减少电机的温升。把钕铁硼做成各种永磁材料，可广泛应用于科学研究、生产应用和生活的许多领域，它的发展前景是非常令人瞩目的。

思考题

6.1　磁场对静止电荷有力作用吗？为什么？

6.2　磁感应线、磁感应强度和磁通量之间是什么关系？

6.3　比较点电荷激发的电场和电流元激发的磁场。

6.4　如果一个电子在通过空间某一区域时，电子的路径不发生偏转，能否说这一区域没有磁场？如果电子发生偏转，能否说这一区域有磁场？

6.5　在电子仪器中，常把两条载有等值反向电流的导线扭绕在一起，为什么这样做能减少它们在周围所激发的磁场？

6.6　载流直导线延长线上任一点的磁感应强度为何值？

6.7　电子枪同时将速度分别为 $\boldsymbol{v}_1$ 与 $\boldsymbol{v}_2$ 的两个电子射入均匀磁场 $\boldsymbol{B}$ 中，射入时两电子的运动方向相同，且皆垂直于磁场 $\boldsymbol{B}$。试问：这两个电子能否同时回到出发点？

习　题

6.1　一无限长载流导线弯成如图 6-18 所示的形状，电流强度为 I，3/4 圆弧的半径为 R，圆心在 O 点，求 O 点的磁感应强度 $\boldsymbol{B}$。

6.2　边长为 a 的正方形线圈载有电流 I，试求在正方形中心点的磁感应强度 $\boldsymbol{B}$。

6.3　如图 6-19 所示，有两根导线沿半径方向接到均匀圆环的 a、b 两点上，并与很远处的电源相接，求环中心处的磁感应强度 $\boldsymbol{B}$。

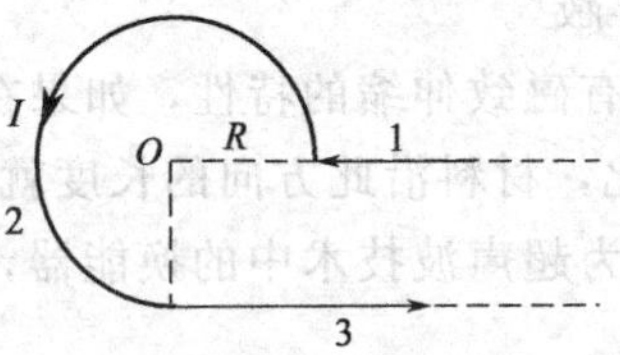

图 6-18　题 6.1 图

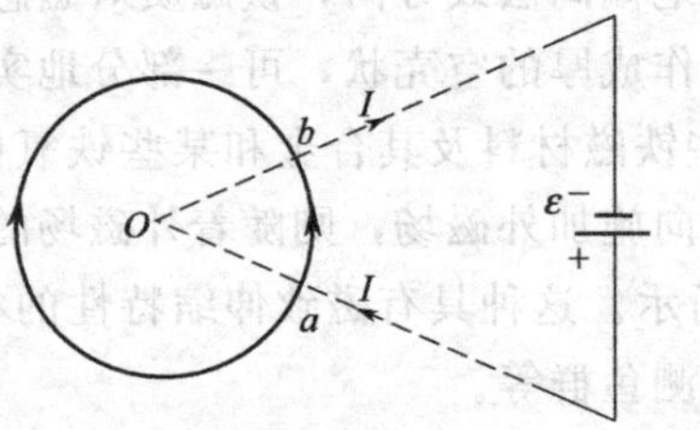

图 6-19　题 6.3 图

6.4　无限长载有电流 I 的直导线折成如图 6-20 所示的形状，求 O 点处的磁感强度。

6.5　已知磁感强度为 $B=2\mathrm{Wb/m^2}$ 的均匀磁场，方向沿 x 轴正向（如图 6-21 所示），试求通过三棱柱形的 $abcd$ 面的磁通量，设此面的法线方向沿 x 轴正向。

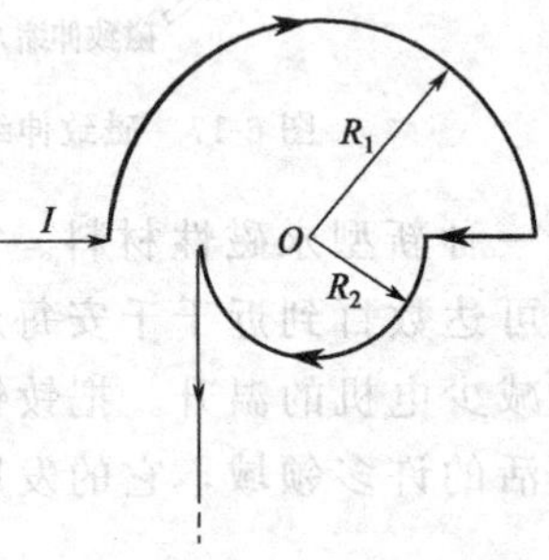

图 6-20　题 6.4 图

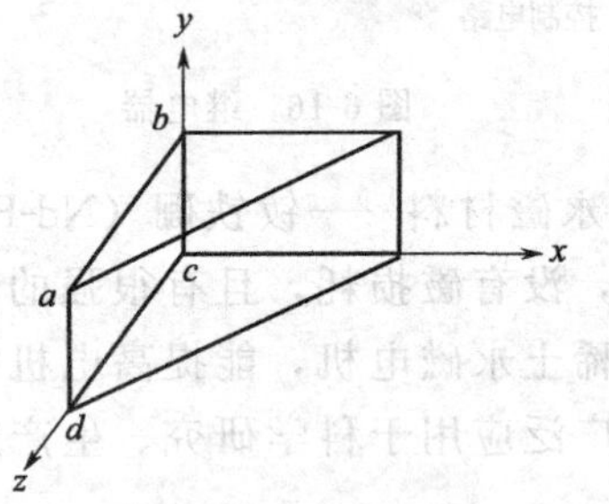

图 6-21　题 6.5 图

6.6　如图 6-22 所示，长直导线 AB 载有电流 I，试求穿过矩形平面 $CDEF$ 的磁通量。

6.7　如图 6-23 所示的导线，载有电流 I，各段几何形状、尺寸和电流方向如图所示，设均匀磁场磁感应强度 $\boldsymbol{B}$ 的方向垂直纸面向外，试求导线所受的安培力。

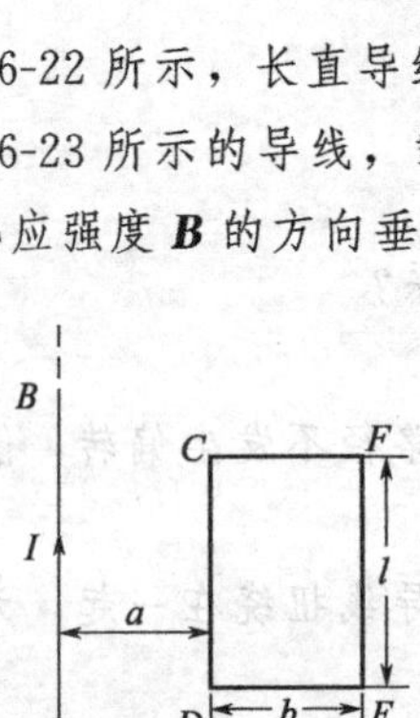

图 6-22　题 6.6 图

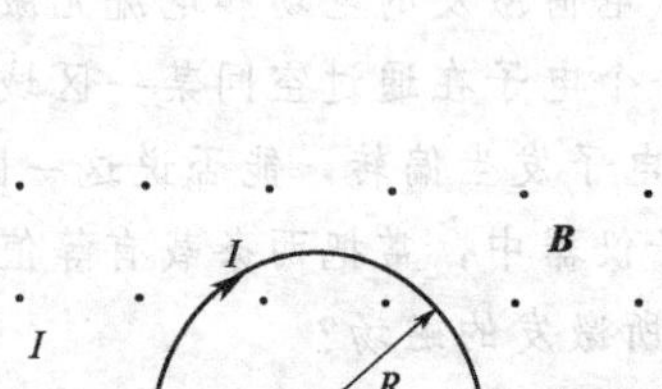

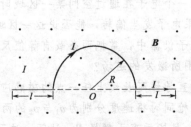

图 6-23　题 6.7 图

6.8　一质谱仪的构造原理如图 6-24 所示，可用它测定离子质量。离子源产生质量 m、电荷 q 的正电子。离子的初速度很小，可视为静止的，离子源是气体正在放电的小室。离子产生出来后经电势差 U 加速进入磁感应强度为 $\boldsymbol{B}$ 的均匀磁场中。在磁场中，离子沿一半圆周运动后射到距入口缝隙 x 处的照相底片上，并由照相机底片把它记录下来。若根据实验测定可得到 B、q、U 和 x，求离子的质量。

6.9　在长方形线圈 $cdef$ 中通有电流 $I_2=10\text{A}$，在长直导线 ab 内通有电流 $I_1=20\text{A}$，电流流向如图 6-25 所示，ab 与 cf 及 de 互相平行，尺寸已在图上标明，求长方形线圈上所受磁场力的合力（提示：先求出每段导线上所受的力，再求合力）。

6.10　铝的相对磁导率 $\mu_{\text{rAl}}=1.000023$，铜的相对磁导率 $\mu_{\text{rCu}}=0.9999912$，试指出它们各属于哪类磁介质。

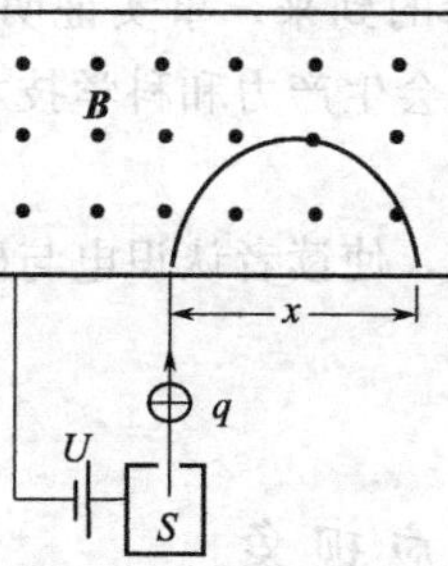

图 6-24　题 6.8 图

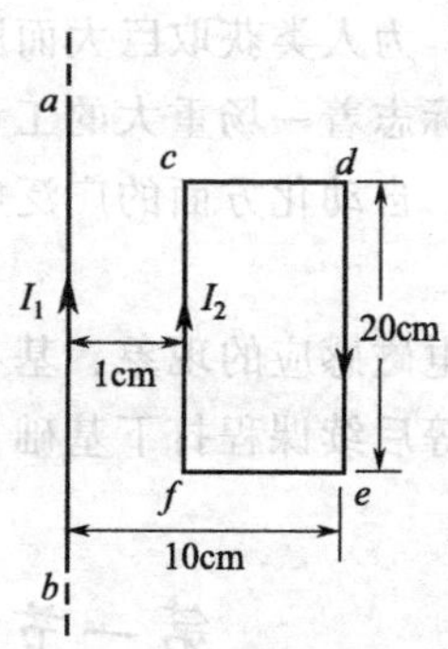

图 6-25　题 6.9 图

第七章　电磁感应

在前一章中，学习了电流激发磁场的现象和规律。在本章中，将介绍如何利用磁场来获得电流。自从奥斯特发现了电流的磁效应，人们自然地联想到：电流可以产生磁场，磁场是否也能产生电流呢？法拉第通过大量实验终于发现，当穿过闭合导体回路中的磁通量发生变化时，回路中就出现电流，这个现象称为**电磁感应现象**。电磁感应现象的发现，是电磁学领域中最伟大的成就之一，它不仅揭示了电与磁之间的内在联系，而且为电与磁之间的相互转化奠定了实验基础，为人类获取巨大而廉价的电能开辟了道路，在实用上有重大意义。电磁感应现象的发现，标志着一场重大的工业和技术革命的到来。事实证明，电磁感应在电工、电子技术、电气化、自动化方面的广泛应用对推动社会生产力和科学技术的发展发挥了重要的作用。

本章着重介绍电磁感应的现象、基本概念和定律，使读者认识电与磁之间的联系，为以后学习“电工学”等后续课程打下基础。

第一节　电磁感应现象

一、电源　电动势

在直流电路中，单纯利用静电电势差不可能维持恒定的电流，它只能产生短暂的非恒定电流，必须凭借电源，才能在整个闭合电路中建立起稳恒电场，形成恒定电流。

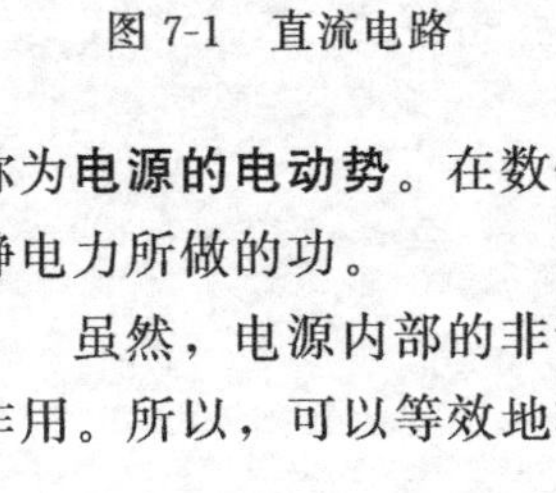

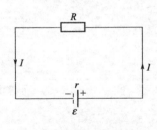

图 7-1　直流电路

现在从功的观点来研究闭合的直流电路（见图 7-1）。假定外电路和内电路的电阻分别为 R 和 r，I 为闭合电路中的电流强度，在 t（s）内，电源把正电荷 q 从电势较低的负极经过它的内部送到电势较高的正极上去，在这过程中电源要对电荷 q 做功（非静电力克服静电力而做功）。假设正电荷 q 从电源负极送回到正极的过程中非静电力所做的功为 A，那么，就把

$$\varepsilon=\frac{A}{q} \tag{7-1}$$

称为**电源的电动势**。在数值上等于将单位正电荷从负极经电源内部送回到正极的过程中，非静电力所做的功。

虽然，电源内部的非静电力和静电力在性质上是不同的，但是它们都有推动电荷运动的作用。所以，可以等效地将非静电力 $\boldsymbol{F}_k$ 与电荷 q 之比定义为一个**非静电性的场强** $\boldsymbol{E}_k$，即

$$\boldsymbol{E}_k=\frac{\boldsymbol{F}_k}{q} \tag{7-2}$$

这个场强 $\boldsymbol{E}_k$ 只存在于电源内部。非静电力的功可表示为

$$A=\int_-^+ q\boldsymbol{E}_k\cdot d\boldsymbol{l}=q\int_-^+\boldsymbol{E}_k\cdot d\boldsymbol{l} \tag{7-3}$$

则按照上式，电源电动势的定义式（7-1）可写成

$$\varepsilon=\int_{-\,\text{电源内}}^{+}\boldsymbol{E}_{\mathrm{k}}\cdot\mathrm{d}\boldsymbol{l} \tag{7-4}$$

电源电动势 ε 标志了单位正电荷在电源内通过时有多少其他形式的能量（如电池的化学能、发电机的机械能等）转换成电能。

电动势和电势一样，也是一个标量，其单位和电势相同。为表述和解题方便起见，规定电动势的指向为电势增高的方向，亦即自负极经过电源内部指向正极的方向。

二、楞次定律

已经知道，当穿过闭合导体回路中的磁通量发生变化时，回路中就出现电流，这个电流称作**感应电流**。回路中有电流，那么必有某种电动势存在，就是说，当穿过闭合导体回路中的磁通量发生变化时，回路中就有电动势产生，这种电动势称作**感应电动势**。关于感应电动势方向的规律，俄国物理学家楞次在概括了大量实验结果后于 1834 年得出如下结论：闭合回路中感应电流的方向，总是企图使感应电流本身所产生的穿过回路的磁通量，去阻碍引起感应电流的磁通量的变化。这就是著名的**楞次定律**。

楞次定律只适用于闭合电路，如果电路是开路的，通常可以把它配成闭合电路，考虑这时会产生什么方向的感应电流，从而判断出感应电动势的方向。

运用楞次定律判断感应电流方向时，可以遵循下面的思考步骤：第一弄清穿过闭合回路的磁通量沿什么方向，发生了何种变化（增加还是减少）；第二按照楞次定律来确定感应电流所激发的磁场沿什么方向（与原来的磁场同向还是反向）；第三根据右手定则从感应电流产生的磁场方向确定感应电流的方向；感应电流方向确定后，感应电动势的方向就知道了。例如，当条形磁铁的 N 极插入线圈时，穿过线圈的磁通量沿着向左的方向增加，按照楞次定律，感应电流激发的磁通量应与原磁通量反向，即沿向右的方向 [图 7-2(a) 的虚线所示]，这时根据右手定则，判断感应电流的方向如图 7-2(a) 中导线上的箭头所示；反之，当拔出磁铁时，穿过线圈的磁通量沿向左方向在减少，感应电流的方向如图 7-2(b) 中导线上箭头所示。

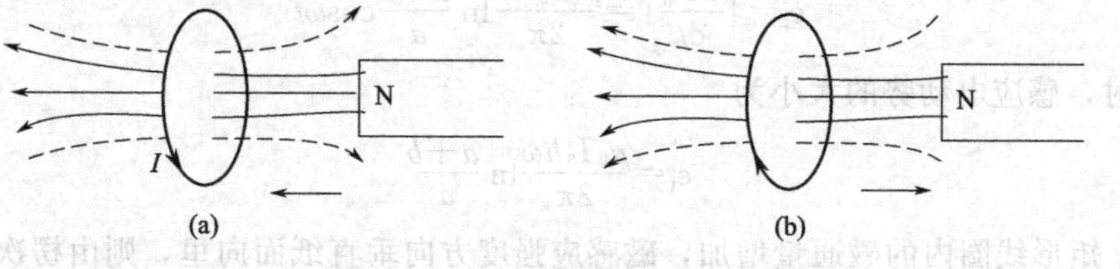

图 7-2 感应电流的方向

三、法拉第电磁感应定律

将法拉第的实验研究结果归纳起来，就得到了法拉第电磁感应定律。

定律可叙述为：不论任何原因，当穿过闭合导体回路所包围面积的磁通量 Φ_{m} 发生变化时，在回路中都会出现感应电动势 ε_{i}，而且感应电动势的大小总是与磁通量对时间 t 的变化率 $\mathrm{d}\Phi_{\mathrm{m}}/\mathrm{d}t$ 成正比。用数学公式可表示为

$$\varepsilon_{\mathrm{i}}=k\frac{\mathrm{d}\Phi_{\mathrm{m}}}{\mathrm{d}t}$$

式中，k 是比例常数；在国际单位制中，ε_{i} 的单位是 V；Φ_{m} 的单位是 Wb；t 的单位是 s。

如果再考虑到电动势的“方向”，就得到法拉第电磁感应定律的完整表示形式，即

$$\varepsilon_i = -\frac{d\Phi_m}{dt} \tag{7-5}$$

几点说明如下。

① 公式（7-5）是针对单匝回路而言的，如果导体回路是由 N 匝线圈绕制而成的，且穿过每匝线圈的磁通量均相同都为 Φ_m，则公式（7-5）中的磁通量 Φ_m 就应该用磁链 $\Psi_m = N\Phi_m$ 来表示，因此，对 N 匝线圈的感应电动势的计算，应该用下面的表示式

$$\varepsilon_i = -\frac{d\Psi_m}{dt} \tag{7-6}$$

② 电磁感应定律中的负号反映了感应电动势的方向与磁通量变化状况的关系，是楞次定律的数学表示，是法拉第电磁感应定律的重要组成部分。

因此，如何正确理解和运用上式中的负号，来判断感应电动势的方向，是掌握好法拉第电磁感应定律的一个重要方面。

【例题 1】 如图 7-3 所示，通电长直导线与矩形线圈共面，且线圈的一边与长直导线平行，当长直导线中通有 $I = I_0 \sin\omega t$ 时，求 $t=0$ 时线圈中感应电动势。

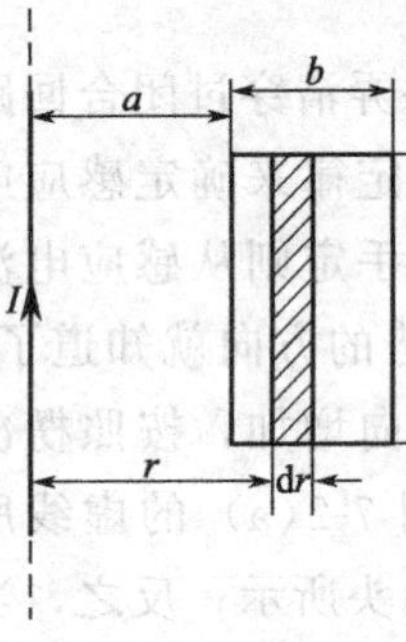

图 7-3 例题 1 附图

解 在矩形线圈中取面元 $ds = h dr$，该处磁感应强度的大小为

$$B = \frac{\mu_0 I}{2\pi r} = \frac{\mu_0 I_0}{2\pi r}\sin\omega t$$

通过矩形线圈的磁通量 Φ_m 为

$$\Phi_m = \int_s d\Phi_m = \int_a^{a+b} \frac{\mu_0 I_0 h}{2\pi r}\sin\omega t\, dr$$

$$= \frac{\mu_0 I_0 h}{2\pi}\sin\omega t \ln\frac{a+b}{a}$$

由法拉第电磁感应定律，线圈中感应电动势的大小为

$$\varepsilon_i = \left|\frac{d\Phi_m}{dt}\right| = \frac{\mu_0 I_0 h\omega}{2\pi}\ln\frac{a+b}{a}\cos\omega t$$

$t=0$ 时，感应电动势的大小为

$$\varepsilon_i = \frac{\mu_0 I_0 h\omega}{2\pi}\ln\frac{a+b}{a}$$

此刻，矩形线圈内的磁通量增加，磁感应强度方向垂直纸面向里，则由楞次定律可知感应电动势为逆时针方向。

第二节　动生电动势

根据法拉第电磁感应定律：只要穿过回路的磁通量发生了变化，在回路中就会有感应电动势产生。根据磁通量的定义式，不难看出引起磁通量变化的原因不外乎以下两条。

① 磁场不变，而闭合电路的整体或局部在磁场中运动，导致回路中磁通量的变化，这样产生的感应电动势称为**动生电动势**，本节将详细讨论。

② 闭合电路的任何部分都不变，因空间磁场发生变化，导致回路中磁通量的变化，这样产生的感应电动势称为**感生电动势**，下节将详细讨论。

一、动生电动势和洛仑兹力

从回路电动势的角度来看，动生电动势是如何形成的呢？根据电动势的定义

$$\varepsilon_i=\int_-^+ \frac{\boldsymbol{F}_k}{q}\cdot d\boldsymbol{l}=\int_-^+ \boldsymbol{E}_k\cdot d\boldsymbol{l}$$

关键是搞清楚动生电动势中的非静电力源于何处。

以均匀磁场中的Π型导体回路上运动着的直导线 ab 作为研究对象，如图 7-4 所示。当它在磁感应强度为 $\boldsymbol{B}$ 的均匀磁场中以速度 $\boldsymbol{v}$ 运动时，导线内部的自由电子也同样在磁场中运动，因此，要受到洛仑兹力作用，即

$$\boldsymbol{f}_m=-e\boldsymbol{v}\times\boldsymbol{B}=-e(\boldsymbol{v}\times\boldsymbol{B})$$

在洛仑兹力 $\boldsymbol{f}_m$ 作用下电子沿导线向 a 端运动，使 a 端和 b 端出现了等量异种电荷，在直导线 ab 上产生自上而下的静电场 $\boldsymbol{E}$。当作用在自由电子上的静电力 $\boldsymbol{F}_e=-e\boldsymbol{E}$ 和洛仑兹力 $\boldsymbol{f}_m$ 大小相等时，导体棒中的电动势达到稳定值。

总而言之，洛仑兹力是运动导线在磁场中切割磁感应线产生动生电动势的根本原因。

交流发电机就是实际利用导线框切割磁感应线而产生动生电动势的典型例子。

根据以上分析，可以推出动生电动势的一般表达式。

显而易见，形成动生电动势的非静电力即为洛仑兹力 $\boldsymbol{f}_m=-e(\boldsymbol{v}\times\boldsymbol{B})$。所以动生电动势中的非静电力场强 $\boldsymbol{E}_{动}$ 就是

$$\boldsymbol{E}_{动}=\frac{\boldsymbol{f}_m}{-e}=\boldsymbol{v}\times\boldsymbol{B} \tag{7-7}$$

根据电动势的定义式，在磁场中运动导体的动生电动势又可以表示为

$$\varepsilon_{动}=\int_a^b(\boldsymbol{v}\times\boldsymbol{B})\cdot d\boldsymbol{l} \tag{7-8}$$

式 (7-8) 是动生电动势的一般表达式。它不仅揭示了产生动生电动势的根本原因，而且也提供了计算动生电动势的又一种方法；也可以判断动生电动势的方向：电动势的方向与非静电性场强 ($\boldsymbol{v}\times\boldsymbol{B}$) 在导线上方向相同，判断时可分为两步，第一步，找出 ($\boldsymbol{v}\times\boldsymbol{B}$) 的方向；第二步，将 ($\boldsymbol{v}\times\boldsymbol{B}$) 在运动导线上投影，其投影的指向就是在运动导线上产生的动生电动势的方向。

在图 7-4 所示的情况下，选 $d\boldsymbol{l}$ 方向由 a 到 b，直导线 ab 上的动生电动势为

$$\varepsilon_{动}=\int_a^b vB\,dl=vBL \tag{7-9}$$

在一般情况下，在磁场中运动的导线 l 不一定是直导线，其运动也不一定作平动，且磁场也可以是非均匀磁场，则整条导线的动生电动势的计算，应该按照求动生电动势的具体步骤来进行。

【例题 2】 如图 7-5 所示，一金属棒 OA 长 $l=50\text{cm}$，在大小为 $B=0.50\times10^{-4}\,\text{Wb/m}$、

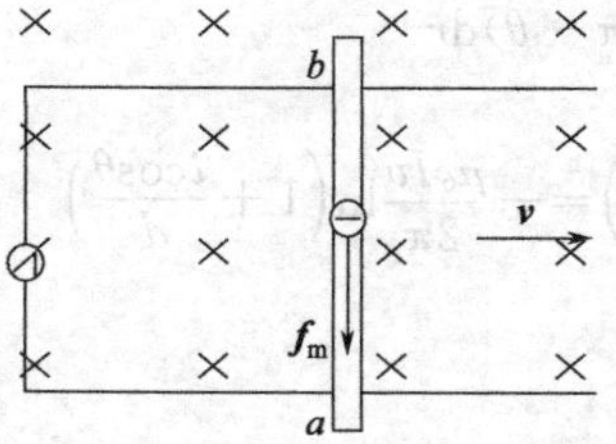

图 7-4 动生电动势

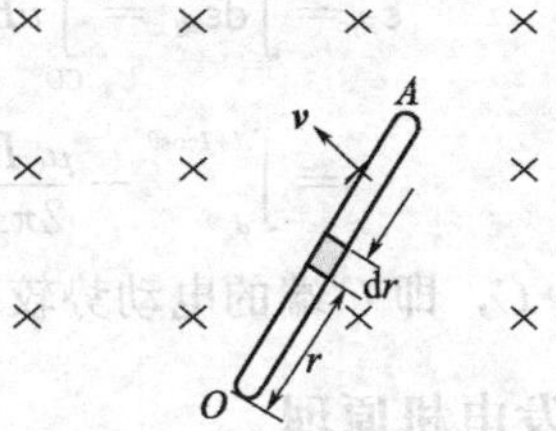

图 7-5 例题 2 附图

方向垂直纸面向里的均匀磁场中，以一端 O 为轴心做逆时针的匀速转动，转速 $\omega=2\pi/\mathrm{s}$，求此金属棒的动生电动势；并问哪一端电势高？

分析 这是一道求解动生电动势的简单例题，既可以用动生电动势公式（7-8）来求解，同时也可以用法拉第电磁感应定律来求解。

在用动生电动势的公式 $\varepsilon_{动}=\int_a^b(\boldsymbol{v}\times\boldsymbol{B})\cdot\mathrm{d}\boldsymbol{l}$ 求解时，一定要注意磁场 $\boldsymbol{B}$、线元 $\mathrm{d}\boldsymbol{l}$、线元的运动速度 $\boldsymbol{v}$ 三者方向间的关系。

解 假定金属棒中电动势的指向为 $O\rightarrow A$，沿着这个指向，在金属棒上距轴心 O 为 r 处取线元 $\mathrm{d}\boldsymbol{r}$，其速度大小为 $v=r\omega$，方向垂直于 OA，也垂直于磁场 $\boldsymbol{B}$，按题意，$\boldsymbol{v}\perp\boldsymbol{B}$，且按右手螺旋法则，矢量（$\boldsymbol{v}\times\boldsymbol{B}$）与 $\mathrm{d}\boldsymbol{r}$ 反方向。于是，按动生电动势公式（7-8），得棒中的动生电动势为

$$\begin{aligned}\varepsilon_{动}&=\int_{OA}vB\sin90^{\circ}\cos\pi\mathrm{d}r\\&=\int_0^l-Br\omega\mathrm{d}r\\&=B\omega\int_0^l r\mathrm{d}r=-\frac{B\omega l^2}{2}\end{aligned}\qquad(7\text{-}10)$$

代入题设数据，得动生电动势的大小为

$$\begin{aligned}\varepsilon_{动}&=-\frac{B\omega l^2}{2}\\&=-\frac{1}{2}(0.5\times10^{-4})(2\times\pi)(0.50)^2\\&=-7.85\times10^{-5}(\mathrm{V})\end{aligned}$$

$\varepsilon_i<0$，故它的指向与所假定的相反，即 $A\rightarrow O$，故 O 端的电势高；且两端之间的电势差为 $U_O-U_A=\varepsilon_i=7.85\times10^{-5}\,\mathrm{V}$。

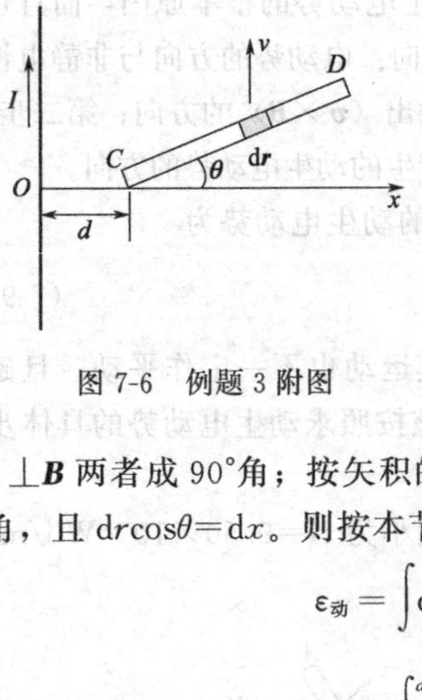

图 7-6 例题 3 附图

【例题 3】 如图 7-6 所示，一铅直放置的长直导线载有电流 I，近旁有一长为 l 的铜棒 CD 与导线共面，并与水平成 θ 角，C 端与导线相距为 d，当铜棒以速度 $\boldsymbol{v}$ 铅直向上做匀速平动时，求证：棒中的动生电动势为

$$\varepsilon_{动}=\frac{\mu_0 Iv}{2\pi}\ln\left[1+\frac{l\cos\theta}{d}\right]$$

证明 假设沿铜棒取 $C\rightarrow D$ 为电动势的指向，循此指向，在棒上距长直电流导线为 x 处取线元 $\mathrm{d}r$ 其速度 $\boldsymbol{v}$ 铅直向上，则 $\boldsymbol{v}\perp\boldsymbol{B}$ 两者成 90°角；按矢积的右手螺旋定则确定 $\boldsymbol{v}\perp\boldsymbol{B}$ 的方向，$\boldsymbol{v}\perp\boldsymbol{B}$ 方向与 $\mathrm{d}r$ 成（$\pi-\theta$）角，且 $\mathrm{d}r\cos\theta=\mathrm{d}x$。则按本节公式（7-8），棒 CD 上的动生电动势为

$$\begin{aligned}\varepsilon_{动}&=\int\mathrm{d}\varepsilon_{动}=\int_{CD}vB\sin90^{\circ}\cos(\pi-\theta)\mathrm{d}r\\&=\int_d^{d+l\cos\theta}-\frac{\mu_0 Iv}{2\pi x}\cos\theta\left(\frac{\mathrm{d}x}{\cos\theta}\right)=-\frac{\mu_0 Iv}{2\pi}\ln\left(1+\frac{l\cos\theta}{d}\right)\end{aligned}$$

$\varepsilon_{动}$ 的指向为 $D\rightarrow C$，即 C 端的电动势较高。

二、交流发电机原理

图 7-7 是一个演示交流发电机工作原理的模拟装置，用手或其他方式匀速转动转轮，带

动线圈在磁场中旋转，线圈切割磁感应线，就会产生感应电动势，进而产生感应电流。

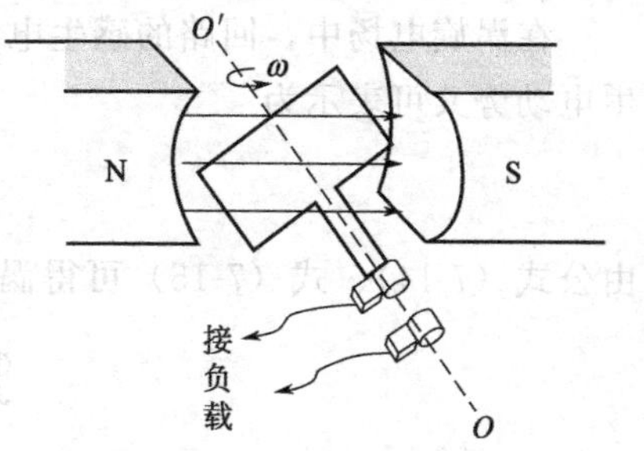

图 7-7　交流发电机工作原理

线圈的形状不变，面积为 S，共有 N 匝。当线圈在均匀磁场 $\boldsymbol{B}$ 中绕固定轴以匀角速度 ω 转动，线圈平面的法线 $\boldsymbol{n}^0$ 和磁感应强度 $\boldsymbol{B}$ 之间的夹角 θ 随时间发生变化，导致穿过线圈面积的磁通量 Φ_m 的变化。根据法拉第电磁感应定律进行推算，线圈中的感应电动势为

$$\varepsilon_i = NBS\omega\sin\omega t \tag{7-11}$$

令 $\varepsilon_0 = NBS\omega$，则上式成为

$$\varepsilon_i = \varepsilon_0 \sin\omega t \tag{7-12}$$

式 (7-12) 表明，在均匀磁场内转动的线圈所产生的感应电动势是时间的正弦函数，变化的周期为 $2\pi/\omega$、频率为 $v = \omega/2\pi$。在相邻的每半个周期中，电动势的方向相反，这种电动势叫做**交变电动势**，最大瞬时值 ε_0 称为电动势的**振幅**。

当线圈与外电路接通而构成回路，其总电阻是 R，则其电流强度为

$$i = \frac{\varepsilon_i}{R} = \frac{\varepsilon_0}{R}\sin\omega t = I_0 \sin\omega t \tag{7-13}$$

说明：线圈在均匀磁场中匀速转动时所产生的感应电流也是时间的正弦函数，即电流 $\boldsymbol{i}$ 是交变电流，$\boldsymbol{i}$ 的最大幅值是 $I_0 = \varepsilon_0/R$。交流发电机发出的电流在 0 与 I_0 之间变化。

交流发电机的工作原理就是运用电磁感应定律将机械能转换成电能。

中国和其他一些国家，工业和生活用电的交流电频率为 50Hz。

第三节　感生电动势

一、感生电动势

上节中将回路中的感应电动势划分为两类，即动生电动势和感生电动势。形成动生电动势的非静电力是洛仑兹力，那么，形成感生电动势的非静电力又是什么呢，这是本节所关注的问题。

通过实验观察会发现，只要空间的磁场发生变化，闭合回路中就会产生感应电流。显然，该空间既无库仑力，也无洛仑兹力，究竟是什么非静电力使导体回路中的电子运动起来的呢。为了解释感生电动势的起源，麦克斯韦提出假设：变化的磁场会在其周围空间激发一种电场，该电场称之为**感生电场**，又叫**涡旋电场**，用 $\boldsymbol{E}_{涡}$ 来表示。回路内做定向运动的自由电荷所受的非静电力，就是变化磁场激发的涡旋电场力。

麦克斯韦进一步认为，不管有无导体回路存在，变化的磁场所激发的涡旋电场总是客观存在的，即空间有两种形式的电场：由静止电荷激发的静电场和由变化磁场激发的涡旋电场。

涡旋电场和静电场的共同之处是它们对电荷都有力的作用，因而它们都可引用电场强度这一物理量来描述。

根据法拉第电磁感应定律，感生电动势可表示为

$$\varepsilon_{感} = -\frac{\mathrm{d}\Phi_m}{\mathrm{d}t} = -\int_s \frac{\partial \boldsymbol{B}}{\partial t} \cdot \mathrm{d}\boldsymbol{S} \tag{7-14}$$

在涡旋电场中，回路的感生电动势就是涡旋电场力移动单位正电荷所做的功。所以，感生电动势又可表示为

$$\varepsilon_i = \oint \boldsymbol{E}_{涡} \cdot \mathrm{d}\boldsymbol{l} \tag{7-15}$$

由公式（7-14）、式（7-15）可得涡旋电场和变化的磁场之间的关系为

$$\oint \boldsymbol{E}_{涡} \cdot \mathrm{d}\boldsymbol{l} = -\int_S \frac{\partial \boldsymbol{B}}{\partial t} \cdot \mathrm{d}\boldsymbol{S} \tag{7-16}$$

式（7-16）表明，在涡旋电场中，对于任意的闭合环路，$\boldsymbol{E}_{涡}$ 的环流 $\oint \boldsymbol{E}_{涡} \cdot \mathrm{d}\boldsymbol{l} \neq \boldsymbol{0}$，即涡旋电场是不同于静电场的非保守场，公式中的负号指明了涡旋电场的方向。

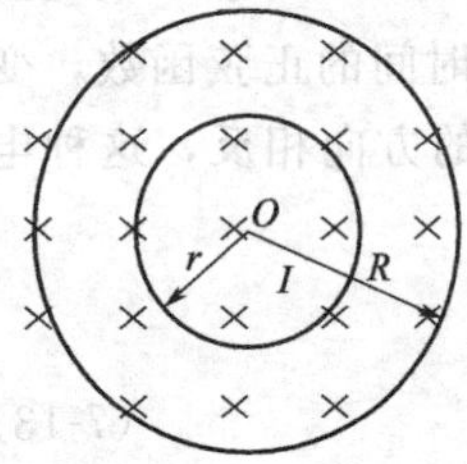

图 7-8　例题 4 附图

【例题 4】　在半径为 R 的长直螺线管的中段内，磁场沿轴向均匀分布，如图 7-8 所示，各点的磁感应强度 $\boldsymbol{B}$ 的大小以恒定的变化率 $\mathrm{d}B/\mathrm{d}t$（$\mathrm{d}B/\mathrm{d}t$ 大于 0）增加着，求距离中心 O 为 r（$<R$）处的涡旋电场场强。

分析　当空间有磁场变化时，就会在空间产生涡旋电场。但是，涡旋电场线的形状一般并不是圆形，涡旋电场线的形状与磁场的边界形状有关。

在本题中由于磁感应强度 $\boldsymbol{B}$ 及其变化率 $\mathrm{d}B/\mathrm{d}t$ 的轴对称分布，在圆心为 O、半径为 r 的圆形回路 l 上，各点的 $\boldsymbol{E}_{涡}$ 的大小相等，方向与回路相切，且与$\mathrm{d}B/\mathrm{d}t$ 形成左旋关系，故 $\boldsymbol{E}_{涡}$ 与 $\mathrm{d}l$ 的夹角为 0°。

解　穿过回路 l 所包围面积的磁通量为 $\Phi_{\mathrm{m}} = B\pi r^2$，其变化率为 $\mathrm{d}\Phi_{\mathrm{m}}/\mathrm{d}t = \pi r^2 \mathrm{d}B/\mathrm{d}t$，则按式（7-16）

$$\oint \boldsymbol{E}_{涡} \cos 0° \mathrm{d}l = -\pi r^2 \frac{\mathrm{d}B}{\mathrm{d}t}$$

即

$$E_{涡} \oint \mathrm{d}l = -\pi r^2 \frac{\mathrm{d}B}{\mathrm{d}t}$$

式中，$\oint \mathrm{d}l = 2\pi r$，从而得 r（$<R$）处涡旋电场的场强为

$$E_{涡} = -\frac{r}{2} \times \frac{\mathrm{d}B}{\mathrm{d}t}$$

即 $\boldsymbol{E}_{涡}$ 的大小为$\frac{r}{2} \times \frac{\mathrm{d}B}{\mathrm{d}t}$；负号表示涡旋电场 $\boldsymbol{E}_{涡}$ 的电场线沿逆时针转向，即具有反抗磁场 $\boldsymbol{B}$ 变化的作用。

二、电子感应加速器

电子感应加速器的基本原理：在电磁铁的两极之间安置一个环形真空室，当用交变电流励磁电磁铁时，在环形室内除了有磁场外，还会感生出很强的、同心环状的涡旋电场。用电子枪将电子注入环形室，电子在洛仑兹力的作用下，沿圆形轨道运动，在涡旋电场的作用下被加速。所以，电子感应加速器是利用涡旋电场加速电子以获得高能粒子的一种装置。

利用电子感应加速器可以使电子获得数十兆甚至数百兆电子伏的能量，借这种高能电子去轰击各种靶子（如原子核），可产生 γ 射线、X 射线等，供工业和医疗等方面应用。电子感应加速器的制成，对麦克斯韦关于涡旋电场观点的正确性，是一个有力的证明。

三、涡电流

当大块导体放在变化着的磁场中或相对于磁场运动时，在这块导体中也会出现感应电流。由于导体内部处处可以构成回路，任意回路所包围面积的磁通量都在变化，因此，这种电流在导体内自行闭合，形成涡旋状，故称为**涡电流**。

涡电流有利也有弊，本节主要了解涡电流的应用与预防。

如图 7-9 所示，在圆柱形铁芯上绕有螺线管，通有交变电流 i，随着电流的变化，铁芯内磁通量也在不断改变。把铁芯看作由一层一层的圆筒状薄壳所组成，每层薄壳都相当于一个回路。由于穿过每层薄壳横截面的磁通量都在变化着，因此，在相应于每层薄壳的这些回路中都将激起感生电动势，并形成环形的涡旋电流，即涡电流，以 $i_{涡}$ 表示。

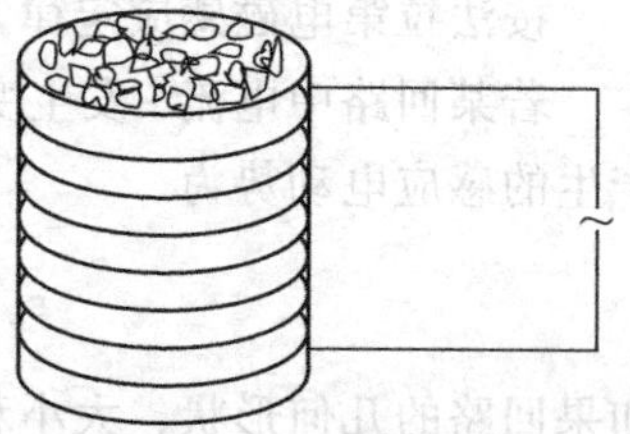

图 7-9 涡电流的形成

涡电流的热效应：在金属圆柱体上绕一线圈，当线圈中通入交变电流时，金属圆柱体便处在交变磁场中。由于金属导体的电阻很小，涡电流很大，所以热效应极为显著，可以用于金属材料的加热和冶炼。

理论分析表明，涡电流强度与交变电流的频率成正比，即 $i_{涡}\propto\omega$，涡电流产生的焦耳热则与交变电流频率的平方成正比，即 $Q\propto i_{涡}^2Rt\propto\omega^2$。因此，采用高频交流电就可以在金属圆柱体内汇集成强大的涡流，释放出大量的焦耳热，最后使金属自身熔化，这就是高频感应炉的原理。

另一方面，导体中发生涡电流，也有有害的方面。在许多电磁设备中常有大块的金属部件，涡电流可使铁芯发热，浪费电能，这就是涡流耗损。

涡电流的机械效应如下。

(1) 电磁阻尼

涡电流还可以起到阻尼作用，利用磁场对金属板的这种阻尼作用，可制成各种电动阻尼器，例如磁电式电表中或电气机车的电磁制动器中的阻尼装置，就是应用涡电流实现其阻尼作用的。

(2) 电磁驱动

这是对“电磁阻尼作用起着阻碍相对运动”的另一种形式的应用，感应式异步电动机就利用了这一基本原理。

第四节 自感 磁场能量

一、自感

当线圈中的电流发生变化时，它所激发的磁场穿过该线圈自身的磁通量也随之变化，从而在该线圈自身产生感应电动势的现象，称为**自感现象**，这样产生的感应电动势，称之为**自感电动势**，通常可用 ε_L 来表示。

设闭合回路中的电流强度为 i，根据毕奥-萨伐尔定律，空间任意一点的磁感应强度 $\boldsymbol{B}$ 的大小都和回路中的电流强度 i 成正比，因此穿过该回路所包围面积内的磁通量 Φ_m 也和 i 成正比，即

$$\Phi_m = Li \tag{7-17}$$

比例系数 L 叫做回路的自感系数，简称**自感**。

自感系数 L 的单位为 H，称为亨利，简称亨。从式（7-17）可见，某回路的自感系数 L 在数值上等于这回路中的电流强度为 1A 时，穿过此回路所包围面积的磁通量。

自感系数与回路电流的大小无关，决定线圈回路自感系数的因素是：线圈回路的几何形状、大小及周围介质的磁导率。

按法拉第电磁感应定律，回路中所产生的自感电动势可用自感系数 L 表示。

若某回路中电流 i 发生变化，根据法拉第电磁感应定律和公式（7-17）可知在回路自身产生的感应电动势为

$$\varepsilon_L = -\frac{d\Phi_m}{dt} = -\frac{d(Li)}{dt} = -\left(L\frac{di}{dt} + i\frac{dL}{dt}\right) \tag{7-18}$$

如果回路的几何形状、大小和周围磁介质的磁导率都不变，则取决于这些因素的自感系数 L 也不变，即 $dL/dt=0$，于是有

$$\varepsilon_L = -L\frac{di}{dt} \tag{7-19}$$

显然，这里所说的磁介质是指弱磁质，μ 不会随电流变化，自感系数 L 才与电流大小无关，因此，自感电动势才可以写成公式（7-19）的形式；对于铁磁质，由于是非线性材料，μ 和电流大小有关，因此，自感系数 L 也与电流大小有关，自感电动势只能用公式（7-17）表示。

下面由自感电动势公式 $\varepsilon_L = -L\frac{di}{dt}$ 来讨论自感系数的物理意义。

① 公式说明当电流变化 di/dt 相同时，自感系数 L 越大的回路，其自感电动势 ε_L 也越大。

② 公式中，负号是楞次定律的数学表示，它指出自感电动势的方向总是反抗回路中电流的改变。亦即，当电流增加时，自感电动势与原来电流的流向相反；当电流减小时，自感电动势与原来电流的流向相同。由此可见，任何回路中只要有电流的改变，就必将在回路中产生自感电动势，以反抗回路中电流的改变。显然，回路的自感系数越大，自感的作用也越大，则改变该回路中的电流也越不易。换句话说，回路的自感有使回路保持原有电流不变的性质，这一特性和力学中物体的惯性相仿。因而，自感系数可认为是描述回路“**电磁惯性**”的一个物理量，自感系数表征了回路本身的一种电磁属性。

二、自感现象的防止与应用

在许多电气设备中，常利用线圈的自感起稳定电流的作用。例如，日光灯的镇流器就是一个带有铁芯的自感线圈。

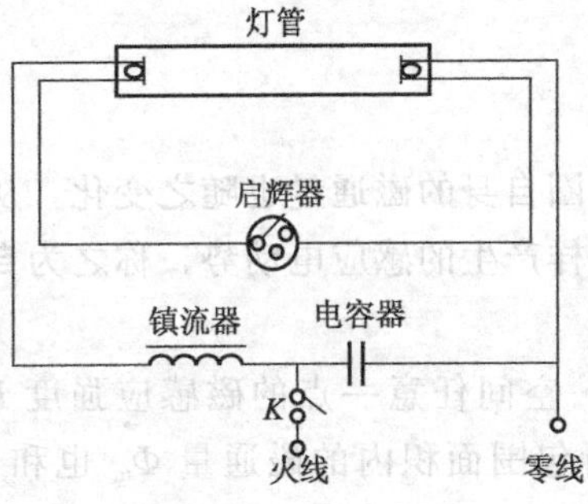

图 7-10　日光灯电路

众所周知，日光灯不能直接连接在电源上，必须配用镇流器和启辉器。在如图 7-10 所示的日光灯电路中，灯管两端的灯丝电极与启辉器、镇流器串联后，接入交流电源。

启辉器实际上是一个双金属片继电器，双金属片是由两种热膨胀性质不同的金属片铆在一起制成的。当温度升高时，其中一片比另一片膨胀较多，使双金属片向上弯曲，与静触片接触而使电路导通；而后，温度下降，双金属片下弯，使触点分开。

当接通电源后，由于这两个触片是常开的，因而电源

的电压全部加在启辉器的两个触片上，引起辉光放电，例如，在充有稀薄气体的玻璃管中封入两个板状电极，当电极上的电压达到近千伏时，气体发生自激导电而在管内出现美丽的发光现象，这就是辉光放电。触片便被加热到800～1000℃而膨胀，使触点闭合，整个电路就导通。由于电流的热效应，灯丝就发射电子，且使管内充有的水银蒸气温度升高，导致水银蒸气电离。这时，启辉器两触点已闭合，辉光放电停止，双金属片便冷却而恢复原状，又与静触片脱离，切断了电路；与此同时，镇流器因电流中断而在其两端产生一个很高的自感电动势，使管内的两个灯丝电极间的电压骤增，管内水银蒸气在强电场作用下全部电离，发生辉光放电，辐射出紫外线，被涂在管壁上的荧光粉吸收，发出颜色近似于日光的可见光。灯管点燃后，管内电阻甚小，只允许通过较小的电流，否则会烧毁灯管，这时要求灯管上的电压远低于电源电压。于是，又得借助于镇流器的自感作用，来限制流过灯管的电流。

此外，在电工设备中，常利用自感作用制成自耦变压器或扼流圈。在电子技术中，利用自感器和电容器可以组成谐振电路或滤波电路等。

另一方面，通常在具有相当大的自感和通有较大电流的电路中，当扳断开关的瞬时，在开关处将发生强大的火花，产生弧光放电现象，亦称电弧。电弧发生的高温，可用来冶炼、熔化、焊接和切割熔点高的金属，温度可达2000℃以上，有破坏开关、引起火灾的危险。因此通常都用油开关，即把开关放在绝缘性能良好的油里，以防止发生电弧。

【例题5】　求长直载流螺线管的自感系数。

解　设长直螺线管的长度为 l，横截面积为 S，单位长度上的匝数为 n，总匝数为 N。假设通有电流 I，则螺线管内的磁感应强度为

$$B=\mu nI=\frac{\mu NI}{l}$$

式中，μ 为充满螺线管内磁介质的磁导率。则通过 N 匝螺线管的磁链为

$$\Psi_m=N\Phi_m=NBS=\frac{\mu N^2 SI}{l}=\mu n^2 slI=\mu n^2 VI$$

根据自感的定义式（7-17），可得螺线管的自感系数为

$$L=\mu n^2 V \tag{7-20}$$

式中，V 为螺线管的体积。

三、磁场能量

在一个含有自感线圈和电阻的简单电路（如图7-11所示）中，通过实验会发现，在闭合和断开电键K的短暂时间内，电路中出现变化的电流，线圈中会产生自感电动势。

当电键K闭合时，线圈与电源接通，电流由零逐渐增大，线圈中自感电动势方向与电源电动势的方向相反，在线圈中起着阻碍电流增大的作用。可见，电源在建立电流的过程中，不仅要为电路产生焦耳热提供能量，还要克服自感电动势而做功，所做的功转换为磁场的能量而暂时储存在线圈之中。

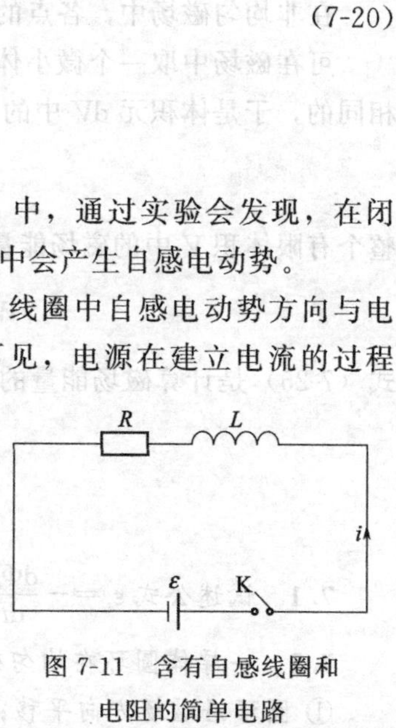

图7-11　含有自感线圈和电阻的简单电路

显然，线圈中通有恒定电流 I 时储存的磁场能量，应等于电流从零增加至稳定值 I 的过程中，外电源反抗自感电动势所做的功。

设 L-R 电路中线圈的自感为 L，在线圈中电流由零增加到稳定值 I 的中间过程中，某一时刻的电流为 $i(0<i<I)$，由式

(7-1) 可知，在 dt 时间内，外电源又搬运电荷 dq 反抗自感电动势所做的元功是

$$dA=-\varepsilon_L dq \tag{7-21}$$

式中，负号表示自感电动势所做的负功。考虑到 $dq=idt$，以及线圈中的自感电动势为

$$\varepsilon_L=-L\frac{di}{dt}$$

代入式 (7-21) 可得

$$dA=Lidi$$

当电流从 0 增加至 I 时，外电源所做的总功是

$$A=\int_0^I Lidi=\frac{1}{2}LI^2$$

这一功即转换为线圈中的磁场能量，用 W_m 表示磁场能量，则

$$W_m=\frac{1}{2}LI^2 \tag{7-22}$$

载流线圈中的磁场能量通常又称为**自感磁能**。从式 (7-22) 中可以看出：在电流相同的情况下，自感系数 L 越大的线圈，回路储存的磁场能量越大。

在磁场能量的式 (7-22) 中，并没有体现出与磁场的直接关系，下面就来寻找这一关系。如果所用的是均匀密绕的长直螺线管，在通电流 I 时，它内部的磁感应强度为 $B=\mu nI$，长直螺线管的自感系数为 $L=\mu n^2V$。这样，磁场能量式 (7-22) 可改写为

$$W_m=\frac{1}{2}LI^2=\frac{1}{2}\mu n^2V\frac{B^2}{(n\mu)^2}=\frac{B^2}{2\mu}V$$

由于长直螺线管内部是均匀磁场，于是，磁场中单位体积的能量——能量密度 $\omega_m=\frac{W_M}{V}$ 可表示为

$$\omega_m=\frac{B^2}{2\mu} \tag{7-23}$$

上述磁场能量密度的结果说明：任何磁场都具有能量，磁场能量存在于一切磁感应强度 $\boldsymbol{B}\neq 0$ 的空间。

在非均匀磁场中，各点的 $\boldsymbol{B}$、μ 不尽相同，这时如何计算磁场能量呢。

可在磁场中取一个微小体积元 dV，在此微小部分的范围内，各点的 $\boldsymbol{B}$、μ 可以认为是相同的，于是体积元 dV 中的磁场能量为

$$dW_m=\omega_m dV=\frac{B^2}{2\mu}dV \tag{7-24}$$

整个有限体积 V 中的磁场能量为

$$W_m=\int_V dW_m=\int_V \omega_m dV=\int_V\frac{B^2}{2\mu}dV \tag{7-25}$$

式 (7-25) 是计算磁场能量的通用公式。

思考题

7.1 试述公式 $\varepsilon_i=-\frac{d\Phi_m}{dt}$ 的物理意义及式中各物理量的单位。

7.2 一导体圆环在均匀磁场中处于下列几种情况，哪些会产生感应电流？为什么？

① 圆环沿磁场方向平移；

② 圆环沿与磁场垂直的方向平移；

③ 圆环以自身的直径为轴转动，轴和磁场方向平行；

④ 圆环以自身的直径为轴转动，轴和磁场方向垂直。

7.3 如果穿过闭合回路所包围面积的磁通量很大，回路中的感应电动势是否也很大？

7.4 洛仑兹力永不做功。这在动生电动势中是否矛盾？动生电动势的能量究竟源于何处？

7.5 发电机的电能是从哪里、如何转化来的？

7.6 ① 要设计一个自感系数较大的线圈，应从哪些方面去考虑。

② 自感系数是由 $L=\Phi_m/i$ 定义的，能否由此式说明：通过线圈的电流越小，自感系数 L 就越大？

7.7 在通有交变电流的交流电路中接入一个自感线圈，问这线圈对电流有何作用？在通有直流电的电路中接入一自感线圈，问这线圈对电流有作用吗？

7.8 请将磁场能量与电场能量做一个比较。

7.9 在长直螺线管中段的外部空间（$r>R$ 处），没有磁场分布。当螺线管内部的磁场发生变化时，在 $r>R$ 的空间里有涡旋电场分布吗？

习 题

7.1 自 $t=t_0$ 到 $t=t_1$ 的时间内，若穿过闭合导线回路所包围面积的磁通量由 Φ_{m0} 变为 Φ_{m1}，求这段时间内通过该回路导线中任一横截面的电荷 q，设回路导线的电阻为 R。

7.2 一匝数 $N=100$ 的线圈，通过每匝线圈的磁通量 $\Phi=5\times10^{-4}\sin10\pi t$（式中，$\Phi$ 以 Wb 为单位，t 以 s 为单位）。求：

① 任意时刻线圈感应电动势的大小；

② 在 $t=10$s 时，线圈内的感应电动势的大小。

7.3 如图 7-12 所示，长直导线中通以 2A/s 的变化率稳定增加的电流，求：

① 若某时刻导线中的电流为 I，那么，穿过边长为 20cm 的正方形回路（与长直导线共面）的磁通量为多少？

② 回路中感应电动势多大？感生电流的方向如何？

7.4 一长直导线通有直流电流 I，旁边有一个与它共面的矩形线圈，线圈共有 N 匝，并以速度 $\boldsymbol{v}$ 离开直导线，$t=0$ 时导线与线圈的相对位置如图 7-13 所示。求线圈里的感应电动势的大小和方向。

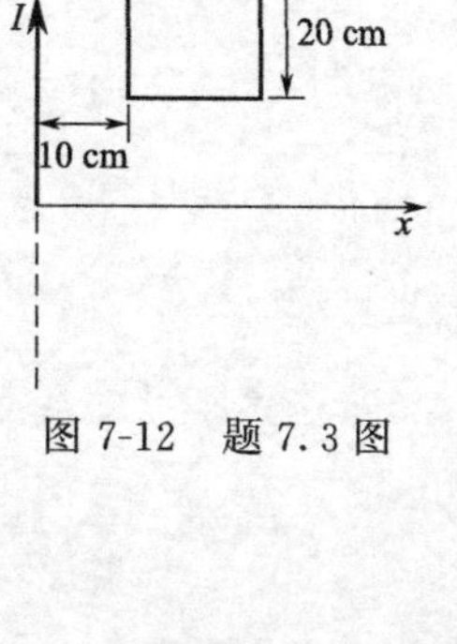

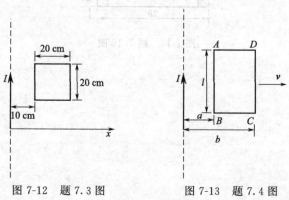

图 7-12 题 7.3 图

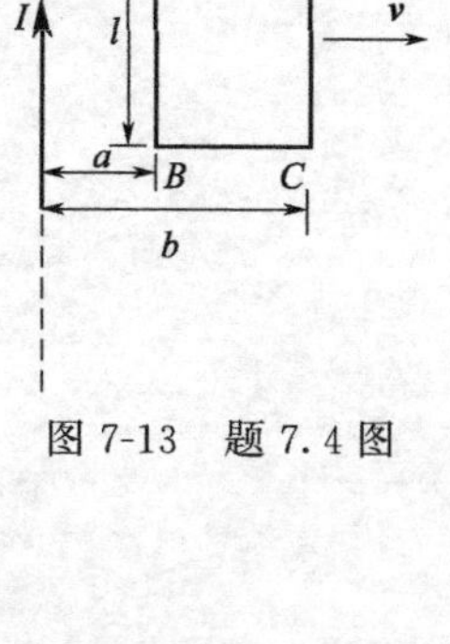

图 7-13 题 7.4 图

7.5 两段导线 $ab=bc=10\text{cm}$，在 b 处相接而成 30°角。若使导线在均匀磁场中以速率 $v=1.5\text{m/s}$运动，方向如图 7-14 所示，磁场 $B=2.5\times10^{-2}\text{T}$，方向垂直纸面向里，问 ac 间的电势差是多少？哪一端的电势高？

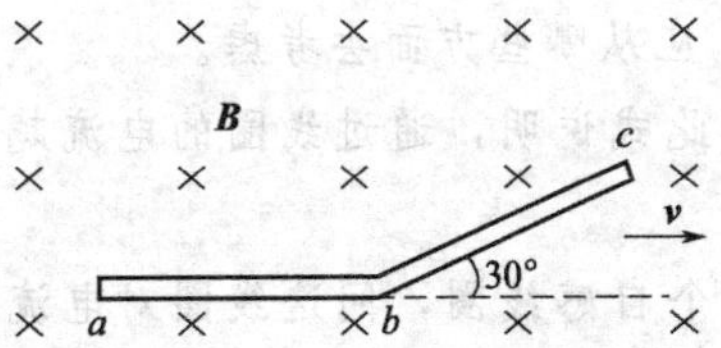

图 7-14 题 7.5 图

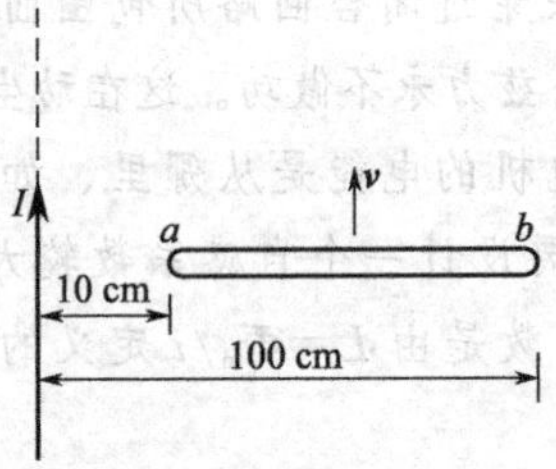

图 7-15 题 7.6 图

7.6 如图 7-15 金属棒 ab 以 $v=2\text{m/s}$ 的速度平行于一载流直导线运动，此导线电流 $I=40\text{A}$，求棒中感应电动势的大小。问哪一端电势高？

7.7 已知线圈 A、B 中电流变化率均为 50A/s，线圈 A、B 的自感电动势分别为－20V、－40V，求两个线圈的自感各为多大？

7.8 在长 60cm、直径 5.0cm 的空心纸筒上绕多少匝导线才能得到自感为 $6\times10^{-3}\text{H}$ 的线圈？

7.9 在真空中，若一匀强电场中的电场能量密度与－0.5T 的匀强磁场能量密度相等，求该电场的电场强度。

7.10 如图 7-16 所示，一截面为矩形的螺绕环，其几何尺寸如图，总匝数为 N。

① 求它的自感系数；

② 当 $N=100$ 匝，$a=5.0\text{cm}$，$b=10\text{cm}$，$h=1.0\text{cm}$ 时，自感为多少？

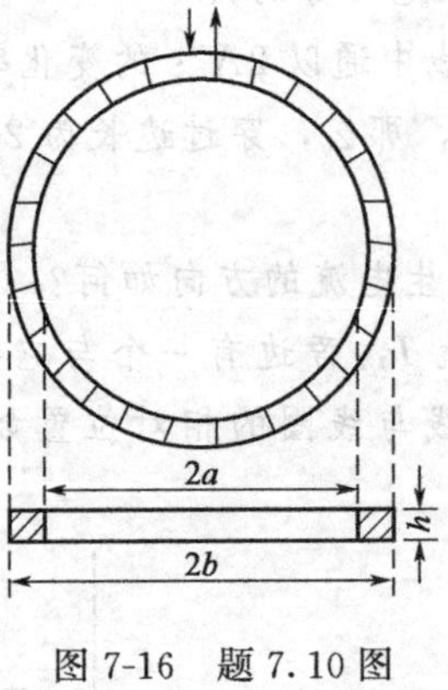

图 7-16 题 7.10 图

第八章 机械振动

振动也是物体的一种运动形式，物体在平衡位置附近来回往复的运动称为**机械振动**。机械振动在生产和生活实际中普遍存在，例如钟摆的摆动，汽缸活塞的运动，行车时的颠簸，发声物体的运动以及人体心脏的跳动等。广义上讲，一个物理量在某一个值附近的反复变化，都可称为振动。例如交变电流在某一电流值附近做周期性变化，无线电波传播时，空间某点的电场强度和磁场强度随时间做的周期性变化。研究机械振动是研究其他振动的基础，本章主要研究机械振动的一般规律。

第一节 简谐振动

简谐振动是最简单、最基本的振动，任何复杂的振动都可以看作由许多简谐振动的合成。因此研究简谐振动是研究其他复杂振动的基础，下面以弹簧振子为例讨论简谐振动的特点和运动规律。

一、简谐振动的运动方程

质量可以忽略的弹簧（称为轻弹簧）一端固定，另一端系一质量为 m 的物体（可视作质点），这样一个物质系统就称为**弹簧振子**。弹簧振子和质点、刚体、理想气体一样，也是理想模型。

如图 8-1 所示，弹簧处于自然伸展状态时，物体所受的合力为零，这个位置称为**平衡位置**。如果取平衡位置为坐标原点，取水平向右为 x 轴的正方向。当物体离开平衡位置 x 处时，物体受到的合力 $F=-kx$，式中 k 为弹簧的倔强系数，负号表示回复力与位移方向相反。根据牛顿第二定律有

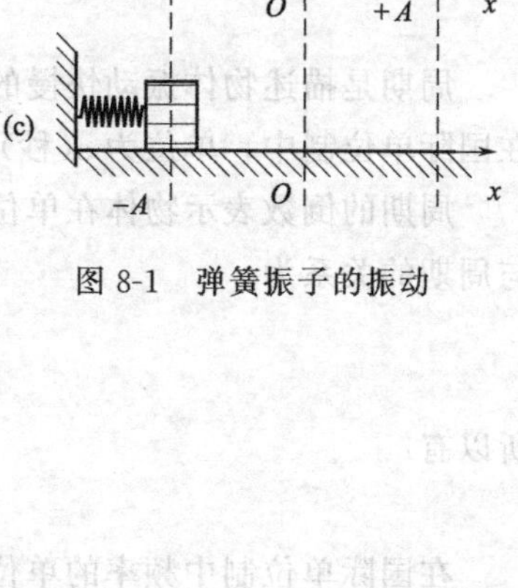

图 8-1 弹簧振子的振动

$$m\frac{d^2x}{dt^2}=-kx$$

两边除以 m，并令 $\frac{k}{m}=\omega^2$，于是有

$$\frac{d^2x}{dt^2}=-\omega^2x$$

或

$$\frac{d^2x}{dt^2}+\omega^2x=0 \tag{8-1}$$

式（8-1）称为简谐振动的**动力学方程**。

不难证明上面微分方程的解为

$$x=A\cos(\omega t+\varphi) \tag{8-2}$$

式中，A 和 φ 为积分常数，它的物理意义和确定方法将在后面讨论。式（8-2）称为简

谐振动的**运动学方程**或**振动式**。

二、振动状态

从力学中知道，物体的运动状态由位移和速度来描述。类似的振动物体的振动状态由振动位移和振动速度来描述，其中位移由运动学方程 $x=A\cos(\omega t+\varphi)$ 来确定。

根据速度和加速度的定义，可以得到简谐振动时的速度和加速度

振动速度 $$v=\frac{dx}{dt}=-\omega A\sin(\omega t+\varphi)=-v_m\sin(\omega t+\varphi) \tag{8-3}$$

振动加速度 $$a=\frac{d^2x}{dt^2}=-\omega^2A\cos(\omega t+\varphi)=-a_m\cos(\omega t+\varphi) \tag{8-4}$$

第二节　描述简谐振动的物理量

一、振幅

简谐振动的运动学方程 $x=A\cos(\omega t+\varphi)$ 中，因为 $\cos(\omega t+\varphi)$ 绝对值小于等于1，所以物体的振动范围在 $+A$ 和 $-A$ 之间，把做简谐振动的物体离开平衡位置的最大位移的绝对值 A，称为**振幅**。

二、周期、频率、角频率

物体做一次全振动需要的时间称为振动的周期，用 T 来表示。经历一个周期，物体又回到原来的状态，所以有

$$x=A\cos(\omega t+\varphi)=A\cos[\omega(t+T)+\varphi]$$

前已叙述，余弦函数的最小周期为 2π，当 $\omega T=2\pi$ 时，上式两端相等，所以

$$T=\frac{2\pi}{\omega} \tag{8-5}$$

周期是描述物体振动快慢的物理量，周期越长，振动越慢，相反周期越短，振动越快。在国际单位制中，单位为 s(秒)。

周期的倒数表示物体在单位时间内所做全振动的次数，称为**频率**，用 ν 表示。显然频率与周期的关系为

$$\nu=\frac{1}{T}=\frac{\omega}{2\pi} \tag{8-6}$$

所以有

$$\omega=2\pi\nu$$

在国际单位制中频率的单位为 Hz（赫兹）。

用 ω 表示物体在 2π 时间内所做的全振动次数，称为**角频率**。频率和角频率也是描述物体振动快慢的物理量，频率越大，振动越快，相反频率越小，振动越慢。角频率的单位为 rad/s（弧度每秒）。

对于弹簧振子 $\omega=\sqrt{\frac{k}{m}}$，所以弹簧振子的周期和频率 T、ν、分别为

$$T=2\pi\sqrt{\frac{m}{k}}$$

$$\nu=\frac{1}{2\pi}\sqrt{\frac{k}{m}}$$

式中，质量 m 和倔强系数 k 是弹簧振子本身固有的性质，故周期、频率和角频率完全由振动系统本身性质所决定，因此也称之为**固有周期、固有频率和固有角频率**。

三、相位和初相

物体在某一时刻的运动状态，可以用位移和速度来描述。在振幅 A 和角频率 ω 已知时，振动物体在任一时刻的运动状态（位移和速度）取决于（$\omega t+\varphi$），称（$\omega t+\varphi$）为振动的**相位**。（$\omega t+\varphi$）既决定了物体在任意时刻相对平衡位置的位移，也决定了振动物体在该时刻的速度和加速度。它是决定简谐振动物体运动状态的物理量，$t=0$ 时的相位 φ，称为**初相位**，简称**初相**，它是决定起始时刻物体运动状态的物理量。例如图 8-1 中做简谐运动的弹簧振子，当相位 $(\omega t+\varphi)=\frac{\pi}{2}$时，$x=0$，$\nu=-\omega A$，说明这时物体在平衡位置，并以速率 ωA 向 x 负方向运动。当相位 $(\omega t+\varphi)=\frac{3\pi}{2}$时，$x=0$，$\nu=\omega A$，说明此时物体也在平衡位置，但以速率 ωA 向 x 正方向运动。从以上可以看出两物体都处于平衡位置，速率相等，但运动方向不同，因此它们的运动状态不同，可见不同的相位表示不同的运动状态。凡是位移和速度都相同的运动状态，它们所对应的相位相差 2π 或 2π 的整数倍。

在国际制单位中，相位的单位是 rad（弧度）。

在比较和研究几个简谐运动时，考察它们的相位关系很重要。设有两个同频率的简谐振动，其运动学方程分别为

$$x_1=A\cos(\omega t+\varphi_1)$$

$$x_2=A\cos(\omega t+\varphi_2)$$

它们的相位差为

$$\Delta\varphi=(\omega t+\varphi_2)-(\omega t+\varphi_1)=\varphi_2-\varphi_1 \tag{8-7}$$

对于两个同频率的简谐振动，任意时刻的相位差就等于它们的初相差。若相位差 $\Delta\varphi$ 等于零或 2π 的整数倍时，两振动同时达到正的最大位移，同时经过平衡位置，又同时达到负的最大位移，即两振动的步调一致，称它们为**同相**。若相位差 $\Delta\varphi$ 等于 π 或者 π 的奇数倍时，两振动当一个达到正的最大位移时，另一个正好达到负的最大位移，称它们为**反相**。当 $\Delta\varphi$ 为其他值时，如果 $\Delta\varphi=\varphi_2-\varphi_1>0$，称第二个振动超前于第一个振动，相反 $\Delta\varphi=\varphi_2-\varphi_1<0$，称第二个振动落后于第一个振动。

四、常数 A 和 φ 的确定

如前所述，运动学方程 $x=A\cos(\omega t+\varphi)$ 中，角频率 ω（周期 T 和频率 ν）由振动系统本身的性质决定。在角频率已知时，如果知道物体初始时刻的位移和速度，就可确定此简谐振动的振幅和初相。即 $t=0$ 时有

$$x_0=A\cos\varphi$$

$$\nu_0=-\omega A\sin\varphi$$

联立以上两式，可解得 A 和 φ 如下

$$A=\sqrt{x_0^2+\frac{v_0^2}{\omega_0^2}} \tag{8-8}$$

$$\tan\varphi=\frac{-v_0}{\omega x_0} \tag{8-9}$$

$t=0$ 时的位移 x_0 和速度 v_0 称为**初始条件**。从以上结果可以看出，由初始条件可以确定振幅 A 和初相 φ。

【例题 1】 某简谐振动的振动表达式为 $x=0.1\cos(20\pi t+\frac{\pi}{4})\text{m}$，试求：

① 振幅、周期、频率和初相；

② $t=0.1\text{s}$ 时刻的位移、速度和加速度。

解 ① 将振动表达式 $x=0.1\cos(20\pi t+\frac{\pi}{4})$ 与 $x=A\cos(\omega t+\varphi)$ 比较可得

$$A=0.1\text{m} \qquad \omega=20\pi\ \text{rad/s} \qquad \varphi=\frac{\pi}{4}$$

$$T=\frac{2\pi}{\omega}=\frac{2\pi}{20\pi}=0.1\text{s} \qquad \nu=\frac{1}{T}=10\text{Hz}$$

② $t=0.1\text{s}$ 时的位移、速度和加速度分别为

$$x=0.1\cos(20\pi\times0.1+\frac{\pi}{4})=0.1\cos\frac{\pi}{4}=0.07\text{m}$$

$$v=-20\pi\times0.1\sin(20\pi\times0.1+\frac{\pi}{4})=-20\pi\times0.1\sin\frac{\pi}{4}=-4.44\text{m/s}$$

$$a=-(20\pi)^2\times0.1\cos(20\pi\times0.1+\frac{\pi}{4})=-40\pi^2\cos\frac{\pi}{4}=-279\text{m/s}^2$$

【例题 2】 一质点沿 x 轴做简谐振动，其振动曲线如图 8-2 所示，试写出其振动表达式。

解 质点做简谐振动的振动表达式为

$$x=A\cos(\omega t+\varphi)$$

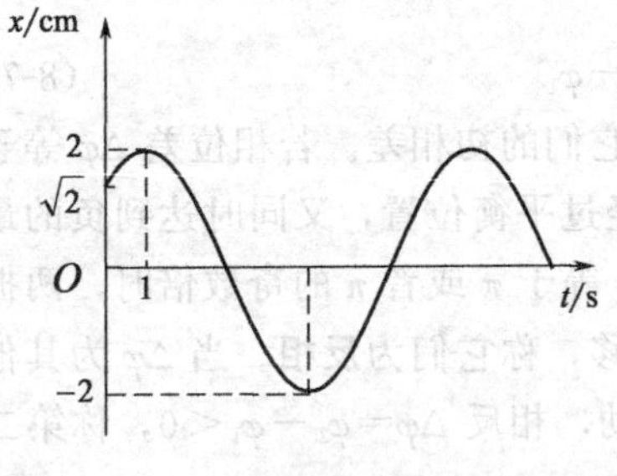

图 8-2 例题 2 附图

由题给的振动曲线，可知振幅 $A=2\text{cm}$

当 $t=0$ 时，$x_0=\sqrt{2}\text{cm}$，代入振动表达式，有

$$\sqrt{2}=2\cos\varphi$$

由此得 $$\varphi=\pm\frac{\pi}{4}$$

从振动曲线上可看出，$t=0$ 时，质点沿 x 轴正向运动。

$t=0$ 时有 $$v_0=-A\omega\sin\varphi>0$$

由于 A 和 ω 均为正值，欲使上式成立，应有 $\sin\varphi<0$，故初相取 $\varphi=-\frac{\pi}{4}$

从振动曲线可看出，当 $t=1\text{s}$ 时，$x=A=2\text{cm}$，

所以有 $$2=2\cos(\omega\times1-\frac{\pi}{4})$$

由此得 $$\omega-\frac{\pi}{4}=0，\text{即}\quad\omega=\frac{\pi}{4}$$

所求的振动表达式为

$$x=2\cos(\frac{\pi}{4}t-\frac{\pi}{4})\text{cm}$$

五、简谐振动的能量

现仍以弹簧振子为例讨论做简谐振动系统的能量，振动系统除有振动动能外，还有振动势能。

振动物体的振动动能为

$$E_k=\frac{1}{2}mv^2=\frac{1}{2}mA^2\omega^2\sin^2(\omega t+\varphi) \quad (8\text{-}10)$$

取平衡位置的弹性势能零点，则系统的弹性势能为

$$E_p=\frac{1}{2}kx^2=\frac{1}{2}kA^2\cos^2(\omega t+\varphi) \quad (8\text{-}11)$$

系统的能量为

$$E=E_k+E_p=\frac{1}{2}m\omega^2A^2\sin^2(\omega t+\varphi_0)+\frac{1}{2}kA^2\cos^2(\omega t+\varphi_0)$$

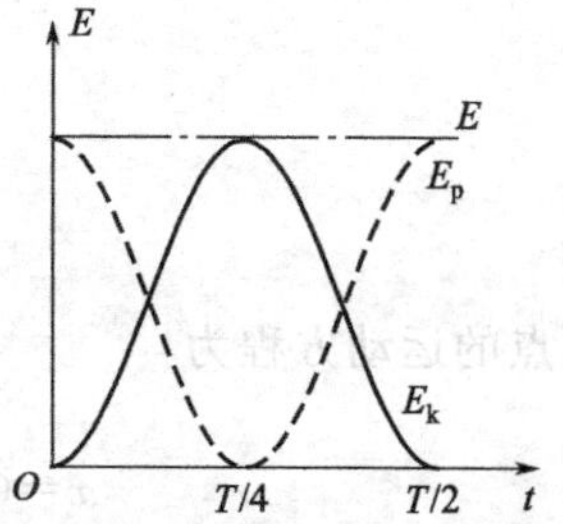

图 8-3 简谐振动的动能、势能和总能量随时间的变化曲线

考虑到 $\omega^2=\dfrac{k}{m}$ 则有

$$E=E_k+E_p=\frac{1}{2}kA^2 \quad (8\text{-}12)$$

由此可以看出，振动系统动能和势能随时间而变化，但总能量却是常数，如图 8-3 所示。

第三节 简谐振动的旋转矢量法

为了形象地描述简谐表达式中各物理量的意义，也可用**旋转矢量法**从几何上表示简谐振动。

如图 8-4 所示，在平面内作一坐标轴 Ox，由原点 O 作矢量 A，其长度等于振幅 A。使 $t=0$ 时矢量 A 与 x 轴的夹角等于振动的初相 φ。矢量 A 从初始位置开始，以角速度 ω 在平面内绕 O 点做逆时针方向的匀速转动，这个矢量称为**旋转矢量**。在 t 时刻，振幅矢量 A 与 x 轴之间的夹角为 $(\omega t+\varphi)$，旋转矢量 A 的末端在 x 轴上的投影点的位置为 $x=A\cos(\omega t+\varphi)$，这正是简谐振动的表达式，即旋转矢量 A 的末端在轴上的投影沿 x 轴做简谐振动。

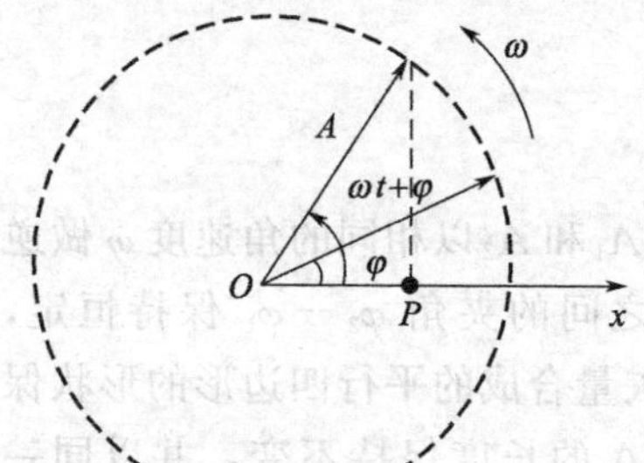

图 8-4 旋转矢量示意图

由此可见旋转矢量法把描述简谐振动的三个物理量直观地表示出来，即矢量的长度与振动的振幅相对应，角速度与角频率，矢量与 x 轴的夹角与相位对应。

必须强调，旋转矢量法的中心思想是用振幅矢量端点在 x 轴上的投影点的运动来表示简谐振动，它是描述简谐振动的一种方法。不能把振幅矢量本身的运动错误地认为简谐振动，振幅矢量的运动是转动，它的端点在一个圆周上运动。简谐振动用旋转矢量来表示，这对解决实际问题是很有用的一种方法，例如在电工学中常用

这种方法来进行交流电（也是一种谐振动）的计算。

【例题 3】 一质点沿 x 轴做简谐振动，原点为平衡位置。已知周期 $T=0.2\text{s}$，$t=0$ 时 $x_0=0.3\text{m}$，$v_0=9.42\text{m/s}$。求：

① 质点的运动方程。

② 从 $t=0$ 开始，质点第一次返回 $x=x_0$ 处的时间 t。

解 ① 由初始条件 $x_0=0.3\text{m}$，$v_0=9.42\text{m/s}$ 得

$$A=\sqrt{x_0^2+\frac{v_0^2}{\omega^2}}=\sqrt{0.3^2+\frac{9.42^2}{\frac{4\pi^2}{0.2^2}}}=0.424\text{m}$$

$$\varphi_0=\tan^{-1}\left(-\frac{v_0}{\omega x_0}\right)=\tan^{-1}(-1)=-\frac{\pi}{4}$$

质点的运动方程为

$$x=0.424\cos\left(\frac{2\pi}{0.2}t-\frac{\pi}{4}\right)=0.424\cos\left(10\pi t-\frac{\pi}{4}\right)\text{m}$$

② 由旋转振幅矢量法可知，从 $t=0$ 到第一次返回 $x=x_0$ 处，相位的改变

$$\left(\omega t-\frac{\pi}{4}\right)-\left(\omega\times 0-\frac{\pi}{4}\right)=\frac{\pi}{2}$$

所需最短时间为

$$t=\frac{\pi}{2\omega}=\frac{\pi}{2}\times\frac{T}{2\pi}=0.05\text{s}$$

第四节 简谐振动的合成

实际问题中，常常会遇到一个物体同时参与几个振动的情况，这时物体将按这几个振动的合成而运动，其合振动的位移等于各个分振动位移的矢量和，这一规律称为**振动的叠加原理**。例如琴的振动就是由许多不同频率简谐振动的合振动。本节仅就同方向、同频率简谐振动的合成情况，介绍简谐振动的合成规则。

设质点同时参与两个频率相同、沿同一方向的简谐振动，它们在 t 时刻的位移分别为

$$x_1=A_1\cos(\omega t+\varphi_1)$$

$$x_2=A_2\cos(\omega t+\varphi_2)$$

如图 8-5 所示，A_1 和 A_2 表示两分振动的振幅矢量，由于 A_1 和 A_2 以相同的角速度 ω 做逆时针方向旋转，它们之间的夹角 $\varphi_2-\varphi_1$ 保持恒定，所以在旋转过程中，矢量合成的平行四边形的形状保持不变，因而合矢量 A 的长度保持不变，并以同一角速度 ω 旋转。由图 8-5 可见，A 的端点在 Ox 轴的投影点的坐标 x，等于 A_1 和 A_2 的端点在 Ox 轴的投影点的坐标 x_1 和 x_2 的代数和。由此可见合矢量 A 的端点在 x 轴上的投影，表示了两个分振动的合振动。合振动的运动学方程为：

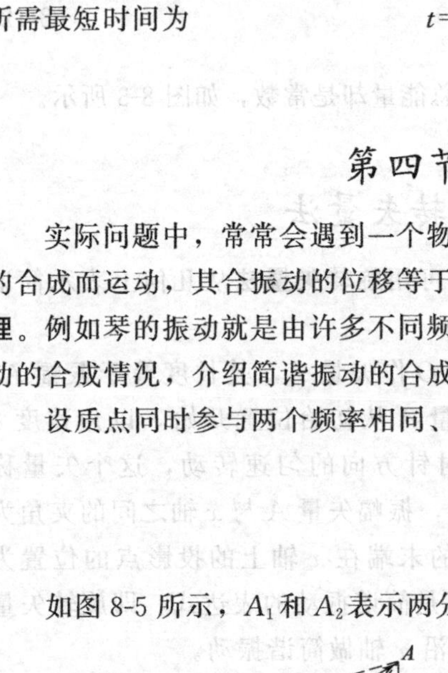

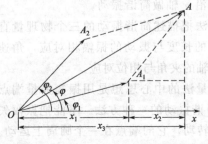

图 8-5 用旋转矢量法求合振动的位移

$$x=A\cos(\omega t+\varphi)$$

利用几何关系不难求出合振动的振幅 A 和初相 φ

$$A=|A_1+A_2|=\sqrt{A_1^2+A_2^2+2A_1A_2\cos(\varphi_2-\varphi_1)} \tag{8-13}$$

$$\tan\varphi=\frac{A_1\sin\varphi_1+A_2\sin\varphi_2}{A_1\cos\varphi_1+A_2\cos\varphi_2} \tag{8-14}$$

由此可见，两个同方向同频率的简谐振动，合振动仍是简谐振动，其合振动的频率与原分振动的频率相同。

可以看出 A_1 和 A_2 一定时，合振动的振幅 A 取决于两个分振动的相位差 $\varphi_2-\varphi_1$。下面讨论两个常用的特例。

① 当 $\varphi_2-\varphi_1=2k\pi\ (k=0,\pm1,\pm2,\cdots)$ 时，

$$A=\sqrt{A_1^2+A_2^2+2A_1A_2}=A_1+A_2 \tag{8-15}$$

即当两个分振动同相时，合振动的振幅等于两个分振动的振幅之和，合振幅达最大值。

② 当 $\varphi_2-\varphi_1=(2k+1)\pi\ (k=0,\pm1,\pm2,\cdots)$ 时

$$A=\sqrt{A_1^2+A_2^2-2A_1A_2}=|A_1-A_2| \tag{8-16}$$

即当两个分振动反相时，合振动的振幅等于两个分振动振幅之差的绝对值，合振幅达到最小值。

一般情况下，合振动的振幅在 A_1+A_2 和 $|A_1-A_2|$ 之间。

第五节 阻尼振动 受迫振动 共振

一、阻尼振动

简谐振动只是理想的情形，在实际振动中，由于阻力的存在，振动系统最初所获得的能量，在振动过程中因不断克服阻力做功而减小。如图 8-6 所示，振动强度逐渐衰减，振幅也就越来越小，最后停止振动，这种振动称为**阻尼振动**。

能量减少的方式通常有两种，一种是由于摩擦阻力的存在，例如，弹簧振子周围空气等介质的阻力和支撑面的摩擦力的作用，使振动的机械能逐渐转化为热能；另一种是由于振动系统引起邻近介质中各质点的振动，振动向外传播出去，使能量以波动形式向四周辐射出去，这虽然只是机械能的转移，但对振动系统本身来说，其能量也因不断输出而在衰减。例如，音叉在振动时，不仅要克服空气阻力做功而消耗能量，同时还因辐射声波而损失能量。

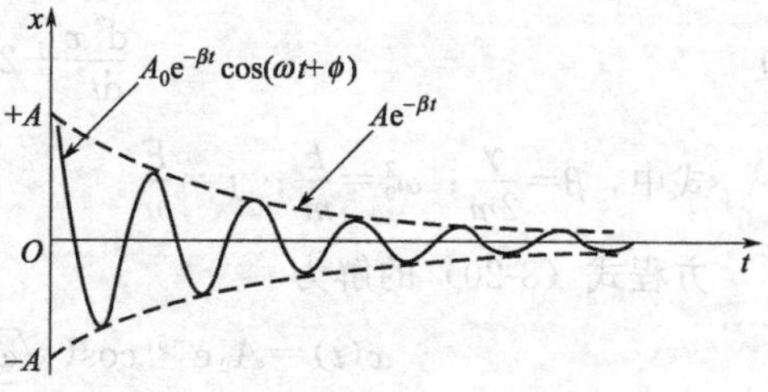

图 8-6 阻尼振动随时间的变化曲线

本节主要讨论振动系统受摩擦阻力的情形。在振动情况下所受的摩擦阻力中，一般来说，往往是考虑介质的黏滞阻力。实验指出，在物体运动速度甚小的情况下，黏滞阻力的大小与物体运动速度的大小 v 成正比，方向与速度方向相反，

即
$$f=-\gamma v$$

根据牛顿第二定律，振子运动方程沿 x 轴的分量式为

$$-kx-\gamma\frac{dx}{dt}=m\frac{d^2x}{dt^2}$$

式中，m 为振动物体的质量；k 和 γ 都是恒量。

令
$$\frac{k}{m}=\omega_0^2,\ \frac{\gamma}{m}=2\beta$$

上式可写为

$$\frac{d^2x}{dt^2}+2\beta\frac{dx}{dt}+\omega_0^2x=0 \tag{8-17}$$

式中，β 表征阻尼的强弱，称为**阻尼因子**，它与系统本身的质量和介质的阻力系数有关；ω_0 是振动系统的固有角频率，由系统本身的性质决定。

$\beta>\omega_0$ 称为过阻尼，$\beta<\omega_0$ 称为欠阻尼，$\beta=\omega_0$ 则称为临界阻尼。

临界阻尼和过阻尼已经不是严格意义下的振动了，欠阻尼条件下式（8-17）的解为

$$x(t)=A_0e^{-\beta t}\cos(\sqrt{\omega_0^2-\beta^2}t+\varphi_0) \tag{8-18}$$

式（8-18）就是阻尼振动表达式。随着 t 的增大，振幅 $Ae^{-\beta t}$ 不断衰减。β 越大，阻尼越大，振幅衰减越快。$t=0$ 时，振幅为 A；$t\to\infty$ 时，振幅为零，即振动停止。当振动系统做无阻尼振动时，它有一定的周期，这就是系统的固有频率 ω_0，阻尼振动不是周期运动，但在阻尼不大时，可以近似看作周期性振动。由角频率 $\omega=\sqrt{\omega_0^2-\beta^2}$ 得周期

$$T=\frac{2\pi}{\omega}=\frac{2\pi}{\sqrt{\omega_0^2-\beta^2}} \tag{8-19}$$

二、受迫振动和共振

要使振动继续不断的进行，必须对振动系统施加一个能周期性做功的外力，从而补偿因阻尼作用而损失的能量，振动系统在周期性外力作用下发生的振动称为**受迫振动**。

设作用于弹簧振子的周期性外力为 $F\cos\omega_p t$，则系统在受弹性力 $-kx$，黏滞阻力 $-\gamma v$ 和周期性外力 $F\cos\omega_p t$ 的共同作用。根据牛顿第二定律有

$$-kx-\gamma\frac{dx}{dt}+F\cos\omega_p t=m\frac{d^2x}{dt^2}$$

即
$$\frac{d^2x}{dt^2}+2\beta\frac{dx}{dt}+\omega_0^2x=f\cos\omega_p t \tag{8-20}$$

式中，$\beta=\frac{\gamma}{2m}$；$\omega_0^2=\frac{k}{m}$；$f=\frac{F}{m}$。

方程式（8-20）的解为

$$x(t)=A_0e^{-\beta t}\cos(\sqrt{\omega_0^2-\beta^2}t+\varphi_0)+A\cos(\omega_p t+\varphi) \tag{8-21}$$

式（8-21）说明，受迫振动是由阻尼振动 $A_0^{-\beta t}e\cos(\omega t+\varphi_0)$ 和简谐振动 $A\cos(\omega_p t+\varphi)$ 两项合成。如图 8-7 所示，振动系统在强迫力作用下，开始时振动情况很复杂，经过不太长时间后，阻尼振动就衰减到可以忽略不计而达到稳定的状态，在稳定状态时，振动的周期即是强迫力的周期，并为等幅振动 $A\cos(\omega_p t+\varphi)$。式中

$$A=\frac{f}{\sqrt{(\omega_0^2-\omega_p^2)^2+4\beta^2\omega_p^2}} \tag{8-22}$$

$$\tan\varphi=\frac{-2\beta\omega_p}{\omega_0^2-\omega_p^2} \tag{8-23}$$

由式（8-22）、式（8-23）可见，稳定的受迫振动，其振幅 A 和初相 φ 与系统的性质（ω_0）、阻尼的性质（β）及强迫力的性质（f 和 ω_p）都有关系，而与起始状态无关。由式（8-22）可知，受迫振动振幅的大小与强迫力的频率及阻尼的大小有关，这是受迫振动的特点。

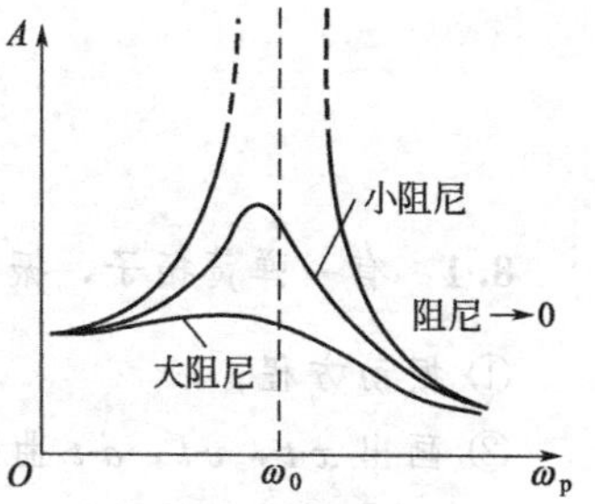

图 8-7 受迫振动的振幅和策动力角频率的关系

图 8-7 是对应于不同的阻尼系数值 β 的 A-ω_p 曲线，ω_0 为振动系统的固有频率。由图可见当强迫力的角频率 ω_p 比系统固有角频率 ω_0 大很多或小很多时，稳定的受迫振动振幅 A 比较小；而当 ω_p 为接近 ω_0 的某一定值时，振幅 A 达到最大值。把强迫力的角频率为某一定值时，受迫振动的振幅达到最大值的现象叫做**共振**。共振时的角频率称为共振角频率 ω_r。应用高等数学求极值的方法可得

$$\omega_r = \sqrt{\omega_0^2 - 2\beta^2} \tag{8-24}$$

可见共振圆频率 ω_r 是由系统本身的性质和阻尼决定的，而与强迫力无关。将式（8-24）代入式（8-22）可得共振振幅

$$A_r = \frac{f}{2\beta\sqrt{\omega_0^2 - \beta^2}} \tag{8-25}$$

由式（8-25）可知，阻尼小，系统的共振频率接近固有频率，振幅也大。

生活中有许多共振的现象：载重车驶过时，玻璃窗抖动；风吹高压电线发出的尖啸声……共振有很重要的用处，比如只有当收音机、电视机与电磁波发生共振，才接收到相应的电磁信号。所以如果没有共振，收音机播放不出美妙的音乐声，电视机屏幕也不可能显示出生动的画面。共振也有害处，如桥梁、建筑、机器设备等都应设法避免共振的发生，主要应使强迫力的频率远离系统的共振频率，或尽量增大阻尼。

思 考 题

8.1 什么是简谐振动？下列几种运动是否为简谐振动？

① 发动机汽缸中活塞的往复运动；

② 弹性小球在硬地板上的竖直跳动；

③ 单摆的摆动；

④ 浮在水面上木块的运动。

8.2 简谐振动的位移、速度和加速度都可以用余弦函数表示，试说出它们各自的振幅和初相。

8.3 小角度单摆的周期与摆长、重力加速度各有什么关系？

8.4 什么是相位？什么是初相位？它们与振动系统的振动状态有何关系？

8.5 什么是旋转矢量法？描述简谐振动的位移、角频率、初相和相位与旋转矢量图中的哪些量相对应？

8.6 两个同方向同频率的简谐振动的合成，其振幅和初相取决于分振动的哪些量？分别在什么条件下合振动有极大值与极小值？

8.7 阻尼振动中，系统的阻尼大小对振幅有何影响？

8.8 什么是共振？

习　题

8.1 有一弹簧振子，振幅为 2×10^{-2}m，周期为 1s，初相为$\frac{3}{4}\pi$。求：

① 振动方程；

② 画出 x-t，v-t，a-t 曲线。

8.2 某质点做简谐振动的 x-t 曲线如图 8-8 所示，

① 该质点的振幅、周期、频率和角频率各为多少？

② 写出振动方程。

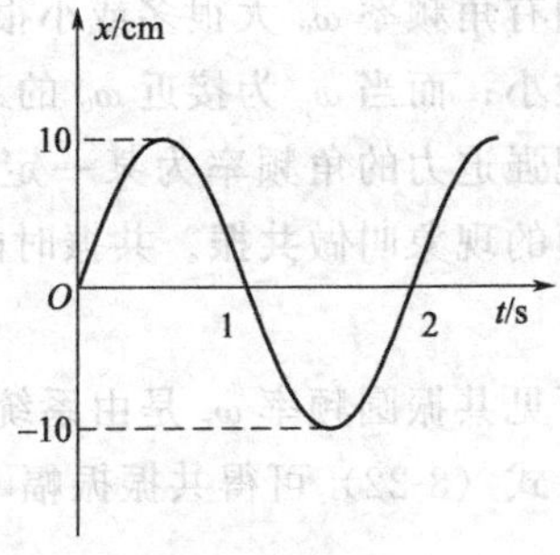

图 8-8　题 8.2 图

8.3 一简谐振动的振动方程为

$$x=0.1\cos(20\pi t+\frac{\pi}{4})$$

式中，x 以 m 为单位，t 以 s 为单位。求：

① 振幅、周期、角频率和频率；

② $t=2$s 时的位移、速度和加速度。

8.4 一质点做简谐振动，振幅为 A。若 $t=0$ 时该质点在 $x=A/2$ 处，并向 x 轴正向运动，求初相。

8.5 一放置在水平桌面上的弹簧振子，振幅 2.0×10^{-2}m，周期 $T=0.5$s。若 $t=0$ 时：

① 物体在正方向最大位移处；

② 物体在负方向最大位移处；

③ 物体在平衡位置，向负方向运动；

④ 物体在 -1.0×10^{-2}m 处，向正方向运动。

分别写出以上各种情况的振动表达式，并画出矢量图。

8.6 一质点同时参与两个同方向的简谐振动

$$x_1=0.06\cos(2t+\frac{\pi}{6})\quad x_2=0.09\cos(2t-\frac{5\pi}{6})$$

式中，x 以 m 计，t 以 s 计，试用旋转矢量法求合振动方程。

8.7 已知两简谐振动的运动学方程为

$$x_1=5\times10^{-2}\cos(10t+\frac{3\pi}{4})$$

$$x_2=6\times10^{-2}\cos(10t+\frac{\pi}{4})$$

式中 x_1、x_2 以 m 为单位，t 以 s 为单位。求

① 合振动的振幅和初相；

② 若有另一振动 $x_3=7\times10^{-2}\cos(10t+\varphi)$，则 φ 为何值时，x_1+x_3 的合振幅为最大？φ 为何值时，x_2+x_3 的合振幅为最小。

***8.8** 某阻尼振动的起始振幅为 3.0×10^{-2}m，经过 10s 后振幅变为 1.0×10^{-2}m。求

① 该阻尼振动的阻尼系数；

② 经过多长时间后振幅变为 0.3×10^{-2}m。

第九章 机 械 波

第一节 机械波的产生和传播

机械波是机械振动在介质中的传播。例如，水面上的水波，空气中的声波，绳子上的波等。机械振动系统（如音叉）在介质中振动时可以影响周围的介质，使它们也陆续地发生振动，即机械振动系统能够把振动向周围介质传播出去，形成机械波。例如，小石子落在静止的水面上时，引起石子击水处水的振动，振动就向周围水面传播出去，形成水面波。拉紧一根绳，同时使一端做垂直于绳子的振动，这个振动就沿着绳子向另一端传播，形成绳子上的波。

自然界除机械波外还有电磁波，它是变化的电磁场在空间的传播而形成，如光波、无线电波、X 射线等。机械波和电磁波本质上是两种不同的波，但都有波动的共同特征，如波动过程都有能量随波传播，都有反射、折射，衍射和干涉等现象，本章将通过机械波来说明波动的基本概念和基本规律。

一、波的形成和传播

如图 9-1(a) 所示为抖动沿水平方向张紧的绳，绳上各点就会相继上下振动，绳上有弯曲的波形向前传播。如图 9-1(b) 所示，把一根长而轻的弹簧水平挂着，沿水平方向施加一周期性外力，弹簧的受力一端将会左右振动并且振动形态会沿着弹簧向前传播，在弹簧上形成疏密相间的波形。

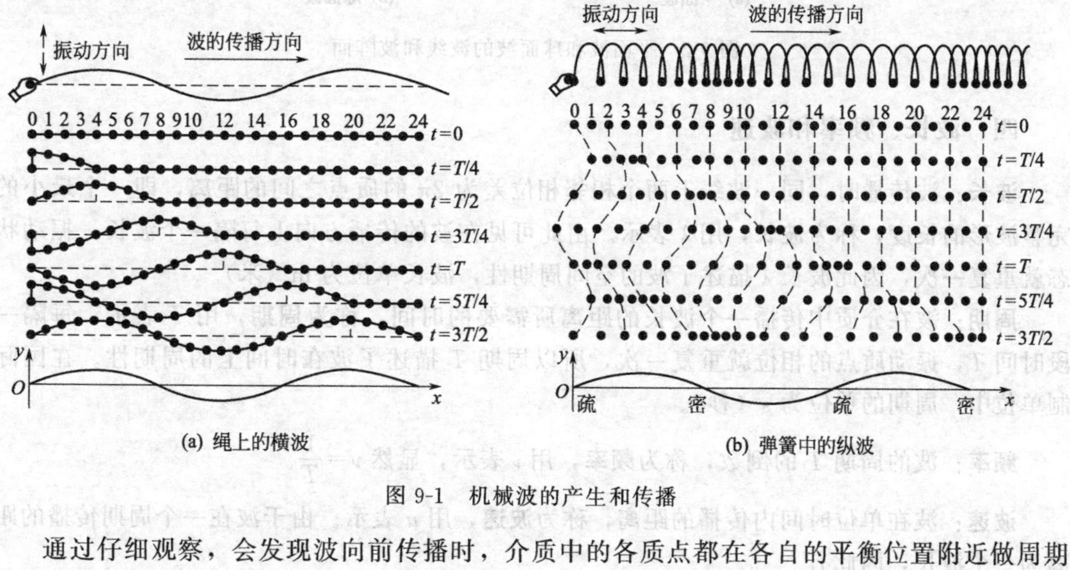

图 9-1 机械波的产生和传播

通过仔细观察，会发现波向前传播时，介质中的各质点都在各自的平衡位置附近做周期性振动，只不过在同一时刻各质点的振动相位不同。当介质中某处受到外界的扰动而发生机械振动时，通过质点之间的相互作用，就会把振动传给邻近的质点，从而引起邻近质点的振动。而邻近质点的振动又会引起较远质点的振动，这样前面的质点依次带动后面的质点从而形成波，可见随着波传播出去的是振动状态。**机械波是机械振动在介质中的传播**，显然，产生机械波的条件有二：一是要有波源；二是要有介质。

二、横波和纵波

根据介质中各点的振动方向与波的传播方向的关系，将机械波分为横波和纵波两类。质点的振动方向与波的传播方向互相垂直的波称为**横波**，如绳上传播的波。横波不能在液体和气体中传播，只能在固体中传播。质点的振动方向与波的传播方向平行的波称为**纵波**，如空气中传播的声波。纵波在固体、液体和气体中都可以传播。

三、波面、波线和波阵面

为了形象地描述波的传播，从波源沿各传播方向画出一些带箭头的射线称为**波线**。在同一条波线上，波动到达的各点，质点的振动相位不同。把振动相位相同的点所组成的面叫做**波面**；最前面的那个波面叫做**波阵面**。波面有各种形状，波面为平面的波称为**平面波**，波面为球面的波称为**球面波**，图 9-2 为平面波和球面波的剖面图。在各向同性介质中，波线与波面相互垂直，因此在球面波的情况下，波线从点波源出发，沿径向呈辐射状；在平面波的情况下，波线是与波面垂直的许多平行直线。例如，传播到地球表面的太阳光线可以认为是平行的波线，即把太阳当作位于无限远处的点波源；远处传来的声波也可看作平面波。

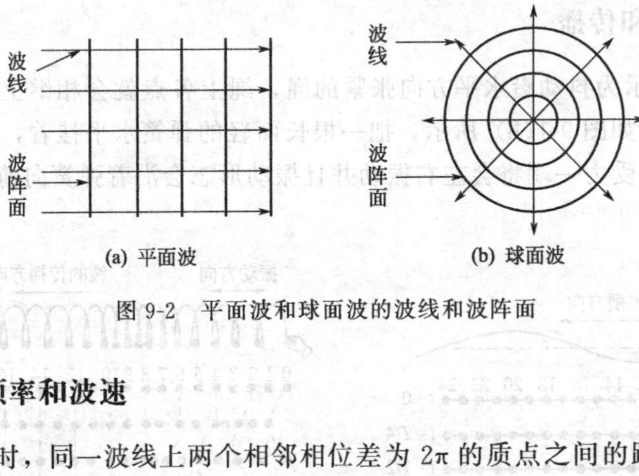

(a) 平面波　　(b) 球面波

图 9-2　平面波和球面波的波线和波阵面

四、波长、频率和波速

波长：波传播时，同一波线上两个相邻相位差为 2π 的质点之间的距离，即一个最小的完整波形的长度，称为**波长**，用 λ 表示。由此可见在波的传播方向上每隔一个波长，振动状态就重复一次，因此波长 λ 描述了波的空间周期性，波长单位为 m（米）。

周期：波在介质中传播一个波长的距离所需要的时间，称为**周期**，用 T 表示，每隔一段时间 T，振动质点的相位就重复一次，所以周期 T 描述了波在时间上的周期性。在国际制单位中，周期的单位为 s（秒）。

频率：波的周期 T 的倒数，称为**频率**，用 ν 表示，显然 $\nu=\dfrac{1}{T}$。

波速：波在单位时间内传播的距离，称为**波速**，用 u 表示。由于波在一个周期传播的距离为一个波长，因此有

$$u=\frac{\lambda}{T}=\lambda\nu$$

此式表明波在时间上的周期性和空间上的周期性之间的联系。

对于弹性波来说，波的传播速度决定于介质的惯性和弹性，具体地说，它由介质的密度和弹性模量所决定。可以证明，固体内的横波和纵波的传播速度分别为

$$u=\sqrt{\frac{G}{\rho}}$$

$$u=\sqrt{\frac{Y}{\rho}}$$

式中，G 和 Y 分别为固体的切变弹性模量和杨氏弹性模量；ρ 是密度。

在液体或气体内纵波的传播速度为

$$u=\sqrt{\frac{B}{\rho}}$$

式中，B 是容变弹性模量；ρ 是密度。

频率 ν、波长 λ、波速 u 是描述波的基本物理量。波速完全取决于介质的性质；频率则由波源情况决定，与介质无关。由 $u=\lambda\nu$ 可知，波长与介质和波源都有关系。

第二节 平面简谐波

简谐振动在介质中形成的波称为简谐波，波面是平面的简谐波称为平面简谐波。由于平面波的波线是一组垂直于波面的平行线，因此，其中任意一条波线上的质点的振动情况，都能够代表其他波线上相应质点的振动情况。这样，只需要研究其中任意一条波线上质点的运动，就可以获得整个平面波的传播规律。

一、平面简谐波的波动方程

如图 9-3 所示，取波线上一点为坐标原点，沿波线为 x 轴。设一平面简谐波沿 x 轴正方向传播。若 O 点处质点的振动方程为

$$y_0=A\cos\omega t$$

式中，y_0 是 O 点处质点在 t 时刻离开平衡位置的位移；A 是振幅；ω 是角频率。

O 点处质点的振动相位以速度 u 沿 x 轴传播，传到距坐标原点 x 的 P 点，需要时间 $\Delta t=\frac{x}{u}$，P 点处质点在 $t-\frac{x}{u}$ 时刻重复 O 点处质点在 t 时刻的振动状态，所以 P 点处质点的振动式为

$$y_P=A\cos\omega(t-\frac{x}{u})$$

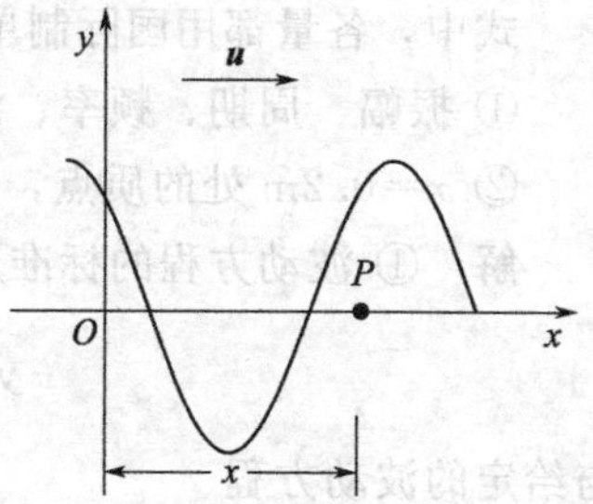

图 9-3 推导波动方程用图

P 点是任意取的，去掉下标，就可得到各个质点的振动式

$$y=A\cos\omega(t-\frac{x}{u}) \tag{9-1}$$

此式就是平面简谐波的**波动方程**。

利用 $\omega=\frac{2\pi}{T}=2\pi\nu$，$u=\frac{\lambda}{T}$，上式还可以表示为

$$y=A\cos2\pi(\frac{t}{T}-\frac{x}{\lambda}) \tag{9-1a}$$

$$y=A\cos 2\pi\left(\nu t-\frac{x}{\lambda}\right) \tag{9-1b}$$

$$y=A\cos\frac{2\pi}{\lambda}(ut-x) \tag{9-1c}$$

二、波动方程的物理意义

上述波动方程表明，质点对平衡位置的位移 y，既与时间 t 有关，又与质点在波线上的位置有关。先假定其中的一个量不变，讨论位移与另一个量的关系，由此阐述波动方程的物理意义。

x 一定时，位移 y 只是时间 t 的函数，这时波动式表示距离原点 x 处质点的振动式。当时间 t 一定时，位移 y 只是质点位置坐标 x 的函数，这时波动式表示在给定时刻，波线上各个不同质点的位移，实际上就确定了给定时刻的波形。x 和 t 都变时，位移 y 是 x 和 t 的函数，波动式表示了波线上不同质点在不同时刻的位移，也即反映了波形的传播。

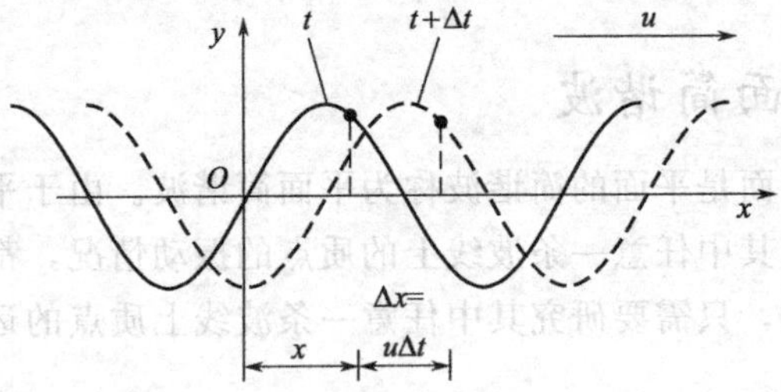

图 9-4　波的传播

设 t 时刻的波形如图 9-4 曲线所示，x 处质点的位移为 $y=A\cos\omega\left(t-\frac{x}{u}\right)$，经过 Δt 时间以后，x 处质点的振动传到 $x+u\Delta t$ 处，因此在 $t+\Delta t$ 时刻，$(x+u\Delta t)$ 点的位移为

$$y'=A\cos\omega\left[t+\Delta t-\frac{x+u\Delta t}{u}\right]=A\cos\left(t-\frac{x}{u}\right)=y$$

由此可见，t 时刻 x 处质点的位移与 $(t+\Delta t)$ 时刻 $(x+u\Delta t)$ 处质点的位移相同，如图 9-4 所示曲线。这表明在 Δt 时间内，整个波形沿 x 轴移动了 $u\Delta t$，向前推进的速度为 u。

【例题 1】　一横波沿一根张紧的绳传播，其方程为

$$y=0.05\cos(10\pi t-4\pi x)$$

式中，各量都用国际制单位。求

① 振幅、周期、频率、波长和波速；

② $x=0.2\text{m}$ 处的质点，在 $t=1\text{s}$ 时的相位，等于原点处质点在哪一时刻的相位？

解　① 波动方程的标准形式是

$$y=A\cos\omega\left(t-\frac{x}{u}\right)=A\cos 2\pi\left(\frac{t}{T}-\frac{x}{\lambda}\right)$$

与给定的波动方程

$$y=0.05\cos(10\pi t-4\pi x)=0.05\cos 2\pi\left(\frac{t}{0.2}-\frac{x}{0.5}\right)$$

比较得　$A=0.05\text{m}$　　$T=0.2\text{s}$　　$\nu=5\text{Hz}$

$\lambda=0.5\text{m}$　　$u=\lambda\nu=2.5\text{m/s}$

② $x=0.2\text{m}$ 处质点在 $t=1\text{s}$ 时的相位为

$$(10\pi t-4\pi x)=10\pi-4\pi\times 0.2=\frac{46}{5}\pi$$

设 $x=0$ 处质点在此相位的时刻为 t，则

$$10\pi t=\frac{46}{5}\pi$$

$$t=0.92\text{s}$$

【例题 2】　一平面简谐波沿 x 轴正方向传播，频率为 0.5Hz，波速为 $u=18\text{m/s}$，$t=0.5\text{s}$ 时的波形见图 9-5 中实线，求此平面简谐波的波动方程。

解　根据波方程的一般表达式

$$y=A\cos\left[\omega\left(t-\frac{x}{u}\right)+\varphi\right]$$

可得，$t=0.5\text{s}$ 时有

$$0.1\cos(0.5\pi+\varphi)=-0.05$$

所以　$$0.5\pi+\varphi=\pm\frac{2\pi}{3}$$

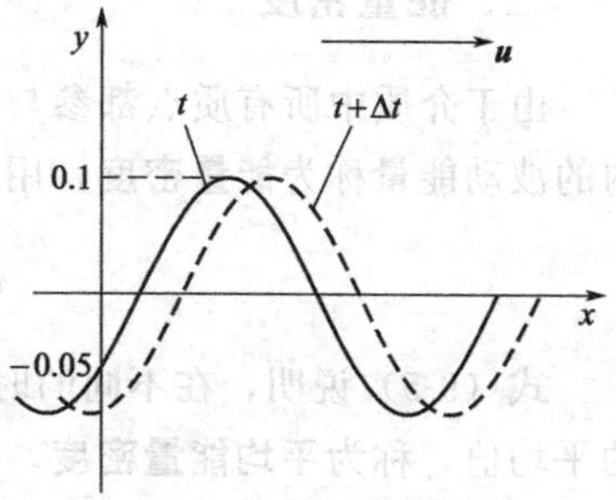

图 9-5　例题 2 附图

从 $t+\Delta t$ 时刻的波形可知，t 时刻 $x=0$ 处质点正朝着 y 轴负方向运动

所以取　$$0.5\pi+\varphi=\frac{2\pi}{3}$$

初相　$$\varphi=\frac{\pi}{6}$$

波动方程为　$$y=0.1\cos\left[\pi\left(t-\frac{x}{18}\right)+\frac{\pi}{6}\right]$$

第三节　波的能量　能流密度

一、波的能量

当波传到介质中的某点处时，该处原来不动的质点开始振动起来，因而具有动能，同时该处介质产生了形变，从而具有势能。波传播时，介质点相继开始振动，因此波的传播过程也就是能量的传播过程。

现以通过一根密度为 ρ 的均匀的细长棒的纵波为例来进行说明。设有一列平面简谐波

$$y=A\cos\omega\left(t-\frac{x}{u}\right)$$

在细长棒中传播。在棒中取一体积元 dV，其质量为 $dm=\rho dV$，此体积元具有的动能为

$$dE_k=\frac{1}{2}dmv^2=\frac{1}{2}\rho dV\left(\frac{\partial y}{\partial t}\right)^2=\frac{1}{2}\rho dVA^2\omega^2\sin^2\omega\left(t-\frac{x}{u}\right)\tag{9-2}$$

可以证明，体积元 dV 的弹性势能与动能相等

即　$$dE_P=dE_k=\frac{1}{2}\rho dVA^2\omega^2\sin^2\omega\left(t-\frac{x}{u}\right)\tag{9-3}$$

体积元的总机械能为

$$dE=dE_k+dE_P=\rho dVA^2\omega^2\sin^2\omega\left(t-\frac{x}{u}\right)\tag{9-4}$$

由此可见，任一体积元的动能、势能及总机械能都是随时间做周期性变化的，这与简谐振动中振动系统的机械能守恒不同。其原因在于波动过程中体积元借助弹性相互作用不断地与周围介质交换能量，每一体积元不断地吸收来自波源方向的能量，同时又向离波源较远的质点输出能量。波动在传播振动状态的同时，也在传播来自波源的振动能量。所以，波动是能量传播的一种方式。

二、能量密度

由于介质中所有质点都参与能量的传播，因此，波的能量与介质的体积有关。单位体积内的波动能量称为**能量密度**，用 w 表示。

$$w=\frac{\mathrm{d}E}{\mathrm{d}V}=\rho A^2\omega^2\sin^2\omega\left(t-\frac{x}{u}\right) \tag{9-5}$$

式（9-5）说明，在不同的时刻，波动能量密度具有不同的瞬时值。通常将一个周期内的平均值，称为**平均能量密度**，用 $\overline{w}$ 表示

$$\overline{w}=\frac{1}{T}\int_0^T\rho A^2\omega^2\sin^2\omega\left(t-\frac{x}{u}\right)\mathrm{d}t=\frac{1}{2}\rho A^2\omega^2 \tag{9-6}$$

积分时考虑到 $\sin^2\omega\left(t-\frac{x}{u}\right)$在一个周期内的平均值为 1/2。

三、能流密度

波动能量最主要的特征是从波源不断地输出能量，而又沿波线方向流向远处，因而常常引入能流概念来描述波动能量的流动，单位时间通过某一截面的能量为通过该面积的**能流**，用 P 表示。如图 9-6 所示，面积 S 垂直于波速 u 的方向，在单位时间内 Su 体积内的能量将通过 S 截面，所以能流为

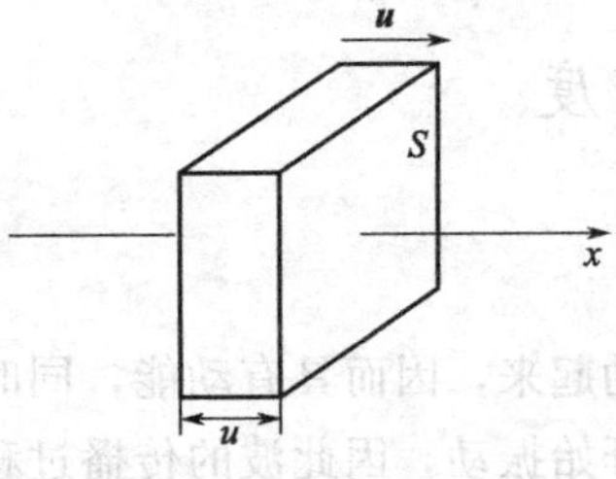

图 9-6　能流

$$P=Su\omega$$

式中，能流 P 是随时间作周期性变化，其平均值称为**平均能流**，用 $\overline{P}$ 表示

$$\overline{P}=Su\overline{\omega}$$

单位面积上通过的平均能流，称为**平均能流密度**，用 I 表示

$$I=\frac{\overline{P}}{S}=u\overline{\omega}=\frac{1}{2}\rho u^2A^2\omega^2 \tag{9-7}$$

能流密度越大，单位时间内通过垂直于波传播方向的单位面积的能量越多，波就越强，所以能流密度是波的强弱的一种量度，因而也称为**波的强度**。例如声音的强弱决定于声波的能流密度（声强）的大小；光的强弱决定于光波的能流密度（称为光强度）的大小。

第四节　波的干涉

一、惠更斯原理

已经知道，波在均匀的各向同性介质中传播时，波面及波阵面的形状不变，波线也保持为直线，沿途不会改变波的传播方向。例如波在水面上传播时，只要沿途不遇到什么障碍

物，波的形状总是相似的，圆圈形的波阵面始终是圆圈，直线形的波前始终保持直线，即波沿直线传播。

可是，当波在传播过程中遇到障碍物时，或从一种介质传播到另一种介质时，波面的形状和波的传播方向将发生改变。例如，水波通过障碍物小孔，原来的波面都将改变，在小孔后面出现圆形的波，就好像是以小孔为新的波源一样，它所发射出去的波叫**子波**。惠更斯总结上述现象，提出一条重要的原理，称为**惠更斯原理**，内容如下：介质中，波传到的各点，都可看作是发射子波的新波源。在其后任一时刻，这些子波的包迹，就是该时刻的新波阵面。根据这一原理，如果知道某时刻的波阵面，就可以用子波的包迹面来决定该时刻后任一时刻的波阵面。

例如，已知球面波在 t 时刻的波阵面 S_1，它是以波源 O 为中心，以 $R_1=ut$ 为半径的球面，如图 9-7(a) 所示。$t+\Delta t$ 时刻的波阵面可以这样确定：以 S_1 上任意一点为球心，以 $u\Delta t$ 为半径作半球面，就是给点子波的波阵面。可以做出许多这样的子波波阵面，再做出这些子波波阵面的公切面 S_2，就是 $t+\Delta t$ 时刻的波阵面。事实上，由于 $R_1=ut$，因此以 $R_2=R_1+u\Delta t$ 为半径的球面正是 $t+\Delta t$ 时刻的波阵面。如图 9-7(b) 中的 S_2 是依据惠更斯原理作出的平面波的波阵面。

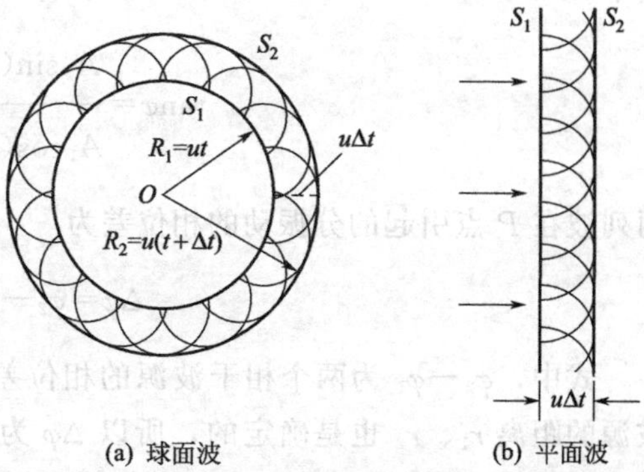

(a) 球面波　(b) 平面波

图 9-7　波阵面

应该指出，惠更斯原理，可以方便地解决波传播过程中的许多问题，但却没有给出子波强度的分布，后来菲涅耳对惠更斯原理做了重要补充，解决了波的强度分布问题，这就是在光学中有重要应用的惠更斯-菲涅耳原理。

二、波的叠加原理

当几列波同时在一种介质中传播时，每列波的特征量如振幅、频率、波长、振动方向，都不会因为有其他波的存在而改变，这称为波传播的**独立性**。例如，从两个探照灯射出的光波，交叉后仍然按原来方向传播，彼此互不影响。乐队合奏或几个人同时谈话时，声波也并不因在空间互相交叠而变成另外一种什么声音，所以能够辨别出各种乐器或各人的声音来。正是波传播的独立性，使得当几列波在空间的某一点相遇时，每列波都单独引起该处介质点的振动，因此该介质点的振动就是各列波单独存在时在该点所引起的各分振动的叠加，这就是波的**叠加原理**。

三、波的干涉

一般情况下，振幅、频率、相位等都不同的几列波在某一点叠加时，情形很复杂。如果两列波满足相干条件，即两列波频率相同，振动方向一致，相位差恒定，称之为**相干波**，相应的波源称为**相干波源**。相干波在重叠的区域内，介质中某些地方的振动始终加强，而在另一些地方的振动始终减弱，这种现象称为**波的干涉**。

设两相干波源 S_1 和 S_2 的振动方程分别为

$$y_1=A_1\cos(\omega t+\varphi_1)$$

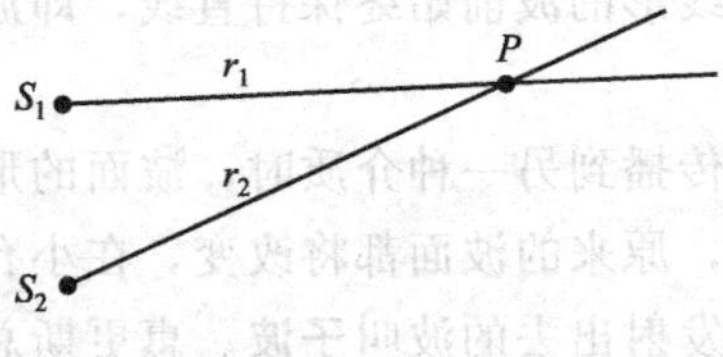

图 9-8 两列相干波在空间相遇

$$y_2=A_2\cos(\omega t+\varphi_2)$$

它们分别经过 r_1、r_2 的距离到达 P 点相遇如图 9-8 所示，则由这两列波在 P 点引起的分振动为

$$y_1=A_1\cos\left(\omega t+\varphi_1-\frac{2\pi r_1}{\lambda}\right)$$

$$y_2=A_2\cos\left(\omega t+\varphi_2-\frac{2\pi r_2}{\lambda}\right)$$

P 点的合振动为

$$y=y_1+y_2=A\cos(\omega t+\varphi)$$

其中

$$A=\sqrt{A_1^2+A_2^2+2A_1A_2\cos\Delta\varphi}$$

$$\tan\varphi=\frac{A_1\sin(\varphi_1-\frac{2\pi r_1}{\lambda})+A_2\sin(\varphi_2-\frac{2\pi r_2}{\lambda})}{A_1\cos(\varphi_1-\frac{2\pi r_1}{\lambda})+A_2\cos(\varphi_2-\frac{2\pi r_2}{\lambda})}$$

两列波在 P 点引起的分振动的相位差为

$$\Delta\varphi=\varphi_2-\varphi_1-2\pi\frac{r_2-r_1}{\lambda} \tag{9-8}$$

式中，$\varphi_2-\varphi_1$ 为两个相干波源的相位差，它是恒定的；而对空间任一点来说它与两个波源的距离 r_1、r_2 也是确定的，所以 $\Delta\varphi$ 为一恒量。这就表明，每一点的合振幅 A 也是恒量，其量值则取决于该点在空间的位置（由 r_2-r_1 确定）。

若空间某点满足下述条件

$$\Delta\varphi=2k\pi\ (k=0,\pm1,\pm2,\cdots)\text{时},\cos\Delta\varphi=1 \tag{9-9}$$

$A=A_1+A_2$，则该点合振动的振幅最大，称为**干涉加强**；若空间某点适合下述条件

$$\Delta\varphi=(2k+1)\pi\ (k=0,\pm1,\pm2,\cdots)\text{时},\cos\Delta\varphi=-1 \tag{9-10}$$

$A=|A_1-A_2|$，则该点合振动的振幅最小，称为**干涉减弱**。

式 (9-8) 中，r_2-r_1 表示两列相干波同时从波源 S_1 和 S_2 出发而到达 P 点时所经过的路程之差，称其为**波程差**，用 δ 表示，$\delta=r_2-r_1$。

当 $\varphi_2=\varphi_1$ 时上述条件可简化为

$$\delta=r_2-r_1=k\lambda\ (k=0,\pm1,\pm2,\cdots)\text{时},A=A_1+A_2 \tag{9-11}$$

波程差等于零或波长的整数倍的各点振幅最大，即干涉加强；

$$\delta=r_2-r_1=(2k+1)\frac{\lambda}{2}\ (k=0,\pm1,\pm2,\cdots)\text{时},A=|A_1-A_2| \tag{9-12}$$

波程差等于半波长的奇数倍的各点，振幅最小，即干涉减弱。

需要注意的是，干涉现象是波动所具有的重要特征之一，因为只有波动的合成，才能产生干涉现象。除机械波外，电磁波和光波也能产生干涉现象。式 (9-11) 和式 (9-12) 所表示的干涉加强和干涉减弱在后面的光波中将要用到。

【例题 3】 如图 9-9 所示，设平面横波Ⅰ沿 BP 方向传播，它在 B 点的振动方程为

$$y_1=0.3\times10^{-2}\cos(2\pi t)$$

式中，y_1 以 m 为单位；t 以 s 为单位。平面横波Ⅱ沿 CP 方向传播，它在 C 点的振动方程为 $y_2=0.4\times10^{-2}\cos(2\pi t+\pi)$。

式中，y_2 以 m 为单位；t 以 s 为单位。P 点与 B 点相距 0.4m，与 C 点相距 0.45m，波

速为 0.20m/s。试求

① 两列波传到 P 点的相位差；

② P 点合振动的振幅。

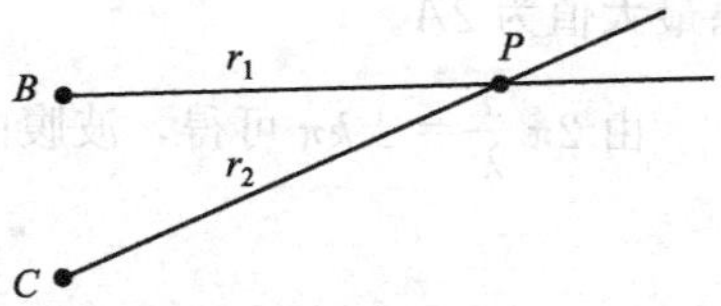

图 9-9　例题 3 附图

解　① 两列波同方向、同频率，其频率

$$\nu=\frac{\omega}{2\pi}=\frac{2\pi}{2\pi}=\frac{1}{T}=1$$

波长

$$\lambda=\frac{u}{\nu}=\frac{0.20}{1}\text{m}=0.20\text{m}$$

两列波在 P 点引起分振动的相位差

$$\Delta\varphi=\varphi_2-\varphi_1-\frac{2\pi(r_2-r_1)}{\lambda}=\pi-\frac{2\pi(0.45-0.40)}{0.20}=\frac{\pi}{2}$$

② 两列波在 P 点合振动的振幅

$$\begin{aligned}A&=\sqrt{A_1^2+A_2^2+2A_1A_2\cos\Delta\varphi}\\&=\sqrt{(0.3\times10^{-2})^2+(0.4\times10^{-2})^2}\\&=0.5\times10^{-2}\text{m}\end{aligned}$$

第五节　驻　波

现在来讨论一种特殊的干涉，即两列振幅相同的相干波，在同一直线上沿相反方向传播时叠加而成的驻波。如图 9-10 为产生驻波的装置，左边放一电振音叉，音叉末端系一水平拉紧的细绳 AB，B 处有一尖劈，可左右移动以调节 AB 间的距离，音叉振动时，绳上产生向右传播的波，到达 B 点时，在 B 点反射，产生向左传播的反射波。入射波和反射波在同一绳上沿相反方向传播，它们将相互叠加，移动尖劈至适当位置，结果形成图上所示的波动状态。

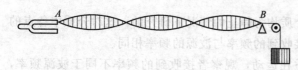

图 9-10　驻波实验装置

从图上可以看出，两列波叠加后，绳子被分成好几段，每段两端的点固定不动，而每段中的各质点做振幅不同的振动，有些点的振幅最大，称为**波腹**；有些点始终静止不动，称为**波节**。

下面定量的推导驻波方程。设两列波的波动方程为

$$y_1=A\cos2\pi\left(\nu t-\frac{x}{\lambda}\right)$$

$$y_2=A\cos2\pi\left(\nu t+\frac{x}{\lambda}\right)$$

其合成波为

$$\begin{aligned}y&=y_1+y_2\\&=A\cos2\pi\left(\nu t-\frac{x}{\lambda}\right)+A\cos2\pi\left(\nu t+\frac{x}{\lambda}\right)\\&=2A\cos2\pi\,\frac{x}{\lambda}\cos2\pi\nu t\end{aligned}\tag{9-13}$$

此式就是驻波方程。振幅 $\left|2A\cos2\pi\,\frac{x}{\lambda}\right|$ 与时间无关，只与 x 有关。$\left|\cos2\pi\,\frac{x}{\lambda}\right|=1$ 的点，振

幅最大值为 $2A$。

由 $2\pi\dfrac{x}{\lambda}=\pm k\pi$ 可得，波腹的位置

$$x=k\frac{\lambda}{2}\ (k=0,\pm1,\pm2,\cdots) \tag{9-14}$$

所以两波腹之间的距离等于相干波的半个波长。

同理，由 $2\pi\dfrac{x}{\lambda}=\pm(2k+1)\dfrac{\pi}{2}$ 得，波节的位置

$$x=(2k+1)\frac{\lambda}{4}\ (k=0,\pm1,\pm2,\cdots) \tag{9-15}$$

两波节之间的距离也等于相干波的半个波长。

由上述可知，只要测定两个相邻波节（或波腹）之间的距离，就可以确定原来两个波的波长。因此，常可利用驻波来测定波长。

从前面所示的驻波实验可见，入射波在固定端 B 点反射，反射处自然地形成波节，即入射波和反射波在固定端的分振动必须相位相反。对于行波来说，两波的振动相位相反，意味着它们之间相差半个波长。因此常说一列波在固定端反射时将发生“半波损失”。如果 B 点是自由端，入射波与反射波在界面处叠加将形成驻波波腹，则入射波和反射波在自由端的分振动是同相位的，即没有“半波损失”。一般情况下，在两种介质的分界面处形成波节还是波腹，取决于波的种类、两种介质的性质，以及入射角的大小。如果是弹性波，把密度 ρ 与速度 u 的乘积较大的介质称为波密介质，反之较小的称为波疏介质。那么，波从波疏介质垂直入射到波密介质时，则在分界面反射点出现波节；反之波由波密介质到波疏介质，界面反射点形成波腹。以后在光学中还要涉及“半波损失”这一问题。

第六节　多普勒效应

上述各节，是在波源与观察者相对于介质均为静止的情况下研究的，这时介质中各点的振动频率与波源的频率相等，亦即观察者接收到的频率与波源的频率相同。

若波源或观察者或两者同时相对于介质在运动，观察者接收到的频率不同于波源频率，这种现象称为**多普勒效应**。例如飞机迎面而来时，人们听到飞机的轰鸣声音调变高，即人耳接收到的声波频率高于飞机发出的声波频率；背离而去时，人们听到的音调变低，即人耳接收到的声波频率低于飞机发出的声波频率。

为简单起见，仅对观察者与声源沿同一直线运动的特殊情况，来讨论声波的多普勒效应。

设声源的频率为 ν，则波长 λ 可由 $\lambda=\dfrac{u}{\nu}$ 决定，声波在介质中的传播速度仍用 u 表示。现在讨论以下三种情况。

(1) 声源相对于介质静止，观察者以速度 v_0 向着声源运动

观察者以 v_0 迎着声波的传播方向运动，相当于声波以速度 $u+v_0$ 通过观察者，故接收到的频率 ν' 为

$$\nu'=\frac{u+v_0}{\lambda}=\frac{u+v_0}{u}\nu \tag{9-16}$$

式 (9-16) 表明，当观察者迎波而行时，所到接收到的频率 $\nu'>\nu$，反之观察者背离声

源运动时 $\nu'=\frac{u-v_0}{u}\nu$，即接收到的频率 $\nu'<\nu$。

(2) 观察者相对于介质静止，声源向着观察者运动

若声源在 S 点时开始振动，经过一个周期 T，发出的声波将传播一个波长 $\lambda=uT$，其“波头”将抵达 B 点。如果声源不动，则在时刻 T，波形如图 9-11 中的实线所示；事实上，声源 S 以速度 v_S 在向右运动，T 时刻到达了 S' 点，而 $SS'=v_ST$。或者说，一个周期末，当声源发出“波尾”时，声源本身已处于 S' 点。这样，一个完整波形被挤在 $S'B$ 之间，波形如图 9-11 中实线所示。由于波源匀速运动，故波形被均匀挤压而波长变短，这时波长为

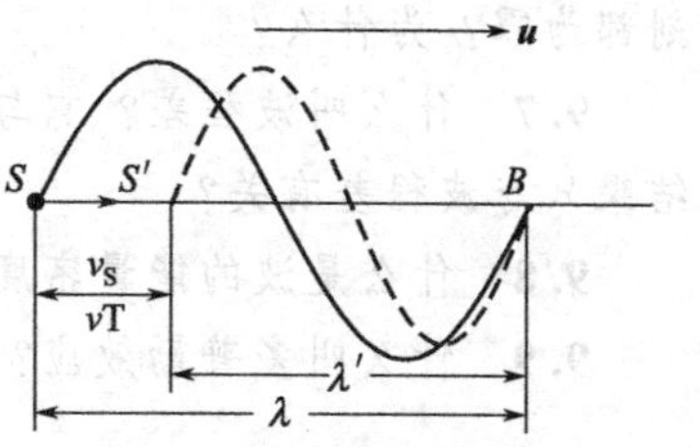

图 9-11　多普勒效应（波源运动而观察者不动）

$$\lambda'=S'B=\lambda-v_ST=uT-v_ST=\frac{u-v_S}{\nu} \tag{9-17}$$

因声速 u 决定于介质的性质，声波一旦离开声源后，就与声源运动与否无关，故波源相对于静止的观察者，其速度仍为 u。于是由上式可得观察者接收到的频率为

$$\nu'=\frac{u}{\lambda'}=\frac{u}{u-v_S}\nu \tag{9-18}$$

式 (9-18) 表明声源向着观察者运动时，观察者感觉到的频率 ν' 增大，相反声源背离观察者运动时，观察者感觉到的频率变低了。

(3) 声源与观察者同时相对于介质运动

由于观察者的运动，声波相对于观察者的速度为 $u\pm v_0$；同时，由于声源以速度 v_0 运动，声源发出的波，其波长变为 $\frac{u\mp v_S}{\nu}$，所以观察者接收到的频率应为

$$\nu'=\frac{u\pm v_0}{\lambda'}=\frac{u\pm v_0}{\frac{u\mp v_S}{\nu}}=\frac{u\pm v_0}{u\mp v_S}\nu=\frac{u\pm v_0}{\frac{u\mp v_S}{\nu}}=\frac{u\pm v_0}{u\mp v_0}\nu \tag{9-19}$$

可见当两者做相向运动或相背运动时，频率变化更加显著。

思考题

9.1　关于波长的概念，有三种说法，试指出是否正确？

① 同一波线上两个相邻的相位相同的点之间的距离；

② 在一个周期内波所传播的距离；

③ 在波线相邻波峰（或波谷）之间的距离。

9.2　机械波产生的条件是什么？

9.3　同一波阵面上的不同质点，由于它们的振动相位相同而具有相同的振动状态。试问不同波阵面上的质点，它们的振动状态一定不相同吗？为什么？

9.4　波动方程 $y=A\cos\omega\left(t-\frac{x}{u}\right)$ 中的 $\frac{x}{u}$ 表示什么？如果把它写成 $y=A\cos\left(\omega t-\omega\frac{x}{u}\right)$，$\frac{\omega x}{u}$ 又表示什么？

9.5　什么叫相干波？相干波必须满足什么条件？两相干点波源的初相差为 π，试问在

它们连线的中垂面上，质点的振动情况如何？这些质点总是处于静止状态吗？为什么？

9.6 两列振幅相等的平面相干波在某点相遇时，相位差为 4π，能否说该点在任何时刻的振动位移都不为零？为什么？如果某点的相位差为 5π。能否说该点的振动位移在任何时刻都为零？为什么？

9.7 什么叫波程差？它与相位差有何联系与区别？在什么条件下相干波在某点的干涉结果只与波程差有关？

9.8 什么是波的能量密度和能流密度？

9.9 什么叫多普勒效应？

习　　题

9.1 一声波在空气中的波长是 0.25m，速度是 340m/s。当它进入另一介质时，波长变为 0.79m，求它在这种介质中的传播速度。

9.2 已知波源位于原点（$x=0$）的平面简谐波方程为 $y=A\cos(Bt-Cx)$，式中 A、B、C 为正的常量。试求

① 波的振幅、波速、频率、周期与波长；

② 写出传播方向上距离波源 l 处一点的振动方程；

③ 试求任何时刻，在波传播方向上相距为 D 的两点的相位差。

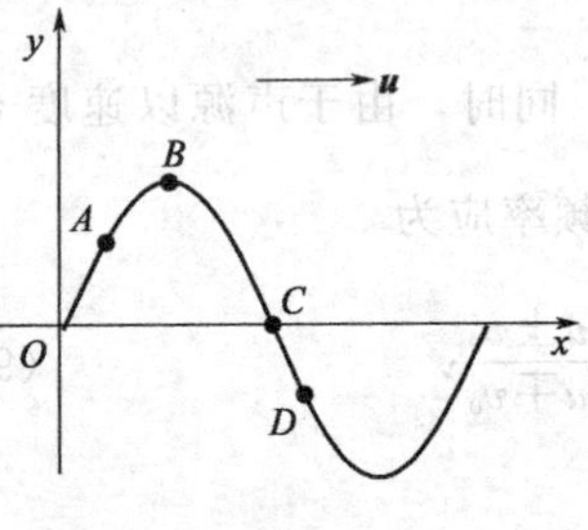

图 9-12　题 9.3 图

9.3 一横波在 t 时刻的波形如图 9-12 所示，试标出 A、B、C、D 点的振动方向，并画出各点在一个周期内的振动曲线。

9.4 一波源做简谐振动，其振动方程为

$$y=4\times10^{-3}\cos240\pi t$$

它所形成的波以 30m/s 的速度的沿 x 轴方向传播。求

① 波的周期 T 及波长 λ；

② 写出波动方程。

9.5 一列横波沿绳子传播时的波动方程

$$y=0.05\cos(10\pi t-4\pi x)$$

式中，x、y 以 m 计，t 以 s 计。

① 求此波的振幅、波速、频率和波长；

② 求 $x=0.2$m 处的质点在 $t=1$s 时的相位，等于原点处在哪一时刻的相位？

9.6 一平面简谐波在介质中以速度 $u=10$m/s 沿 Ox 轴负方向传播，若原点 O 的振动方程为

$$y_0=2.0\times10^{-2}\cos\left(2\pi t+\frac{\pi}{6}\right)$$

式中，y_0 以 m 计，t 以 s 计，求：

① 波动方程；

② 在 $x=1.25$m 处的振动方程。

9.7 同一介质中的两个波源位于 A、B 两点，其振幅相等，频率都是 100Hz，相位差为 π。若 A、B 两点相距 30m，波在介质中的传播速度为 400m/s，求 AB 连线上因干涉而静止的各点的位置。

9.8　一余弦式空气波沿直径为0.14m的圆柱管行进，波的平均能流密度为8.50×10^{-5} W/m^2，频率为256Hz，波速为340m/s求：

① 波的平均能量密度；

② 波的最大能量密度；

③ 两相邻的同相位面之间空气中的波的能量。

9.9　有一波在介质中传播，其波速为1.0×10^3m/s，振幅为1.0×10^{-4}m，频率为1.0×10^3Hz。若介质的密度为8.0×10^2kg/m^3，求：

① 该波的能流密度；

② 1min内垂直通过面积为4.0×10^{-4}m^{2}平面的总能量。

9.10　设机车以30m/s的速率行驶，其汽笛声的频率为500Hz，空气中的声速为330m/s。求下列情况观察者听到的频率。

①机车向观察者靠近；

② 机车离开观察者；

③ 机车的运动方向与机车和观察者的连线垂直。

9.11　一声源以15000Hz的频率振动，它必须以多大的速率向观察者运动才能使观察者听不到声音？设可闻声的最高频率为20000Hz，空气中的声速为330m/s。

第十章 波动光学

光学是物理学中发展较早的一个分支学科，是物理学的一门重要组成部分。通常将光学分为几何光学和物理光学两大部分，物理光学又可分为波动光学和量子光学。几何光学是以光的直线传播规律为基础研究各种光学仪器的理论；波动光学是以光的波动本质为基础研究光在传播过程中表现出的干涉、衍射和偏振等现象及其规律；量子光学是以光的量子本质为基础研究光的辐射、吸收以及光和物质相互作用的规律。随着生产和科技的发展，光学在各方面建立了不同的分支。20 世纪 60 年代激光的发现，使光学的发展又获得了新的活力。激光技术与相关学科相结合，导致了光全息技术、光信息处理技术、光纤技术等的飞速发展，非线性光学、傅里叶光学等现代光学分支逐渐形成，带动了物理学及其相关科学的不断发展。

本章主要通过光的干涉、衍射和偏振现象讨论光的波动性。

第一节 光的电磁理论

光是电磁波。根据麦克斯韦的电磁场理论，变化的电磁场可以相互激发，这样变化的电磁场就会脱离场源，由近及远地向周围空间传播出去，形成电磁辐射。这种变化的电磁场按一定的速度以波的形式向四周传播出去，就称为**电磁波**。

一、电磁波的基本性质

设一电磁波沿 X 轴正方向传播，该电磁波可表示为

$$E=E_0\cos\omega\left(t-\frac{x}{v}\right)$$

$$B=B_0\cos\omega\left(t-\frac{x}{v}\right)$$

式中，v 为电磁波的波速，在真空中即为光速 $c=2.998\times10^8\,\mathrm{m/s}$。这是平面电磁波的波动表达式。通过对平面电磁波的研究，可知电磁波有如下基本性质。

① 电矢量 $\boldsymbol{E}$ 与磁矢量 $\boldsymbol{B}$ 相互垂直，且都与波的传播方向 $\boldsymbol{k}$（即电磁波的波速 $\boldsymbol{v}$ 的方向）垂直，$\boldsymbol{E}$、$\boldsymbol{B}$、$\boldsymbol{k}$ 三者成右手螺旋关系。所以电磁波是横波。

② 在任一给定点上，$\boldsymbol{E}$ 和 $\boldsymbol{B}$ 的振动始终同相位。

③ 在空间任一点上的 $\boldsymbol{E}$ 与 $\boldsymbol{B}$ 的幅值成比例，在数值上有如下的确定关系

$$B=\sqrt{\mu_0\mu_r\varepsilon_0\varepsilon_r}\,E \tag{10-1}$$

④ 电磁波传播速度的大小 v 决定于介质的电容率 ε 和磁导率 μ。电磁波在介质中的传播速度为

$$v=\frac{1}{\sqrt{\varepsilon_0\varepsilon_r\mu_0\mu_r}} \tag{10-2}$$

电磁波在真空中的传播速度通常用 c 表示，为

$$c=\frac{1}{\sqrt{\varepsilon_0\mu_0}}=2.998\times10^8\,\mathrm{m/s} \tag{10-3}$$

⑤ 电场和磁场的变化都是同周期的。以 λ、T 和 ν 分别表示电磁波的波长、周期和频率，则 $\lambda=vT=\frac{v}{\nu}$，ν 和 T 都是由电磁波的辐射源所决定的。

二、电磁波谱

1888 年，赫兹用实验方法证实了电磁波的存在，并验证了电磁波与光波在性质上相同。至此，麦克斯韦电磁场理论才获得了实验的证明。后来，人们陆续发现，不仅光波是电磁波，还有红外线、紫外线、X 射线、γ 射线等也都是电磁波，科学研究证明所有这些电磁波仅在波长 λ（或频率 υ）上有所差别，而在本质上完全相同，且波长不同的电磁波在真空中的传播速度都是 $c=\frac{1}{\sqrt{\varepsilon_0\mu_0}}\approx3\times10^8\,\text{m/s}$。人们常按电磁波波长的大小顺序排列起来，称为**电磁波谱**。下面对各种种类的电磁波做简单介绍。

① **无线电波**。在电磁波谱中，波长最长的是无线电波。一般将频率低于 3×10^{11} Hz 的电磁波统称为**无线电波**，无线电波通常是由电磁振荡电路通过天线发射出去的。无线电波按波长的不同又被分为长波、中波、短波、超短波、微波等波段。其中，长波的波长在 3km 以上，微波的波长小到 0.1mm。

不同波长（频率）的电磁波有不同的用途，广播电台使用的频率在中波波段；电视台使用的频率在超短波段；用来测定物体位置的雷达、无线电导航等使用的频率在微波段。

② **红外线**。在微波和可见光之间的一个广阔波段范围（波长在 600～0.76μm 之间）的电磁波，叫做**红外线**。它在电磁波谱中位于可见光的红光部分之外，人眼看不见，波长比红光更长。

红外线是由炽热物体辐射出来的，人体就是一个红外线源。红外线的显著特性是热效应大，能透过浓雾或较厚大气层而不易被吸收。所谓**热辐射**，主要就是指红外线辐射。

红外线在生产和军事上有着重要应用，例如，用红外线烘干油漆；利用遥感技术可在飞机或卫星上勘测地形、地貌，监测森林火情和环境污染，预报台风、寒潮，寻找水源或地热等。此外，根据物质对红外线的吸收情况，可以研究物质的分子结构。

③ **可见光**。在电磁波谱中，可见光只占很小的一部分波段，即波长范围在 400～760nm 之间，这些电磁波能使人眼产生光的感觉，所以叫做**光波**。人眼所看见的不同颜色的光，实际上是不同波长的电磁波，白光则是各种颜色（红、橙、黄、绿、青、蓝、紫）的可见光的混合。波长最长的可见光是红光（$\lambda=630\sim760$nm），波长最短的光是紫光（$\lambda=400\sim430$nm）。

因为光波的波长比无线电波更短，它在传播时的直线性、反射和折射性质就比超短波、微波更为显著；仅当光通过小孔、狭缝等时，才明显地显示出衍射现象。

④ **紫外线**。波长范围在 40～400nm 的电磁波，叫做**紫外线**。它是比可见光中的紫光波长更短的一种射线，人眼也看不见。炽热物体的温度很高（例如太阳）时，就会辐射紫外线。

紫外线有显著的生理作用，杀菌能力较强，在医疗上有其应用；许多昆虫对紫外线特别敏感，可用紫外灯来诱捕害虫；紫外线还会引起强烈的化学作用，使照相底片感光；另一方面，波长为 290～320nm 的紫外线，对生命有害。臭氧对太阳辐射中的上述紫外线的吸收能力极强，有 95%以上可被它吸收。臭氧层在地球上方 10～50km 之间，它是地球生物的保护伞。

⑤ **X射线**又称**伦琴射线**（俗称X光）。是波长比紫外线更短的电磁波，其波长范围在$10\sim10^{-3}$nm之间。它一般是由伦琴射线管产生的，也可由高速电子流轰击金属靶产生，它是由原子中的内层电子发射的。X射线具有很强的穿透能力，能使照相底片感光、使荧光屏发光。这种性质，在医疗上广泛用于透视和病理检查；在工业上是工业探伤等无损检测的必要手段。由于X射线的波长与晶体中原子间距的线度相当，也常被用来分析晶体结构。

⑥ **γ射线**。γ射线是一种比X射线波长更短的电磁波，它的波长在0.3nm以下，频率在$\nu=10^{19}$ Hz以上，它来自宇宙射线或是由某些放射性元素在衰变过程中放射出来的。γ射线的能量极高，穿透能力比X射线更强，也可用于金属探伤等。通过对γ射线的研究，还可帮助了解原子核的结构。此外，原子武器爆炸时，有大量γ射线放出，它是原子武器主要杀伤因素之一。γ射线也是人类研究天体，认识宇宙的强有力的武器。

第二节　双缝干涉

一、光波的相干叠加

干涉是波动过程的基本特征之一。由力学知识可知，两个频率相同、振动方向一致、具有固定相位差的波，在其相遇区域，合振动在某些地方始终加强，在某些地方始终减弱，形成稳定的强度分布，这就是**波的干涉现象**。由干涉产生的稳定的强度分布图样称为干涉条纹或**干涉图样**。

光是电磁波，因此光也能产生干涉现象。两个光源满足同频率、振动方向一致、具有固定相位差，就会产生光的干涉现象。把这三个条件称为**相干条件**，把满足相干条件的光称为**相干光**，能产生相干条件的光源称为**相干光源**。

然而，对于光波，即使两个相同的普通光源或同一光源的两个不同部分所发出的光波重叠时，都观察不到光的干涉现象，这要从普通光源的发光机制来说明。光源发光是构成光源的大量原子发光的集体效应。每个原子一次发出的光波是一个持续时间很短（大约10^{-8}s）、且有限长的波列，称为**光波列**。同一原子一次发光后，要经过一段时间才有可能再次发光。故这些波列远不是同步的。这样，尽管在有些条件下（如在单色光源）可以使这些波列的频率相同，但是当相同的两个光源或同一光源上的两个不同部分发出的光发生重叠时，这些波列的振动方向不可能都相同，且相位也不可能保持恒定。因此普通光源就不可能产生干涉现象。

为了产生光的干涉现象，一般可将一束光通过适当的方法，分成两束光，然后再使它们相遇。具体来说，从普通光源获得相干光的方法有两种：一是分波阵面法，如杨氏双缝干涉；二是分振幅法，如薄膜干涉。

二、光程　光程差

设单色光的频率为ν，真空中光速为c，波长为λ，则有$\lambda=\frac{c}{\nu}$。在折射率为n的介质中，其传播速度为$v=\frac{c}{n}$，波长为$\lambda'=\frac{v}{\nu}=\frac{c}{\nu n}=\frac{\lambda}{n}$。若此光在折射率为$n$的均匀介质中传播，通过的几何路程为$l$，则定义$L=nl$为**光程**。设光在介质中传播几何路程为$l$，所需时间为$t$，则

$$l=vt=\frac{c}{n}t \quad 即 \quad nl=ct$$

由此可知光程在数值上等于在相同时间内光在真空中所通过的路程。

如图 10-1 所示，S_1P 和 S_2P 分别为来自两个同相的相干点光源 S_1、S_2 的两束相干光，它们分别在两种介质（折射率分别为 n_1 和 n_2）中经过的波程为 r_1 和 r_2，它们在相遇点 P 的相位差为

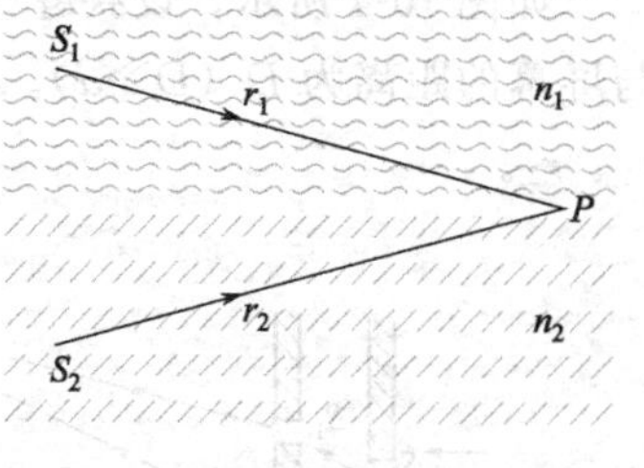

图 10-1 相干点光源的相位差

$$\begin{aligned}\varphi_{12}&=\left(\omega t+\varphi_1-\frac{2\pi r_1}{\lambda_1}\right)-\left(\omega t+\varphi_2-\frac{2\pi r_2}{\lambda_2}\right)\\&=2\pi\frac{r_2}{\lambda_2}-2\pi\frac{r_1}{\lambda_1}\\&=\frac{2\pi}{\lambda}(n_2r_2-n_1r_1)\end{aligned} \tag{10-4}$$

式中，λ 为这两束相干光在真空中的波长，$n_2r_2-n_1r_1$ 是由于它们在两种介质中的传播路径（波程）不同所引起的光程差，用 δ 表示，则 $\delta=n_2r_2-n_1r_1$。

当 $\delta=n_2r_2-n_1r_1=\pm k\lambda$ $(k=0,1,2,\cdots)$ 时，$\varphi_{12}=\pm 2k\pi$，干涉加强或称干涉相长；

当 $\delta=n_2r_2-n_1r_1=\pm(2k+1)\frac{\lambda}{2}$ $(k=0,1,2,\cdots)$ 时，$\varphi_{12}=\pm(2k+1)\pi$，干涉减弱或称干涉相消。

在干涉和衍射的实验中，经常用到透镜，下面讨论通过透镜的各光线的等光程性。图 10-2（a）为波面与透镜光轴垂直的平行光，经过透镜后，汇聚在焦点 F 上，形成亮点。这是由于在平行光束同一波面上的各点（图中 A、B、C、D、E）的相位相同，汇聚在焦点 F 后，相位仍然相同，因此相互加强。也就是说，从垂直于入射光束的任一平面算起，直到焦点 F，各条光线都具有相等的光程，称为**透镜的等光程性**。关于这一事实可以做这样解释：如图 10-2（a）所示，虽然 AaF 比 CcF 经过的距离长，但是光 CcF 在透镜中经过的路程比 AaF 的长，而透镜的折射率大于 1，因而折算成光程，两者的光程相等。对于斜入射的平行光汇聚于焦平面上的 F' 点，同样 AaF'、BbF' 等的光程也相等，如图 10-2（b）所示。因此在观察干涉现象时，使用透镜不引起附加的光程差。

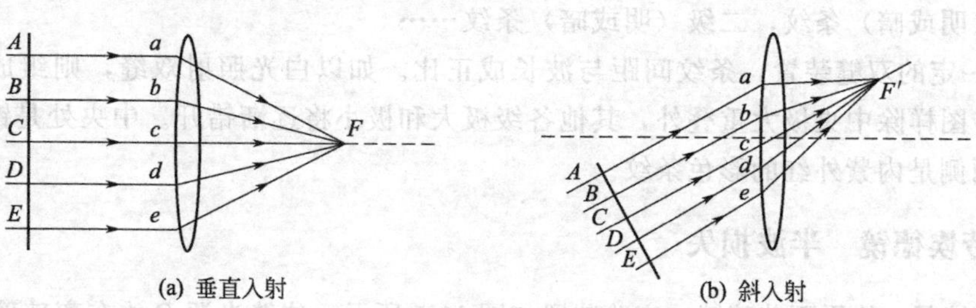

图 10-2 透镜不引起附加光程差

三、杨氏双缝实验

杨氏在 1801 年首先用实验方法获得了光的干涉现象，为光的波动论的确立提供了坚实的理论基础，杨氏双缝实验的装置如图 10-3 所示。

在普通单色光源后放一狭缝 S_0，相当于一个线光源，S_0 后又放有与 S_0 平行且等距的两

平行狭缝 S_1 和 S_2，两缝间的距离很小，这时 S_1、S_2 构成一对相干光源，从 S_1 和 S_2 发出的光波在空间叠加，产生干涉现象。在 S_1、S_2 的正前方放一屏幕 P，在屏上可以观察到上、下对称的、与双缝平行的一组明暗相间彼此等间距的直条纹，即干涉条纹。

如图 10-4 所示，设狭缝 S_1、S_2 间距为 d，其中心为 O_1，O_1 在屏幕上的投影为 O，双缝与屏幕的距离为 D（$D\gg d$）。在屏上任取一点 P，它到 O 的距离为 x，到 S_1、S_2 的距离为 r_1、r_2。

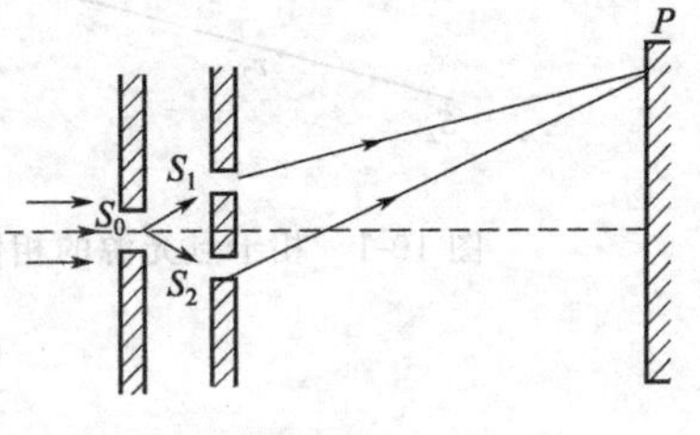

图 10-3　杨氏双缝干涉实验装置

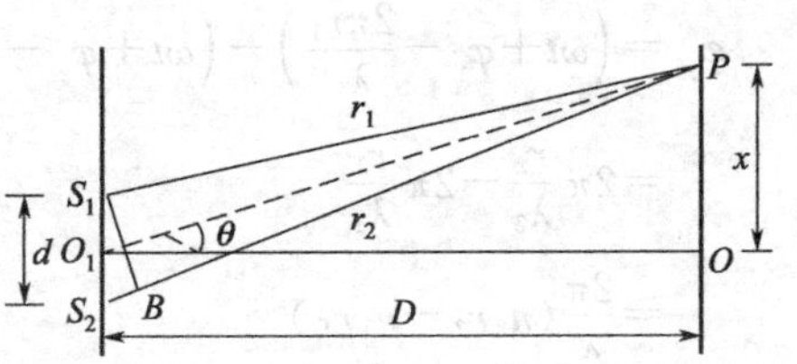

图 10-4　干涉现象

作 $S_1B\perp S_2P$，因 $D\gg d$，$D\gg x$，因此可近似的认为 $S_1P=BP$，$\angle S_2S_1B=\theta$，θ 很小，S_1P 与 S_2P 均在空气中，因此它们的光程差为

$$\delta=r_2-r_1=d\sin\theta\approx d\tan\theta=\frac{d}{D}x \tag{10-5}$$

当 $\delta=\frac{d}{D}x=\pm k\lambda$ 或 $x=\pm\frac{D}{d}k\lambda$　$(k=0,1,2,\cdots)$ 时，P 为亮条纹中心；

当 $\delta=\frac{d}{D}x=\pm(2k+1)\frac{\lambda}{2}$　或 $x=\pm\left(k+\frac{1}{2}\right)\frac{D}{d}\lambda$　$(k=0,1,2,\cdots)$ 时，P 为暗条纹中心。

下面讨论干涉条纹的特点。

① 两个相邻亮条纹或暗条纹间的距离，即条纹间距为

$$\Delta x=\frac{D}{d}\lambda \tag{10-6}$$

可见干涉图样是明暗相间的等间距的平行直条纹。

② 屏上的干涉条纹有级别之别，通常将中心处条纹称为零级（明）条纹，在两侧依次称为一级（明或暗）条纹，二级（明或暗）条纹……

③ 对一定的双缝装置，条纹间距与波长成正比。如以白光照射双缝，则组成白光的各色光的干涉图样除中央极大重叠外，其他各级极大和极小将逐渐错开。中央处是镶有红边的白条纹，两侧是内紫外红的彩色条纹。

四、劳埃德镜　半波损失

劳埃德镜是一块平面玻璃镜，实验装置如图 10-5 所示，狭缝光源 S 放在离玻璃镜 M 相当远且靠近 M 所在平面的地方。S 发出的光一部分直接照射到屏幕 E 上，一部分则经平面镜反射后照到屏幕上，这两部分光是相干光。在屏上两束光交叠的区域里可看到干涉条纹。反射光可看作由虚光源 S' 发出的，S' 为 S 对平面镜所成的虚像。图中 S、S' 之间的距离相当于杨氏实验中 d，S 与屏之间的距离相当于 D，则干涉图样与杨氏双缝干涉图样类似。

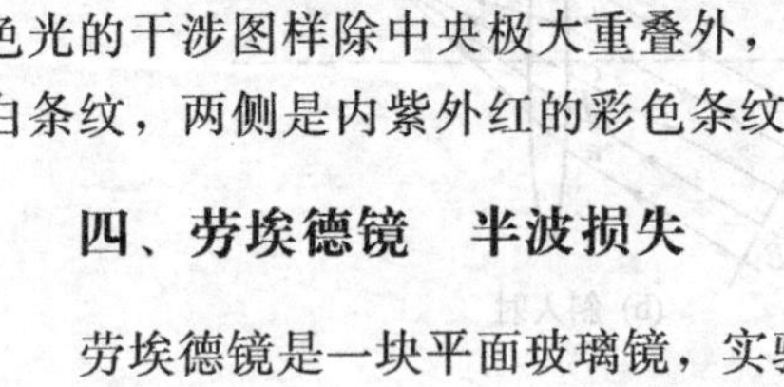

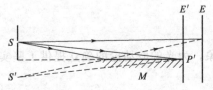

图 10-5　劳埃德镜实验装置

若将屏幕平移到劳埃德镜的一端 P'处，在 P'处应该是明纹，但观察到的却是暗纹。这表示在该点入射光和反射光的相位差了 π，由此可推断出光在反射过程中相位发生了数值为 π 的突变，相位改变 π，相当于光程改变半个波长，即产生了 $\pi/2$ 的附加光程。理论和实验证明，当从光疏介质（折射率小）射到光密介质（折射率大）的界面时，在垂直入射或掠射的情况下，反射光要发生 π 的相位突变，即相当于光损失了半个波长，这种现象称作**半波损失**。

如果两束相干光在传播路径中，在不同介质的分界面上发生过反射，则需考虑反射时是否存在半波损失。

设由于半波损失产生的额外光程差为 δ_2，则光程差 δ 一般地可写作

$$\delta=\delta_1+\delta_2$$

式中，δ_1 为由于波程差引起的光程差，δ_2 为由于半波损失引起的光程差。

【例题 1】 如图 10-6 所示，在杨氏实验中，入射光的波长为 $\lambda=550\text{nm}$。今将折射率 $n=1.58$ 的薄玻璃片覆盖在狭缝 S_1 上，这时观察到屏幕上零级明条纹向上移到原来的第 7 级明条纹处，求此玻璃片厚度。

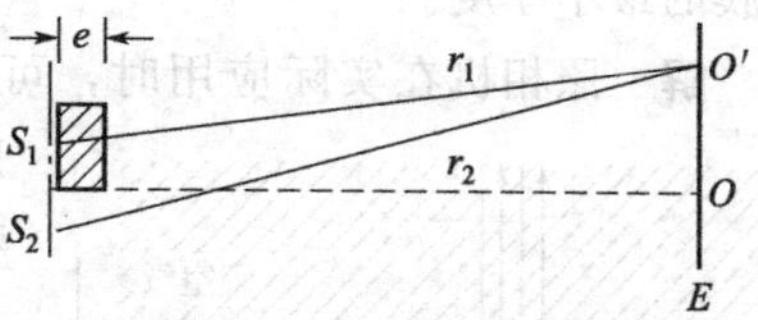

图 10-6　例题 1 附图

解　在未覆盖玻璃片时，屏幕上第 7 级明条纹位于 O'处，两相干光在 O'处的光程差应满足

$$\delta=r_2-r_1=7\lambda$$

把玻璃片覆盖在 S_1 缝上时，零级明条纹移到 O'处，设玻璃片厚度为 e，则两束相干光在 O'处的光程差应满足

$$\delta'=r_2-(r_1-e+ne)=r_2-r_1-(n-1)e=0$$

将 $\delta=r_2-r_1=7\lambda$ 代入上式，则　$(n-1)e=7\lambda$

由此解算出

$$e=\frac{7\lambda}{n-1}=\frac{7\times550}{1.58-1}\approx6.6\times10^3\,\text{nm}$$

第三节　薄膜干涉

薄膜干涉在镀膜工艺中有重要应用，如增透膜、增反膜。照相机镜头镀有增透膜；激光器中反射镜的表面镀有增反膜，以提高其反射率；宇航员的头盔和面具，其表面上亦镀增反膜，以削弱红外线对人体的透射。薄膜干涉是分振幅法获得相干光产生干涉的典型例子。

一、厚度均匀的薄膜干涉

一厚度为 e、折射率为 n 的均匀薄膜，置于折射率为 n_1 和 n_2 的介质之间，用波长为 λ 的单色光垂直照射在薄膜上，薄膜上表面的反射光和下表面的反射光为相干光，在无限远处形成干涉条纹。两条反射光线的光程差为

$$\delta=2ne+\frac{\lambda}{2} \tag{10-7}$$

则相长干涉、相消干涉条件为

相长干涉

$$\delta=2ne+\frac{\lambda}{2}=k\lambda\quad(k=1,2,\cdots) \tag{10-8}$$

相消干涉

$$\delta=2ne+\frac{\lambda}{2}=(2k+1)\frac{\lambda}{2} \quad (k=0,1,2,\cdots) \tag{10-9}$$

增透膜和增反膜是薄膜干涉在镀膜工艺中的应用。在透镜表面镀一层厚度均匀的透明介质膜，利用薄膜干涉原理，若其上、下表面对某种光的反射光产生相消干涉，这样的薄膜减少了该光的反射，增加了光的透射，故称作**增透膜**。若薄膜上、下表面对某种色光的反射光发生相长干涉，这样的薄膜增加了该光的反射，减少了它的透射，故称为**增反膜**。

【例题 2】 在照相机镜头表面常涂有一层透明介质薄膜（如氟化镁 MgF_2，折射率为 1.38)，如要使透镜对人眼和照相底片最敏感的黄绿光（波长为 550.0nm）反射最小，求此薄膜的最小厚度。

解 照相机在实际应用时，可近似地认为光线垂直地入射到透镜上（见图 10-7)，设 MgF_2 薄膜的厚度为 e，该薄膜上、下表面反射光线的光程差为

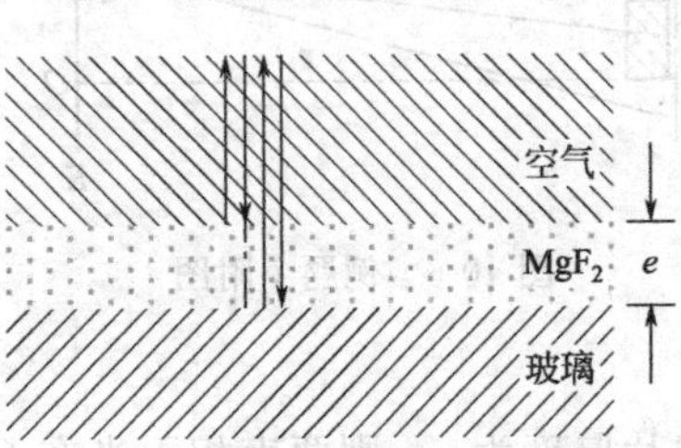

图 10-7 例题 2 附图

$$\delta=2ne$$

要使反射光光强最小，则光程差应满足

$$\delta=2ne=(2k+1)\frac{\lambda}{2} \quad (k=0,1,2,\cdots)$$

$$e=(2k+1)\frac{\lambda}{4n}$$

满足反射光强最小的增透膜厚度 e 有多个值，其最小厚度对应于 $k=0$

$$e_{\min}=\frac{\lambda}{4n}=\frac{550}{4\times1.38}\approx100(\text{nm})$$

二、厚度不均匀的薄膜干涉

1. 劈尖干涉

两块平面玻璃片，一端相叠合，另一端夹一薄纸片，两玻璃片之间形成一劈形介质薄膜。如图 10-8 (a) 所示，将一波长为 λ 的平行单色光垂直照射在折射率为 n 的劈形介质薄膜上，薄膜上、下表面的反射光形成两束相干光束，通过读数显微镜可以观察到劈形薄膜的干涉条纹。

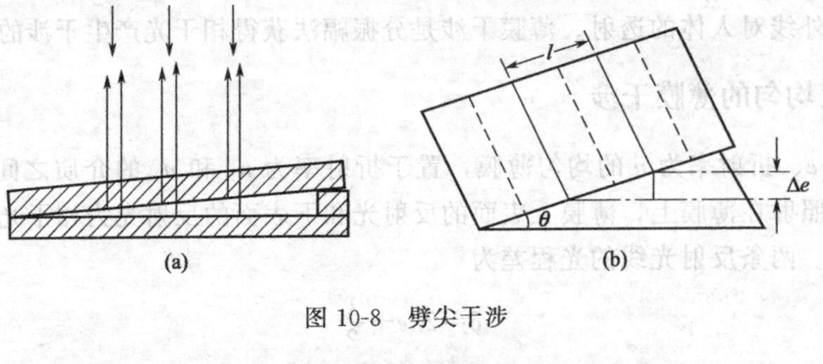

图 10-8 劈尖干涉

由于劈尖角 θ 很小，因此可以近似的认为入射角为零，入射光与反射光方向相反，设薄膜表面任一点 A 处的厚度为 e，在 A 处相遇的相干光的光程差为

$$\delta=2ne+\frac{\lambda}{2} \tag{10-10}$$

干涉条件（或明、暗条纹条件）：

相长干涉

$$\delta=2ne+\frac{\lambda}{2}=k\lambda \quad (k=1,2,\cdots) \tag{10-11}$$

相消干涉

$$\delta=2ne+\frac{\lambda}{2}=(2k+1)\frac{\lambda}{2} \quad (k=0,1,2,\cdots) \tag{10-12}$$

任一明（或暗）条纹都与劈形膜的一定厚度相对应，因此在膜上表面的同一等厚线上形成同一级次的一条干涉条纹，这样形成的干涉条纹称为**等厚干涉条纹**。等厚干涉条纹的形状与膜的等厚线形状相同。

由式（10-11）、式（10-12）可求得，两条相邻明纹（或暗纹）对应的薄膜厚度差

$$\Delta e=\frac{\lambda}{2n} \quad (n\text{ 为介质薄膜的折射率}) \tag{10-13}$$

两相邻明（暗）条纹间的距离，即条纹间距［如图 10-8（b）所示］为

$$l=\frac{\Delta e}{\sin\theta}\approx\frac{\Delta e}{\theta}=\frac{\lambda}{2n\theta} \tag{10-14}$$

可见，干涉图样为平行于棱的明暗相间的等间距直条纹。对于空气劈尖或置于同种介质中的劈尖，在棱处为暗条纹。

【例题 3】 利用等厚干涉条纹可以检验精密加工后工件表面的质量，在工件上放一平玻璃，使其间形成空气劈形膜［见图 10-9（a）］。以单色平行光垂直照射玻璃表面时，观察到的干涉条纹如图 10-9（b）所示。试根据纹路弯曲方向判断工件表面上纹路是凹还是凸，并求纹路的深度或高度。

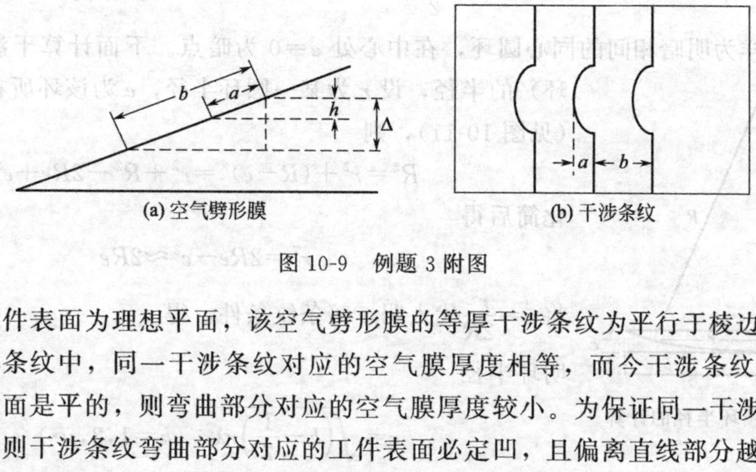

(a) 空气劈形膜 (b) 干涉条纹

图 10-9 例题 3 附图

解 若工件表面为理想平面，该空气劈形膜的等厚干涉条纹为平行于棱边的平行等间距直条纹。等厚条纹中，同一干涉条纹对应的空气膜厚度相等，而今干涉条纹向劈棱方向弯曲，若工件表面是平的，则弯曲部分对应的空气膜厚度较小。为保证同一干涉条纹下的空气膜厚度相等，则干涉条纹弯曲部分对应的工件表面必定凹，且偏离直线部分越远的地方凹陷程度越大，因此工件表面有一垂直于劈棱的凹槽。下面求纹路的深度 h：两相邻条纹所对应的空气膜厚度之差为

$$\Delta e=e_{k+1}-e_k=\frac{\lambda}{2}$$

由图中相似三角形关系可得 $\dfrac{\Delta e}{b}=\dfrac{h}{a}$

$$h=\frac{a}{b}\Delta e=\frac{a}{b}\frac{\lambda}{2} \tag{10-15}$$

2. 牛顿环

在一块平面玻璃板上，放一曲率半径 R 很大的平凸透镜，在平凸透镜和平面玻璃板之间形成一厚度由零逐渐增大的类似于劈形的空气薄层［见图 10-10（a）］。将一平行单色光垂直射向该空气薄层，从空气层的上、下表面发生反射形成两束相干光，在平凸透镜下表面相遇而发生干涉，呈现出干涉条纹。干涉条纹是以接触点 O 为圆心的同心圆环，称为**牛顿环**［见图 10-10（b）］。

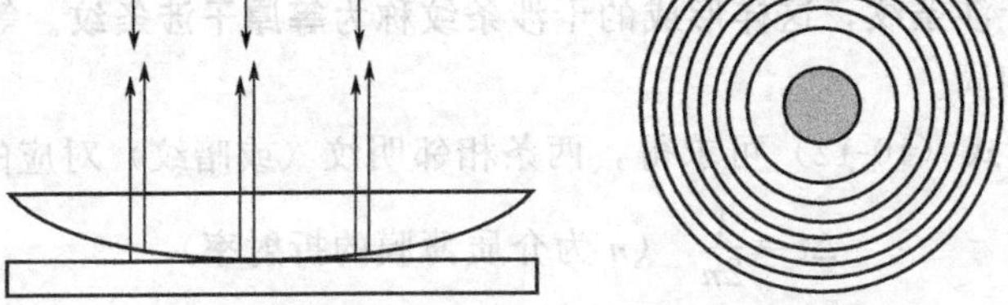

(a) 空气薄层　　(b) 牛顿环

图 10-10　牛顿环实验

由于透镜曲率半径很大，光线垂直入射，可以认为 $i_1=i_2\approx0$。设 e 为某处空气层厚度，则光程差为

$$\delta=2e+\frac{\lambda}{2}$$

干涉条件（或明、暗条纹条件）：

$$\delta=2e+\frac{\lambda}{2}=\begin{cases}k\lambda & (k=1,2,\cdots)\quad\text{干涉相长}\\(2k+1)\dfrac{\lambda}{2} & (k=0,1,2,\cdots)\quad\text{干涉相消}\end{cases}$$

可见，干涉图样为明暗相间的同心圆环，在中心处 $e=0$ 为暗点。下面计算干涉圆环（牛顿环）的半径，设 r 为某一圆环半径，e 为该环所在空气层厚度（见图 10-11），则

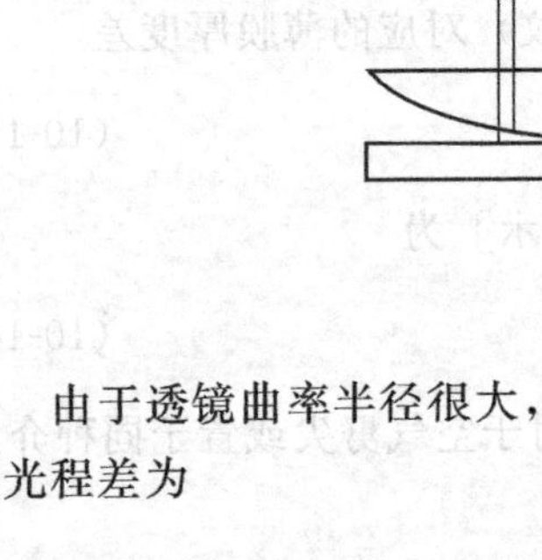

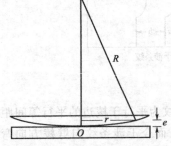

图 10-11　牛顿环半径的计算

$$R^2=r^2+(R-e)^2=r^2+R^2-2Re+e^2$$

化简后得

$$r^2=2Re-e^2\approx2Re$$

将 $e=\dfrac{r^2}{2R}$ 代入明、暗条纹条件，得

明环半径

$$r=\sqrt{\left(k-\frac{1}{2}\right)r\lambda}\quad(k=1,2,\cdots)\tag{10-16}$$

暗环半径

$$r=\sqrt{kR\lambda}\quad(k=0,1,2,\cdots)\tag{10-17}$$

式（10-17）表明，暗环半径 r 与级次 k 的平方根成正比，所以条纹不等间距，内疏外密。

在实验室里，用牛顿环来测定光波的波长是一种最通用的方法。也可以根据条纹的圆形程度来检验平面玻璃是否磨得很平，以及曲面玻璃的曲率半径是否处处均匀。

【例题 4】　用紫光观察牛顿环现象时，看到第 k 级暗环中心的半径 $r_k=4\text{mm}$，第 $k+5$

级暗环中心的半径 $r_{k+5}=6\text{mm}$。已知所用凸透镜的曲率半径为 $R=10\text{m}$，求紫光的波长和环数 k。

解　根据牛顿环的暗环半径式（10-17）得

$$r_k=\sqrt{kR\lambda}\quad r_{k+5}=\sqrt{(k+5)R\lambda}$$

从以上两式可解出

$$\lambda=\frac{r_{k+5}^2-r_k^2}{5R}=\frac{(6^2-4^2)\times10^{-6}}{5\times10}=0.4\times10^{-6}=400\ (\text{nm})$$

$$k=\frac{r_k^2}{R\lambda}=\frac{4^2\times10^{-6}}{10\times0.4\times10^{-6}}=4$$

第四节　光的衍射

一、光的衍射现象

波能够绕过障碍物而传播的现象，称为**波的衍射现象**。例如当水波穿过障碍物的小孔，弯曲地向它后面传播时，就是波的衍射。光具有波动性，因此当光通过小孔、细线、针、毛发时，会显著地发生偏离直线而传播的现象称为**光的衍射现象**。但日常生活中光似乎都是直线传播的，这是由于可见光的波长极短，远小于一般障碍物的线度的原因。当障碍物线度与可见光波长可相比较时，才能明显地观察到光的衍射现象。

衍射可分为两类，入射光与衍射光不都是平行光的衍射，称为**菲涅耳衍射**；入射光与衍射光都是平行光的衍射，称为**夫琅禾费衍射**。

由于夫琅禾费衍射在实际应用和理论上都十分重要，本章主要讨论夫琅禾费衍射。

二、惠更斯-菲涅耳原理

应用惠更斯原理很容易解释波的衍射现象，但不能解释光的衍射图样中的光强分布不均匀的现象。菲涅耳发展了惠更斯原理，进一步提出“子波相干”的思想，即：从同一波面上各点所发出的子波，在传播过程中相遇于空间某点时，也可互相叠加而产生干涉现象，这就是**惠更斯-菲涅耳原理**。

根据惠更斯-菲涅耳原理，波在前进过程中，引起前方某点 P 的总振动，应为波面 S 上各个小面元 dS 所发出的子波在 P 点引起的各分振动的叠加。

惠更斯-菲涅耳原理成为解释光的各类衍射现象的理论依据。

三、夫琅禾费单缝衍射

夫琅禾费单缝衍射实验装置如图 10-12（a）所示，在遮光屏 K 上开一条宽度为十分之几毫米的狭缝，并在缝的前后放两个透镜，光源 S 放在透镜 L_1 的焦点上，观察屏放在透镜的焦平面上。透镜主光轴和衍射后沿某一方向传播的光线之间的夹角，称为**衍射角**。这样在屏上出现了与狭缝平行的明暗相间的衍射条纹［图 10-12（b）］，这就是夫琅禾费单缝衍射。

设单缝的宽度为 a，当一束平行光垂直入射在单缝的平面 AB 时，这个平面 AB 就是入射光经过单缝时的波面，所以 AB 上各点相位相同。根据惠更斯-菲涅耳原理，AB 上的各点都向空间发射子波，透镜 L_2 把每一束平行光分别汇聚在屏幕 E 的不同点上。

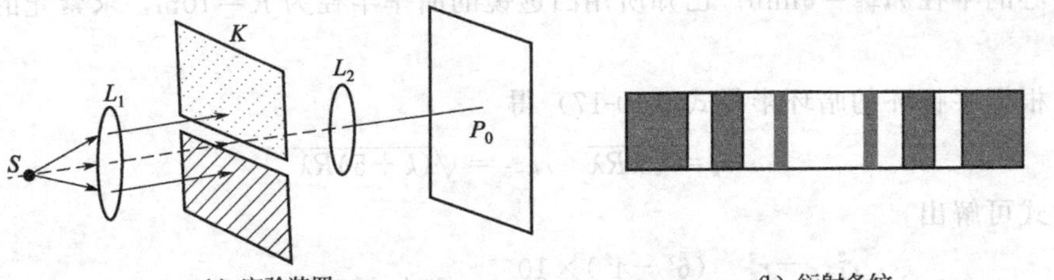

(a) 实验装置　　　　(b) 衍射条纹

图 10-12　夫琅禾费单缝衍射实验装置和衍射条纹

研究其中一束衍射角为 φ 的平行光，如图 10-13 所示。经过透镜后聚焦于屏幕 **E** 上的 P 点，这束光的两条边缘光线 AP，BP 之间的光程差为 $BC=a\sin\varphi$。P 处条纹的明暗将由光程差 BC 来决定，下面利用菲涅耳的波带法来研究。

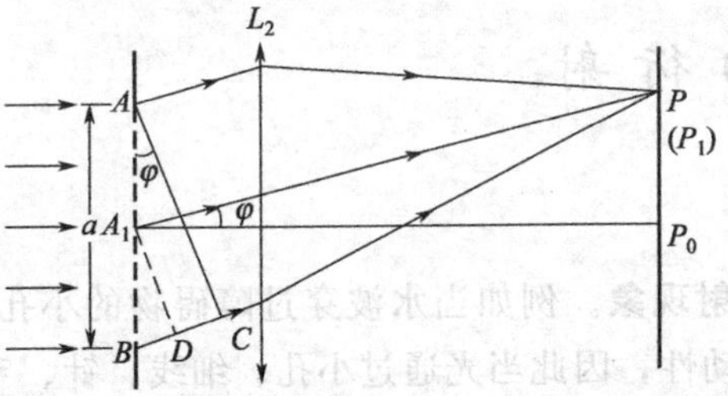

图 10-13　一束衍射角为 φ 的平行光的衍射现象

考察衍射角满足 $BC=a\sin\varphi=2\dfrac{\lambda}{2}$ 的一束平行光，会聚于 P_1 点处。从 A 处做垂线 AC 垂直于该光束，据透镜的等光程原理，AC 面上各点经透镜到达 P_1 处的光程差总等于零，则 A、B 两子波源发出的光线在 P_1 点的光程差 $BC=a\sin\varphi$。将 BC 用平行于 AC 的平面 A_1D 等分，这个平面将单缝处的波阵面分为 AA_1、A_1B 两个波带，这两个相邻波带的对应点（如 A、A_1）在 P_1 点的光程差为 $\lambda/2$，相位差为 π。总的结果是任何两个相邻波带所发出的子波在 P_1 点引起的光振动将完全相互抵消。相邻两波带在 P_1 点光振动相互抵消，P_1 处为暗纹。所以 BC 是半波长的偶数倍数时，单缝处的波阵面将被分成偶数个波带，因此波带作用将成对抵消，P_1 为暗纹，即暗纹中心位置

$$a\sin\varphi=\pm 2k\frac{\lambda}{2}\quad k=1,2,3,\cdots$$

k 不能取零，因 $k=0$ 时恰为中央明纹的中央位置。

观察衍射角满足 $BC=a\sin\varphi=(2k+1)\dfrac{\lambda}{2}$（$k=1$）的一束平行光，会聚在 P_2 点。此时波阵面 AB 可划分为三个波带：AA_1、A_1A_2、A_2B。相邻两个波带的衍射光相消，只剩下一个波带起作用，P_2 点接近极亮，即波带数为奇数时，相应点为亮纹中心。亮纹中心位置

$$a\sin\varphi=\pm(2k+1)\frac{\lambda}{2},\quad k=1,2,3,\cdots(k\neq 0)$$

需要指出的是，对于任意衍射角 φ，波前 AB 一般不能恰好被分成整数个波带，即 BC 段的长度不一定等于 $\lambda/2$ 的整数倍，对应于这些角的衍射光束，经透镜聚焦后，在屏上形成介于最明与最暗之间的中间区域。

综上所述，得到衍射极大和极小的条件如下。

中央主极大　　$$\varphi=0$$

次极大　　$$a\sin\varphi=\pm(2k+1)\frac{\lambda}{2},\quad k=1,2,3,\cdots(k\neq 0)\qquad(10\text{-}18)$$

衍射极小　　$$a\sin\varphi=\pm 2k\frac{\lambda}{2},\quad k=1,2,3,\cdots\qquad(10\text{-}19)$$

夫琅禾费单缝衍射的特点如下。

① 明纹角宽度。两个相邻的暗纹极小值对应的衍射角之差称为**明纹角宽度**。在屏幕上两个极小之间的距离称为**明纹线宽度**。

根据式（10-19）可求得第 k 级明纹角宽度为

$$\Delta\varphi=\varphi_{k+1}-\varphi_k\approx\frac{\lambda}{a}\quad（当\ \Delta\varphi\ 很小时）\tag{10-20}$$

中央明纹角宽度为

$$\Delta\varphi_0=\varphi_1-\varphi_{-1}=\frac{2\lambda}{a}\tag{10-21}$$

线宽度为

$$\Delta x=f\cdot\tan\Delta\varphi\approx f\cdot\Delta\varphi=\frac{f\lambda}{a}\tag{10-22}$$

式中，f 为透镜的焦距。

中央明纹线宽度为

$$\Delta x_0=2f\cdot\tan\frac{\Delta\varphi_0}{2}\approx f\cdot\Delta\varphi_0=\frac{2f\lambda}{a}\tag{10-23}$$

可见当衍射角较小时，各明纹的角宽度为中央明纹的角宽度的一半。

② 由以上讨论可知，角宽度与 λ 成正比。若用白光照射，会出现彩色条纹。

③ 角宽度与缝宽 a 成反比，即缝越窄，条纹越宽，衍射效果越明显，反之衍射效果越不明显，当 $a\gg\lambda$ 时整个衍射图样称为一条亮线，这时光表现为直线传播。由此可见，几何光学是波动光学在 $a\gg\lambda$ 条件下的近似。

④ 条纹亮度。中央明纹最亮，次级明纹的光强随级次 k 的增加而逐渐减小，这是因为 φ 角越大，分的波带数越多，未被抵消的波带面积越窄，波带上的次波源数目越少，以致光强越小。

【例题 5】 如图 10-14 所示，波长为 $\lambda=500\text{nm}$ 的单色光，垂直照射到宽度为 $a=0.25\text{mm}$ 的单缝上。在缝后置一凸透镜 L，使之形成衍射条纹，若透镜焦距为 $f=25\text{cm}$，求：

① 屏幕上第一级暗条纹中心与点 O 的距离；

② 中央明条纹的宽度；

③ 其他各级明条纹的宽度。

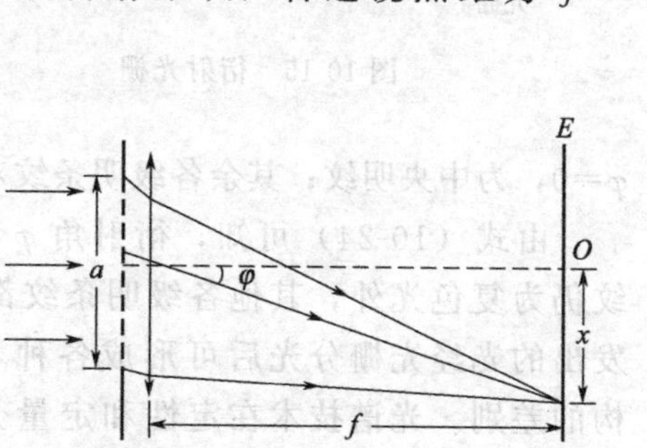

图 10-14　例题 5 附图

解 ① 依式（10-19）第一级暗条纹满足

$$a\sin\varphi=\pm 2k\,\frac{\lambda}{2}\tag{1}$$

在本题中，$k=1$，并因中央明条纹的上下侧条纹是对称的，故只需讨论其中的一侧，因此±号也就无需考虑。于是，得

$$a\sin\varphi=\lambda\tag{2}$$

设第一级暗条纹中心与中央明条纹中心的距离为 x_1，则由式（2）得

$$x_1=f\sin\varphi=\frac{f\lambda}{a}\tag{3}$$

把 $f=25\text{cm}$，$\lambda=500\text{nm}=5\times10^{-5}\text{cm}$，$a=0.025\text{cm}$ 代入上式得

$$x_1=\frac{25\times 5\times 10^{-5}}{0.025}=0.05\ \text{cm}$$

② 欲求中央明条纹的宽度，只需求中央明条纹上、下两侧第一级暗纹间的距离 s_0，由式（3），有

$$s_0=2x_1=\frac{2\lambda f}{a} \tag{4}$$

利用上面的计算结果，得 $s_0=2\times 0.05=0.10\ \text{cm}$

③ 设其他任一级明条纹的宽度（即其两旁的相邻暗条纹间的距离）为 s，则

$$s=x_{k+1}-x_k=\varphi_{k+1}f-\varphi_k f=\left[\frac{(k+1)\lambda}{a}-\frac{k\lambda}{a}\right]f=\frac{f\lambda}{a} \tag{5}$$

按上式，代入已知数据，则可算出任一级明条纹（除中央明条纹以外）的宽度均为 $s=0.05\text{cm}$。

四、衍射光栅

在一块平行平板玻璃上刻划 $N+1$ 条等间距的平行线，刻过线的地方，玻璃变毛糙而不透光，这样这块玻璃就成为具有 N 条透光狭缝的衍射光栅。设每条刻痕的宽度为 b，透光狭缝的宽度为 a，则 $d=a+b$ 称为**光栅常数**，其大小约为 $10^{-5}\sim 10^{-7}$ 的数量级。

如图 10-15 所示，当一束平行光垂直照射衍射光栅时，在每一条缝上产生衍射现象，由于各缝的衍射光束都是相干光，它们在重叠区域又发生干涉现象，因而形成明暗而狭窄的明条纹，即光栅衍射是光栅各个缝的衍射光束相互干涉的结果。

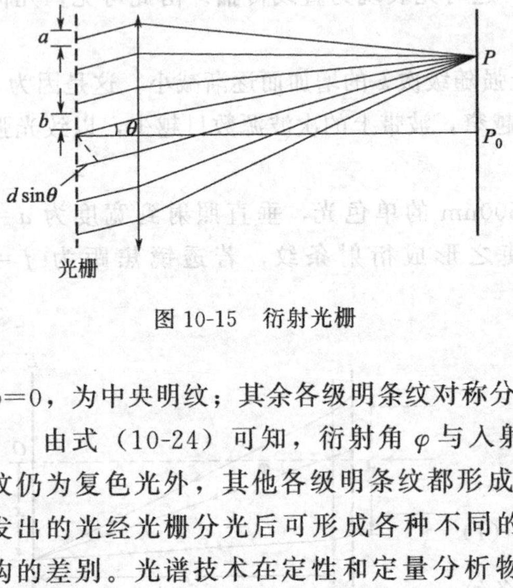

图 10-15 衍射光栅

如图 10-15 所示，取各缝沿某一方向的衍射光线，设它们的衍射角为 φ，则相邻两缝光线的光程差为

$$\delta=(a+b)\sin\varphi=d\sin\varphi$$

所有这些平行光线汇聚于屏幕上同一位置，当相邻两缝光线的光程差等于波长的整数倍，即当

$$d\sin\varphi=\pm k\lambda \quad (k=0,1,2,\cdots) \tag{10-24}$$

时，于该位置出现明条纹。$k=0$ 对应于衍射角 $\varphi=0$，为中央明纹；其余各级明条纹对称分布于中央明纹两侧，该式称为**光栅方程**。

由式（10-24）可知，衍射角 φ 与入射光的波长有关，若以复色光照射，除中央条纹仍为复色光外，其他各级明条纹都形成彩色光谱带。应该指出不同光源（不同物质）发出的光经光栅分光后可形成各种不同的衍射光栅，这些光谱能够反映出物质微观结构的差别。光谱技术在定性和定量分析物质成分以及研究物质微观结构方面起着重要作用。

【例题 6】 波长为 500nm 及 520nm 的光照射于光栅常量为 0.002cm 的衍射光栅上。在光栅后面用焦距为 2m 的透镜 L 把光线会聚在屏幕上，求这两种光的第一级光谱线间的距离。

解 如图 10-15 所示，根据光栅公式 $(a+b)\sin\varphi=k\lambda$ 得

$$\sin\varphi=\frac{k\lambda}{a+b}$$

第一级光谱中，$k=1$，因此相应的衍射角 φ_1 满足下式

$$\sin\varphi_1=\frac{\lambda}{a+b}$$

设 x 为谱线与中央条纹间的距离（如图所示的 P_0P），D 为光栅与屏幕间的距离，由于透镜 L 实际上很靠近光栅，故透镜 L 的焦距 f 可近似的看作光栅与屏幕间的距离 D，即

$$D\approx f$$

则

$$x=D\tan\varphi$$

因此，对第一级有

$$x_1=D\tan\varphi_1$$

本题中，由于 φ 角不大，所以

$$\sin\varphi\approx\tan\varphi$$

因此，波长为 520nm 与 500nm 的两种光的第一级谱线间的距离为

$$x_1-x_1'=D\tan\varphi_1-D\tan\varphi_1'=D\left[\frac{\lambda}{a+b}-\frac{\lambda'}{a+b}\right]$$

$$=200\times\left[\frac{520\times10^{-7}}{0.002}-\frac{500\times10^{-7}}{0.002}\right]$$

$$=0.2\ (\text{cm})$$

【例题 7】 用每 1cm 刻有 5000 条狭缝的光栅，观察波长 $\lambda=589.3\text{nm}$ 的钠黄光谱线。试问：当光线垂直入射时，最多能看到几级明条纹？

解 当光线垂直入射时，按光栅公式 $(a+b)\sin\varphi=\pm k\lambda$，$(k=0,1,2,\cdots)$

有

$$k=\left|\frac{(a+b)\sin\varphi}{\lambda}\right|$$

其中，$a+b=\frac{10^{-2}}{5000}=2\times10^{-6}(\text{m})$，$\sin\varphi\leqslant1$，$\lambda=589.3\times10^{-9}\text{m}$

代入上式，得

$$k\leqslant\frac{(a+b)}{\lambda}=\frac{2\times10^{-6}}{589.3\times10^{-9}}=3.4$$

再加上中央明纹，总共可看到 $(2k+1)=7$ 条明纹。

第五节　光的偏振

光的干涉和衍射现象揭示了光具有波动性。本节讨论光的偏振现象，进一步说明光波是横波。

一、光的偏振性

振动方向对于传播方向的不对称性叫做**偏振**，它是横波区别于其他纵波的一个最明显的标志，只有横波才有偏振现象。光波是电磁波，因此，光波的传播方向就是电磁波的传播方向。光波中的电振动矢量与传播速度 $\boldsymbol{v}$ 垂直，因此光波是横波，它具有偏振性。

二、自然光　线偏振光

光是横波，光矢量 $\boldsymbol{E}$ 处在垂直于光传播方向的平面内。如果光矢量在这一平面内只沿某一固定方向振动，这种光称为**线偏振光**。偏振光的振动方向与传播方向组成的平面称为**振动面**。线偏振光也可称为**完全偏振光**或**平面偏振光**，有时也简称**偏振光**。光的偏振的特性，说明了光不仅是一种波，而且是横波。线偏振光常用图 10-16 的两种图式表示。

(a) 振动方向平行于纸面的线偏振光　　(b) 振动方向垂直于纸面的线偏振光

图 10-16　线偏振光

普通光源中各个分子或原子内部运动状态的变化是随机的，发光过程又是间歇的，它们发出的光是彼此独立的，从统计规律上来说，相应的光振动将在垂直于光速的平面上遍布所有可能的方向，而且所有可能的方向上相应光矢量的振幅（光强度）都是相等的。把“在垂直于光传播方向的平面内沿各方向振动的光矢量呈对称分布”的光就称为**自然光**。任何取向的一个光矢量都可分解为两个相互垂直方向上的分量。由于自然光的对称性，所有取向的光矢量在这两个方向上的分量的时间平均值彼此相等。因此自然光可分解为两个任意垂直方向上的、振幅相等的独立分振动，它们的相位之间没有固定的关系，不能把它们叠加成一个具有某一方向的合矢量，两者的光强度各等于自然光总光强度的一半。自然光可简单的用图 10-17 表示，图中用短线和点子分别表示在纸面内和垂直于纸面的光振动。

在垂直于光传播方向的平面内沿各方向振动的光矢量都有，但振幅不对称，在某一方向振动较强，而与它垂直的方向上振动较弱，这种光称为**部分偏振光**。部分偏振光的光矢量可分解为两个振幅不等、振动相互垂直的独立分振动。部分偏振光常用图 10-18 的两种图式表示。

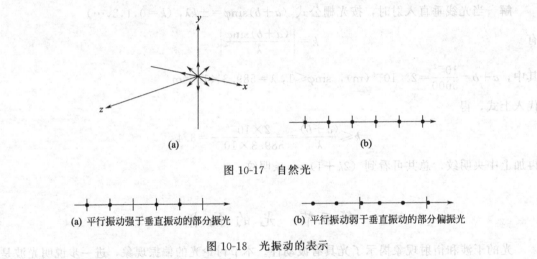

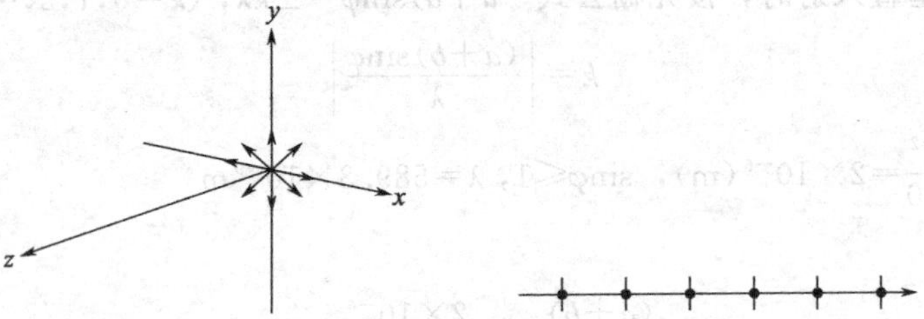

(a)　　(b)

图 10-17　自然光

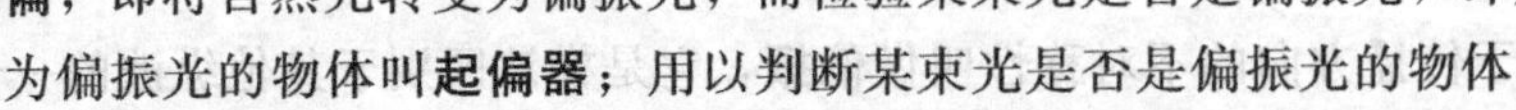

(a) 平行振动强于垂直振动的部分振光　　(b) 平行振动弱于垂直振动的部分偏振光

图 10-18　光振动的表示

三、起偏和检偏　马吕斯定律

所谓**起偏**，即将自然光转变为偏振光，而检验某束光是否是偏振光，即所谓**检偏**。用以转变自然光为偏振光的物体叫**起偏器**；用以判断某束光是否是偏振光的物体叫做**检偏器**。偏振片是一种常用的起偏器和检偏器，它只能透过沿某个方向的光矢量或光矢量振动沿该方向的分量，把这个透光方向称为偏振片的**偏振化方向或透振方向**。

自然光经过起偏器后转变成线偏振光。让一束自然光垂直通过偏振片 P_1，获得振动方向与 P_1 透振方向一致的线偏振光，线偏振光的强度 I_0 为入射自然光强度的 1/2。旋转偏振片，屏上亮暗无变化，这里偏振片起到起偏的作用。

偏振片不但有起偏，而且还有检偏的作用。设一偏振光，其光强为 I_0，光振动振幅为 A_0，使其垂直通过一偏振片，其偏振化方向与光振动方向成 α 角。将光振动沿偏振化方向及垂直于偏振化的方向分解，只有沿偏振化方向的光振动能透过偏振片，其振幅为

$$A = A_0 \cos\alpha$$

式中，A_0为透过 P_1的线偏振光的振幅。

因为
$$\frac{I}{I_0} = \frac{A^2}{A_0^2}$$

所以，光强度为
$$I = I_0 \cos^2\alpha \tag{10-25}$$

这就是**马吕斯定律**，马吕斯定律说明了入射到偏振片上的线偏振光，其透射光强度的变化规律。若将偏振片旋转一周，光强两亮两暗，且最亮与最暗时偏振化方向恰好相差 90°，从这一现象可以检验某一偏振光是否为偏振光。这里偏振片起到检偏的作用。

综上所述，可以通过偏振片检验一光线的偏振态。当一束光线垂直入射于偏振片，并在其后方观察，若绕光传播方向转动偏振片时，光强始终不变，则表示入射光为自然光；若转动偏振片时，光强由强变弱，但光强不为零，再由弱变强，则说明入射光为部分偏振光；若转动偏振片时，光强由强变弱，直至为零，再由弱变强，则说明入射光为偏振光。

四、反射光和折射光的偏振 布儒斯特定律

自然光在两种各向同性介质分界面上反射、折射时，反射光和折射光都是部分偏振光。反射光中垂直振动多于平行振动，折射光中平行振动多于垂直振动，图 10-19 (a) 所示，这些结论可用偏振片来检验。

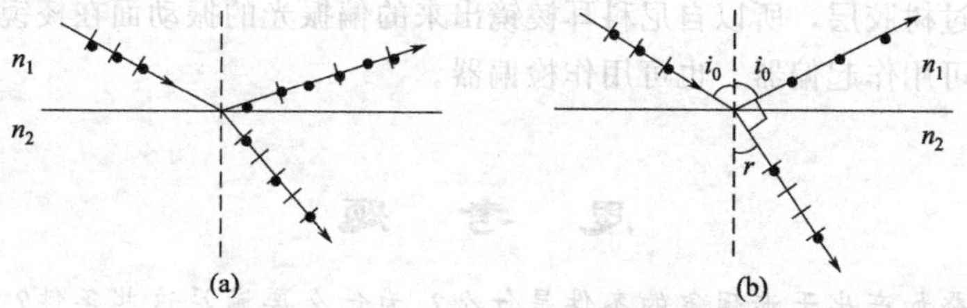

图 10-19 反射光、折射光的偏振

改变入射角 i，反射光的偏振化程度会随之改变。当入射角 i 等于某一特定的角度即满足关系式

$$\tan i_0 = \frac{n_2}{n_1} \tag{10-26}$$

时，反射光为振动垂直于入射面的线偏振光，该式称为**布儒斯特定律**，i_0 为**起偏角或布儒斯特角**。此时折射光偏振化的强度最强，它还是部分线偏振光，图 10-19(b) 所示。

设折射角为 r，根据折射定律： $n_1 \sin i_0 = n_2 \sin r$

$$\sin i_0 = \frac{n_2}{n_1}\sin r = \tan i_0 \cdot \sin r = \frac{\sin i_0}{\cos i_0}\sin r$$

故
$$\cos i_0 = \sin r$$

即
$$i_0 + r = 90^\circ \tag{10-27}$$

式 (10-27) 表明，当光线以布儒斯特角入射时，反射光和折射光的传播方向互相垂直，即

$$i_0 + r = 90^\circ$$

五、双折射现象

当一束自然光从空气进入各向同性介质（如玻璃）时，折射光只有一束，而且遵守折射

定律。但一束入射光在各向异性介质（多为晶体，如方解石）的界面折射时，会产生两束折射光，这种现象称为**双折射现象**。其中一束折射光始终在入射面内，且遵守折射定律，称为**寻常光**，简称 **o 光**。另一束折射光一般不在入射面内，也不遵守折射定律，沿不同方向有不同的折射率，称为**非常光**，简称 **e 光**。甚至在入射角 $i=0$，即垂直入射时，寻常光沿原方向前进，而非常光一般不沿原方向前进。

因为折射率决定于光在介质中的速度，所以 e 光在晶体中的光速则随传播方向而改变。o 光和 e 光都是偏振光。

在晶体中存在着一个特殊的方向，当光线在晶体内沿着这个方向传播时，不发生双折射，即 o 光和 e 光的折射率相等，这个特殊的方向称为晶体的**光轴**。只有一个光轴的晶体，称为**单轴晶体**（比如方解石、石英等）；有些晶体具有两个光轴，称为**双轴晶体**（比如云母、硫黄等）。包含光轴与晶面法线的平面为**主截面**。由光轴和 o 光组成的平面为 o 光主平面。o 光振动面垂直于主平面。由光轴和 e 光组成的平面为 e 光主平面。e 光的振动面平行于主平面，当入射面与主截面重合时，两主平面均与主截面重合，o 光、e 光振动相互垂直。

利用晶体的双折射现象，可以从自然光中获得线偏振光。尼科耳棱镜是利用光的全反射原理与晶体的双折射现象制成的一种偏振仪器。取一块长度约为宽度三倍的方解石晶体，将两端切去一部分，使主截面上的角度为 68°。将晶体沿着垂直于主截面及两端面的 AN 切开，再用加拿大树胶黏合起来。前半个棱镜中的 o 光射到树胶层中产生全反射，e 光不产生全反射，能够透过树胶层，所以自尼科耳棱镜出来的偏振光的振动面在棱镜的主截面内。

尼科耳棱镜可用作起偏器，也可用作检偏器。

思考题

10.1 光波叠加产生干涉现象的条件是什么？为什么要满足这些条件？

10.2 何谓光程？同一光源发出的两束光在不同介质中经过相同的波程，它们的光程是否相同？如何计算光程差？计算时，在什么情形下需计入额外光程差？

10.3 在杨氏双缝实验中，若仅做如下调节时，屏上的干涉条纹如何变化？为什么？

① 逐渐减小双缝至屏的间距；

② 逐渐减小两缝间距；

③ 用一薄玻璃片挡住其中一个缝；

④ 把原来是红光源换成紫光源；

⑤ 把整个装置浸在水中。

10.4 试讨论光的薄膜干涉现象中的干涉条件。小孩吹的肥皂泡鼓胀得较大时，在阳光下便呈现出彩色，这是何故？

10.5 如图 10-20 所示，若劈尖的上表面做如下运动，干涉条纹会做怎样变化？

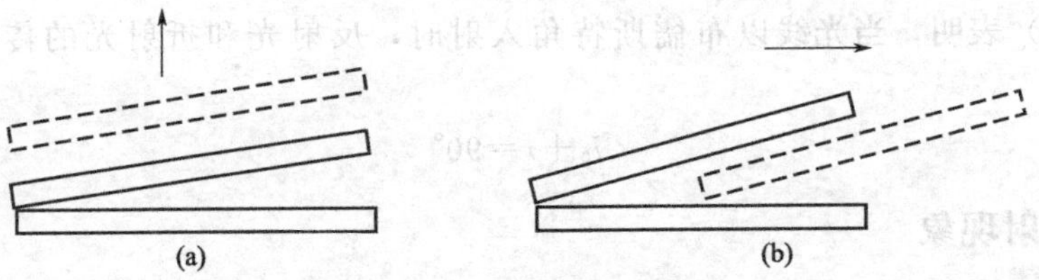

图 10-20 思考题 10.5 图

① 向上平移；

② 向右平移。

10.6 ① 在折射率相同的平凸透镜与平面玻璃板间充以某种透明液体时干涉条纹的变化。

② 当平凸透镜垂直向上缓慢平移时干涉条纹的变化。

10.7 在夫琅禾费单缝衍射实验中，若做如下调节，屏上的衍射条纹将如何变化，为什么？

① 改变入射光的波长；

② 改变单缝宽度；

③ 改变缝后凸透镜的焦距（但屏幕始终与焦平面重合）；

④ 使单缝垂直透镜光轴做上下移动。

10.8 利用波带法分析单缝衍射明、暗条纹形成的条件和光强度的分布情况。干涉现象和衍射现象有什么区别？又有什么联系？

10.9 以白光垂直照射单缝，中央明条纹边缘有彩色出现，为什么？中央明条纹边缘的彩色中，靠近中央一侧的是红色还是紫色？

10.10 单缝宽度较大时，为什么看不到衍射现象而表现出光线沿着直线行进？在日常生活中，声波的衍射为什么比光波的衍射现象显著？

10.11 若同一波长的光入射，光栅常量变化，光栅衍射条纹间距如何变化？

10.12 某束光可能是：

① 线偏振光；

② 部分偏振光；

③ 自然光。你如何用实验决定这束光究竟是哪一种光？

10.13 当一束自然光在两种介质分界面处发生反射和折射时，若反射光为完全偏振光，则折射光为什么光？反射光线与折射光线之间的夹角为多少？

习　题

10.1 以单色光照射到相距为 0.2mm 的双缝上，双缝与屏幕的垂直距离为 1m。

① 从第一级明条纹到同侧的第四级明条纹间的距离为 7.5mm，求单色光的波长；

② 若入射光的波长为 600nm，求相邻两明条纹间的距离。

10.2 一双缝装置的一个缝被折射率为 1.40 的薄玻璃片所遮盖，另一个缝被折射率为 1.70 的薄玻璃片所遮盖。在玻璃片插入以后，屏上原来的中央极大所在点，现变为第五级明条纹。假定 $\lambda=480\text{nm}$，且两玻璃片厚度均为 d，求 d。

10.3 一层厚度为 $0.36\mu\text{m}$ 的水平肥皂水薄膜展布在空气中，肥皂水的折射率为 1.33。今用白光垂直入射到此薄膜上，则在它的正上方观察时，水膜将呈现什么颜色？

10.4 在空气中垂直入射的白光从肥皂膜上反射，对波长为 630nm 的光有一个干涉极大（即加强），而对波长为 525nm 的光有一个干涉极小（即减弱）。其他波长的可见光经反射后并没有发生极小。假定肥皂水膜的折射率看作与水相同，即 $n=1.33$，膜的厚度是均匀的，求膜的厚度。

10.5 两块平玻璃板的一端相接，另一端用一圆柱形细金属丝填入两板之间，因此两板间形成一个劈形空气膜，今用波长为 546nm 的单色光垂直照射板面，板面上显示出完整的明暗条纹各 74 条，试求金属丝的直径。

10.6 在牛顿环实验中，透镜的曲率半径 $R=40\text{cm}$，用单色光垂直照射，在反射光中观察到某一级暗环的半径 $r=2.5\text{mm}$。现把平板玻璃向下平移 $d_0=5.0\mu\text{m}$，上述被观察的暗环半径变为何值？

10.7 在宽度 $a=0.6\text{mm}$ 的狭缝后 40cm 处，有一与狭缝平行的屏幕。今以平行光自左面垂直照射狭缝，在屏幕上形成衍射条纹，若离零级明条纹的中心 P_0 处为 1.4mm 的 P 处，看到的是第 4 级明条纹。求入射光的波长。

10.8 在白色光形成的单缝衍射条纹中，某波长的光的第三级明条纹和红色光（波长为 630nm）的第二级明条纹相重合。求该光波的波长。

10.9 以波长为 589.3nm 的钠黄光垂直入射到光栅上，测得第二级谱线的偏角为$28°8'$，用另一未知波长的单色光入射时，它的第一级谱线的偏角为 $13°30'$。求未知波长。

10.10 在两块正交偏振片 P_1、P_3之间插入另一块偏振片 P_2，光强为 I_0的自然光垂直入射于偏振片 P_1，求转动 P_2时，透过 P_3的光强 I 与转角 α 的关系。

10.11 一束自然光从空气入射到平面玻璃上，已知入射角为 $i=58°$。此时，反射光为偏振光，求此玻璃的折射率及折射光的折射角 r_0。

第十一章　狭义相对论简介

19 世纪末叶，随着电磁学和光学的发展，人们在研究电磁波的传播速度（如光速）与参考系之间的关系时，做了大量实验和理论研究工作，发现在电磁（光）现象和高速运动问题中的实验事实与牛顿力学的结论不相符。

正是在这样的历史背景下，爱因斯坦在 1905 年提出了时间和空间的新观念和在惯性系中高速运动问题的理论，创建了狭义相对论。1915 年又把它扩大到非惯性系中去，发展成广义相对论。相对论是近代物理学的理论基础之一，它和 20 世纪初建立起来的“量子力学”是近代物理的两大支柱。

本章将对狭义相对论的基本观点和由它得出的若干结论做一简介。

第一节　伽利略变换　牛顿的绝对时空观

一、力学的相对性原理

物理学中将牛顿运动定律所适用的参考系，称为**惯性参考系**（简称“惯性系”）。相对于某一惯性系做匀速直线运动的一切参考系，牛顿运动定律同样适用，因而也都是惯性系。这就是说，研究一个力学现象时，不论取哪一个惯性系，对这一现象基本规律的描述都一样。这就是经典力学的**相对性原理**，它还可以表述为：一切惯性系都是等价的。

例如，在匀速直线运动的轮船内的旅客，如果排除船的颠簸，则在封闭船舱内的人无法判断船是做匀速直线运动，还是静止。这时，竖直向上抛掷一件东西，仍将落回原处，尽管物体在上抛过程中船又向前行驶了一段距离；向船首或船尾跳跃同样距离所需要花的力气完全相同。

经典力学的相对性原理要求：描述力学基本规律的公式从一个惯性系换算到另一个惯性系时，形式必须保持不变，伽利略变换满足了这种换算关系。

二、伽利略变换

如图 11-1 所示，设一惯性系 K' 以速度 $\mathbf{V}$ 相对于惯性系 K 做匀速直线运动。选取坐标系 $Oxyz$、$O'x'y'z'$ 的 x 轴、x' 轴在沿 $\mathbf{V}$ 方向的同一直线上，其他相应的坐标轴始终平行。

对于运动质点 P，t 时刻在 K 系中测得的位置为 (x,y,z)，K' 系中测得位置为 (x',y',z')，这两组位置坐标之间关系为

$$x'=x-Vt,\ y'=y,\ z'=z \qquad (11\text{-}1)$$

这就是**伽利略变换式**。

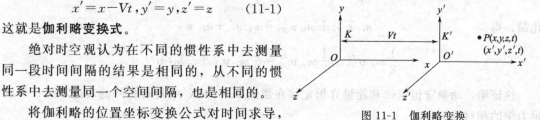

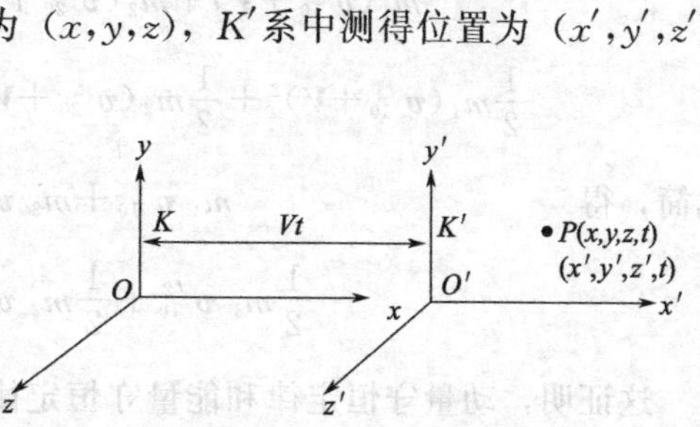

图 11-1　伽利略变换

绝对时空观认为在不同的惯性系中去测量同一段时间间隔的结果是相同的，从不同的惯性系中去测量同一个空间间隔，也是相同的。

将伽利略的位置坐标变换公式对时间求导，

得到伽利略的速度变换公式，即

$$\frac{dx'}{dt}=\frac{dx}{dt}-V,\ \frac{dy'}{dt}=\frac{dy}{dt},\ \frac{dz'}{dt}=\frac{dz}{dt}$$

即 $$v'_x=v_x-V,\ v'_y=v_y,\ v'_z=v_z$$

写成矢量式，即为 $$\boldsymbol{v}'=\boldsymbol{v}-\boldsymbol{V} \quad (11\text{-}2)$$

将上式对时间再求导一次，得 $$\boldsymbol{a}'=\boldsymbol{a} \quad (11\text{-}3)$$

三、绝对时空下的质量和牛顿运动定律

牛顿力学还认为，在不同的参考系中，物体的质量是不变的。即 $m=m'$

可得 $$m\boldsymbol{a}'=m\boldsymbol{a}$$

因此，在惯性系 K 中 $$\boldsymbol{F}=m\boldsymbol{a}$$

在惯性系 K' 中 $$\boldsymbol{F}'=m\boldsymbol{a}'$$

可见，牛顿第二定律都具有相同的表述形式。

由于在不同惯性系中，测得同一物体所受的力都相同，而每一个力总是与其反作用力同时存在的，故表述作用力与反作用力关系的牛顿第三定律，在不同惯性系中也都具有相同的表述形式。综上所述，低速运动时，在伽利略变换下，牛顿力学的一切规律在所有惯性系中都保持相同的表述形式，即牛顿力学满足经典力学相对性原理。

【例题 1】 质量分别为 m_1、m_2 的两质点 A 和 B 沿 x 轴（x'轴）运动，如图 11-2 所示，进行弹性碰撞。K'系相对于 K 系以速度 $\boldsymbol{V}$ 沿 x 轴正方向运动。从 K 系观察，碰撞前、后 A、B 的速度分别为$\boldsymbol{v}_{10}$、$\boldsymbol{v}_{20}$和$\boldsymbol{v}_1$、$\boldsymbol{v}_2$；从 K'系观察，碰撞前、后 A、B 的速度分别为$\boldsymbol{v}'_{10}$、$\boldsymbol{v}'_{20}$和$\boldsymbol{v}'_1$、$\boldsymbol{v}'_2$。证明：动量守恒定律和能量守恒定律在惯性系 K 和 K'中具有相同的表述形式。

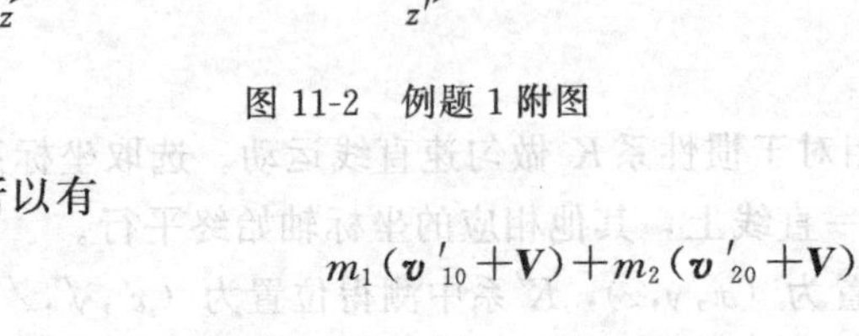

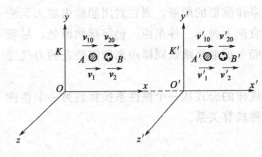

图 11-2 例题 1 附图

证明 由于弹性碰撞，系统的动量守恒、能量守恒。在 K 系中，有

$$m_1v_{10}+m_2v_{20}=m_1v_1+m_2v_2$$

$$\frac{1}{2}m_1v_{10}^2+\frac{1}{2}m_2v_{20}^2=\frac{1}{2}m_1v_1^2+\frac{1}{2}m_2v_2^2$$

根据伽利略的速度变换式

$$\boldsymbol{v}_{10}=\boldsymbol{v}'_{10}+\boldsymbol{V}$$

$$\boldsymbol{v}_{20}=\boldsymbol{v}'_{20}+\boldsymbol{V}$$

$$\boldsymbol{v}_1=\boldsymbol{v}'_1+\boldsymbol{V},\ \boldsymbol{v}_2=\boldsymbol{v}'_2+\boldsymbol{V}$$

所以有

$$m_1(\boldsymbol{v}'_{10}+\boldsymbol{V})+m_2(\boldsymbol{v}'_{20}+\boldsymbol{V})=m_1(\boldsymbol{v}'_1+\boldsymbol{V})+m_2(\boldsymbol{v}'_2+\boldsymbol{V})$$

$$\frac{1}{2}m_1(\boldsymbol{v}'_{10}+\boldsymbol{V})^2+\frac{1}{2}m_2(\boldsymbol{v}'_{20}+\boldsymbol{V})^2=\frac{1}{2}m_1(\boldsymbol{v}'_1+\boldsymbol{V})^2+\frac{1}{2}m_2(\boldsymbol{v}'_2+\boldsymbol{V})^2$$

化简，得 $$m_1\boldsymbol{v}'_{10}+m_2\boldsymbol{v}'_{20}=m_1\boldsymbol{v}'_1+m_2\boldsymbol{v}'_2$$

$$\frac{1}{2}m_1\boldsymbol{v}'^2_{10}+\frac{1}{2}m_2\boldsymbol{v}'^2_{20}=\frac{1}{2}m_1\boldsymbol{v}'^2_1+\frac{1}{2}m_2\boldsymbol{v}'^2_2$$

这证明，动量守恒定律和能量守恒定律在惯性系 K 和 K' 中具有相同的表述形式，即满足力学的相对性原理。

第二节　狭义相对论的基本原理　洛仑兹变换

一、狭义相对论的基本原理

应用伽利略变换和牛顿力学处理高速运动物体的力学问题，特别是光的传播问题时，与实验事实存在着不可调和的矛盾。

根据麦克斯韦电磁场理论和有关光速测量的实验都证实，不论在哪个惯性系，沿任何方向去测定真空中的光速，结果都相同，其大小都等于常量 c。

显然，伽利略变换与电磁理论是互不相容的。“为什么看起来如此正确的两件事却互不相容呢?”爱因斯坦曾经苦苦地思索，最后，他断然摆脱绝对时空观的束缚，于 1905 年，提出了两条假说，作为狭义相对论的两条基本原理。

① 狭义相对论的相对性原理：在一切惯性系中，物理定律都具有相同的表达形式。它表明不论在哪个惯性系中做物理实验（不仅仅是力学实验），都不能确定该惯性系是静止的、还是在做匀速直线运动。

② 光速不变原理：在任何惯性系中，测得真空中的光速都等于 c。光速不变原理否定了伽利略变换，为此，必须从光速不变原理出发，寻找一个新的时空变换关系，并使任何物理定律在这一新的变换下保持不变的表述形式，这一变换就是**洛仑兹变换**。

二、洛仑兹变换

根据如图 11-3 所示的参考系，设 O、O' 重合时刻 $t=t'=0$，可以导出惯性系 K、K' 之间的**洛仑兹时空变换关系**为

$$\begin{cases} x'=\dfrac{x-Vt}{\sqrt{1-\dfrac{V^2}{c^2}}} \\ y'=y \\ z'=z \\ t'=\dfrac{t-\dfrac{Vx}{c^2}}{\sqrt{1-\dfrac{V^2}{c^2}}} \end{cases} \quad (11\text{-}4) \qquad \text{其逆变化为} \begin{cases} x=\dfrac{x'+Vt'}{\sqrt{1-\dfrac{V^2}{c^2}}} \\ y=y' \\ z=z' \\ t=\dfrac{t'+\dfrac{Vx'}{c^2}}{\sqrt{1-\dfrac{V^2}{c^2}}} \end{cases} \quad (11\text{-}5)$$

式中，c 为真空中的光速。

洛仑兹变换式表明，时间与空间是相互联系的。当 $V \ll c$ 时，即在惯性系 K' 系相对于 K 系的速度远小于光速的情况下，洛仑兹变换就和伽利略变换一致。这就是说牛顿力学是狭义相对论的一种极限情况，只有在运动物体的速度远小于光速时，牛顿力学才是正确的。

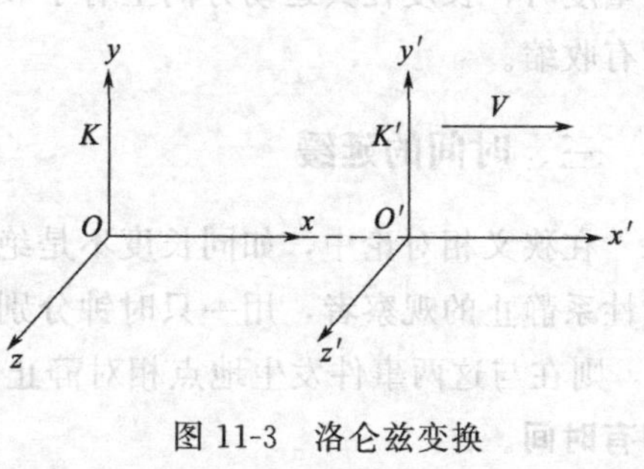

图 11-3　洛仑兹变换

第三节 狭义相对论的时空相对性

一、同时的相对性

在经典力学中，如果两个事件在一个惯性系中观测是同时发生，那么在另一个惯性系中观测的也是同时发生，这从伽利略变换式可以清楚地看出。但是狭义相对论则认为，在一个惯性系中同时发生的两件事，在另一个惯性系中可能不是同时发生的，这就是**同时的相对性**，可用一个理想实验来说明。

在一节长为 L 的列车车厢的两端，分别装置一只光信号接收器 A 和 B。当车厢中点处的灯发出一次闪光，向车厢的前、后端传播，若车厢以速度 V 沿着 K 系的 x 轴方向匀速前进，则在车厢中的观察者认为，该闪光分别传播到 A 和 B 处所经过的距离相等，A 和 B 应同时接收到该光信号；可是，在地面上的观察者认为，当光信号经过时间 t 传到 B 时，由于在这段时间 t 内车厢相对于点 P 向前移过了距离 x，所以这时 B 相对于 A 要较迟才能接收到光信号。

这就说明了同时的相对性，即“同时”只是相对于某个参考系而言的，没有绝对意义。

二、长度的收缩

在伽利略变换中，物体的长度是绝对的，在不同的惯性系中量度，同一物体的长度都是一样的。在洛仑兹变换中，情况会怎样呢？

设一尺子随同 K' 系相对于 K 系以速度 $\mathbf{V}$ 沿 x 轴方向运动。在 K' 系中的观察者测得尺子两端的坐标分别为 x'_1、x'_2，则 $x'_2-x'_1=L'_0$ 为尺子相对于 K' 系静止时的长度，称为**固有长度**，设在 K 系中的观察者在同一时刻 t 测得杆的长度为 $L=x_2-x_1$。由洛仑兹变换式的第一式，得

$$L'_0=x'_2-x'_1=\frac{x_2-Vt}{\sqrt{1-\left(\frac{V}{c}\right)^2}}-\frac{x_1-Vt}{\sqrt{1-\left(\frac{V}{c}\right)^2}}=\frac{x_2-x_1}{\sqrt{1-\left(\frac{V}{c}\right)^2}} \tag{11-6}$$

于是有

$$L=L'_0\sqrt{1-\left(\frac{V}{c}\right)^2} \tag{11-7}$$

即杆相对于观察者运动时，观察者沿运动方向测得杆的长度 L，要比杆的固有长度 L'_0 短些。

结论：在某一惯性系中静止的物体，在相对于该惯性系以匀速 V 运动的其他惯性系中来量度时，长度在其运动方向上有了收缩。但在与 V 垂直的方向（y、z 方向），物体的长度没有收缩。

三、时间的延缓

在狭义相对论中，如同长度不是绝对的那样，时间间隔也不是绝对的。如果相对于某一惯性系静止的观察者，用一只时钟分别测定两个事件 A 和 B 在同一地点发生的时刻为 t_A 和 t_B，则在与这两事件发生地点相对静止的该惯性系中，测得的时间间隔 $\Delta t=t_A-t_B$，就称为**固有时间**。

若在 K' 系内装置一时钟，如图 11-4 所示，设时钟随着 K' 系相对于 K 系以速度 $\boldsymbol{V}$ 沿 x 轴方向运动，在 K' 系中测得两个事件发生的时间间隔为 $t'_2-t'_1$，这就是固有时间，记作 $\Delta t'_0$。由于时钟随 K' 系一起运动，两个事件发生在同一地点，即 x' 不变，则在 K 系中的观察者测得该两个在 K' 系中同地的事件发生的时间间隔 $\Delta t=t_2-t_1$，可由式（11-5）的第四式求出，

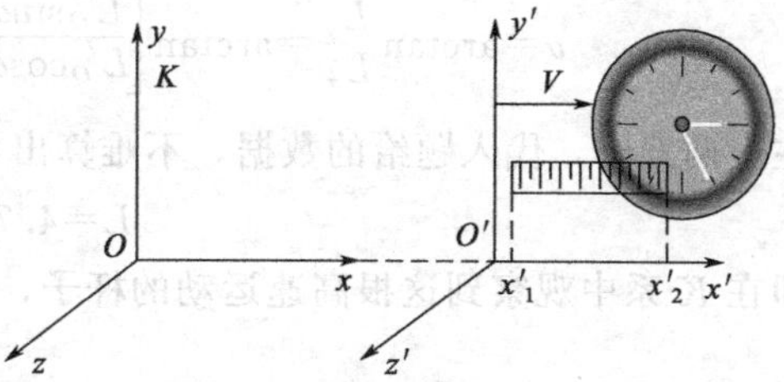

图 11-4　时间的延缓

$$t_2-t_1=\frac{t'_2+(V/c^2)x'}{\sqrt{1-(V/c)^2}}-\frac{t'_1+(V/c^2)x'}{\sqrt{1-(V/c)^2}}=\frac{t'_2-t'_1}{\sqrt{1-(V/c)^2}} \tag{11-8}$$

即

$$\Delta t=\frac{\Delta t'_0}{\sqrt{1-\left(\dfrac{V}{c}\right)^2}} \tag{11-9}$$

可见 $\Delta t>\Delta t'_0$，即在 K 系中的观察者（相对于时钟在运动）测得的该两事件的时间间隔，比 K' 系中的观察者（相对于时钟为静止）测得的固有时间要长些，这一相对论效应称为**时间延缓效应**。

结论：静止在某一惯性系内的时钟所指示的时间间隔，在其他以相对速度 $\boldsymbol{V}$ 运动的惯性系内观测时，时间有了延长。

最后指出，对于上述长度缩短和时间变慢的现象，仅当低速时才与牛顿力学时空观的结论相一致。这时，$V\ll c$，$\sqrt{1-\left(\dfrac{V}{c}\right)^2}\approx 1$，由式（11-7）、式（11-9）得到

$$L=L'_0，\Delta t=\Delta t'_0 \tag{11-10}$$

由于人们在日常生活中接触到的现象，V 都远比 c 小，因此上述"相对论效应"几乎是观测不出来的。在这些情况下，牛顿力学的时空观和伽利略变换都是适用的。应该指出，相对论的时空观直接或间接地已为实验所证实。

【例题 2】　如图 11-5 所示，设惯性系 K' 相对于惯性系 K 以匀速 $V=c/3$ 沿 x 轴方向运动。在 K' 系的 $x'O'y'$ 平面内静置一长为 5m、并与 x' 轴成 30°角的杆。试问：在 K 系中观察到此杆的长度和杆与 x 轴的夹角为多大？

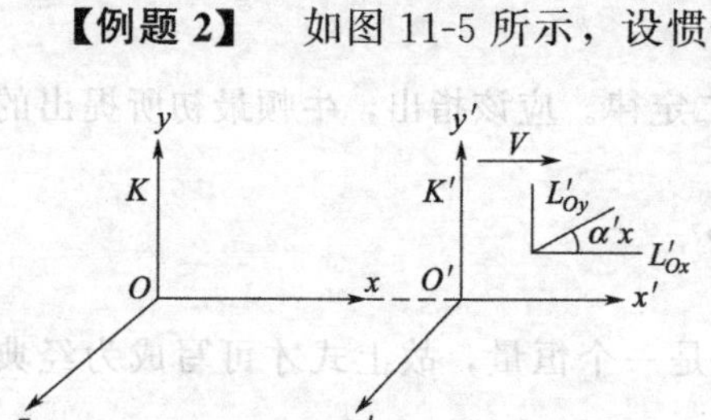

图 11-5　例题 2 附图

解　在 K' 系中，杆的长度在 x'、y' 轴上的投影 L'_{Ox}、L'_{Oy} 分别为

$$L'_{Ox}=L'_O\cos\alpha'，L'_{Oy}=L'_O\sin\alpha'$$

式中，L'_O 为 K' 系中测得的杆长，即固有长度；α' 为杆与 x' 轴的夹角。由于 K 和 K' 系仅在 x 轴方向有相对运动，故 K 系中，杆在 x 轴方向的投影 L_x 有收缩，而在 y 轴方向的投影 L_y 则没有变化。即

$$L_x=L'_{Ox}\sqrt{1-(V/c)^2}=L'_O\cos\alpha'\sqrt{1-(V/c)^2}$$
$$L'_y=L'_{Oy}=L'_O\sin\alpha'$$

因此，在 K 系中，观察到杆的长度 L 及杆与 x 轴的夹角 α 分别为

$$L=\sqrt{L_x^2+L_y^2}=L'_O\sqrt{1-(V/c)^2\cos\alpha'}$$

$$\alpha=\arctan\frac{L_y}{L_x}=\arctan\left[\frac{L'_O\sin\alpha'}{L'_O\cos\alpha'}\frac{1}{\sqrt{1-(V/c)^2}}\right]=\arctan\frac{\tan\alpha'}{\sqrt{1-(V/c)^2}}$$

在上两式中，代入题给的数据，不难算出

$$L=4.75\text{m},\ \alpha=31.49°$$

即在 K 系中观察到这根高速运动的杆子，长度要缩短，空间方位也会改变。

第四节　狭义相对论的动力学基础

一、相对论的质量和速度的关系

牛顿第二定律 $\boldsymbol{F}=m\boldsymbol{a}$ 作为经典力学的基本定律，在伽利略变换下具有不变性；但是在洛仑兹变换下，它将不再具有不变性。亦即，在狭义相对论中，牛顿第二定律的数学表达形式需做合理修改。

考虑到动量守恒定律是一条普遍规律，在相对论中也应成立。亦即，根据相对性原理，如果在一个惯性系中，系统的动量守恒，则经过洛仑兹变换，在另一个惯性系中，动量仍是守恒的。因而从动量守恒定律出发，可以推导（从略）出运动物体的质量 m 与其速率 v 的关系为

$$m=\frac{m_0}{\sqrt{1-\left(\frac{v}{c}\right)^2}}\tag{11-11}$$

式中，m_0 是物体静止（即 $v=0$）时的质量，称为**静止质量**。式（11-11）表明，一个物体以速度$\boldsymbol{v}$运动时，其质量是如何随速度变化的。一般来说，宏观物体的运动速度比光速小的多，其质量与静止质量很接近，因而可以忽略其质量的改变。当质点的速度与光速很接近时，这时其质量与静止质量却有显著不同。

二、相对论力学的运动方程

现在利用相对论质量与速率的关系式修正牛顿第二定律。应该指出，牛顿最初所提出的运动方程，原是用动量 $\boldsymbol{P}=m\boldsymbol{v}$ 来描述的，即

$$\boldsymbol{F}=\frac{\mathrm{d}(m\boldsymbol{v})}{\mathrm{d}t}=\frac{\mathrm{d}\boldsymbol{P}}{\mathrm{d}t}$$

但由于牛顿力学认为物体的质量 m 与速率无关，是一个恒量，故上式才可写成为经典力学中熟知的形式，即

$$\boldsymbol{F}=\frac{\mathrm{d}(m\boldsymbol{v})}{\mathrm{d}t}=m\frac{\mathrm{d}\boldsymbol{v}}{\mathrm{d}t}=m\boldsymbol{a}$$

而在相对论力学中，质量随速度而变，不是恒量，将运动方程表述成前式，就具有更普遍的意义了。相对论中的动量应该写作

$$\boldsymbol{P}=m\boldsymbol{v}=\left(\frac{m_0}{\sqrt{1-(v/c)^2}}\right)\boldsymbol{v}\tag{11-12}$$

在相对论中，力学的运动方程就必须改造成如下形式

$$\boldsymbol{F}=\frac{\mathrm{d}}{\mathrm{d}t}\left(\frac{m_0}{\sqrt{1-(v/c)^2}}\right)\boldsymbol{v}\tag{11-13}$$

这就是**相对论力学的运动方程**。它的数学表达形式在洛仑兹变换下具有不变性。显然，当 $v \ll c$ 时，质量才可认为不变，即 $m=m_0$。于是，上述方程就回到牛顿力学的运动方程形式 $\boldsymbol{F}=m\boldsymbol{a}$，所以它是狭义相对论的一个特例。

三、质量与能量的关系

根据相对论力学的运动方程式，可以推导相对论中的动能表达式

$$E_k=mc^2-m_0c^2 \tag{11-14}$$

式中，$m=\dfrac{m_0}{\sqrt{1-(v/c)^2}}$是物体以速率 v 运动时的质量。由式（11-14）可以看出，当物体以低速（$v \ll c$）运动时，将上式的第一项利用二项式定理展开后，成为

$$E_k=\frac{m_0c^2}{\sqrt{1-(v/c)^2}}-m_0c^2=m_0c^2\left[\left(1+\frac{1}{2}\left(\frac{v}{c}\right)^2+\frac{3}{8}\left(\frac{v}{c}\right)^4+\cdots\right)-1\right]$$

$$=m_0c^2\left[\frac{1}{2}\left(\frac{v}{c}\right)^2+\frac{3}{8}\left(\frac{v}{c}\right)^4+\cdots\right]$$

略去高次项，近似可得 $E_k=\dfrac{1}{2}m_0v^2$ 这就是牛顿力学的动能表达式。所以从能量角度来看，牛顿力学也是相对论力学的近似。

由于物体的动能 $E_k=mc^2-m_0c^2$，故 mc^2、m_0c^2 也是能量。如果把 mc^2 看成是物体的总能量 E，则当物体静止时，尽管动能 $E_k=0$，但仍有能量 m_0c^2。因而，就将 m_0c^2 称为静止质量为 m_0 的物体所具有的**静能**，以 E_0 表示。这样，相对论能量的表达式可写作

$$E=E_k+E_0=mc^2 \tag{11-15}$$

即物体的总能量等于其动能与静能之和。

在相对论能量的表达式中，c 为真空中的光速，是一常量。所以，狭义相对论指出，物体的质量和能量是相互联系的，即

$$E=mc^2 \tag{11-16}$$

这就是狭义相对论的质量与能量的关系。它反映了任何物质客体都具有质量和相对应的能量，从而揭示了能量和质量的不可分割性。

任何质量为 m 的物体具有大小等于 mc^2 的能量。当物体静止时，$m=m_0$。于是 $E=E_0=m_0c^2(E_k=0)$，即此时尽管物体不具有动能，但具有静能。所谓物体的静能实际上就是包含在物体内部的总内能，其中包含分子运动的动能，分子间的相互作用的势能，使原子和原子结合在一起的化学能，以及原子内使原子核与电子结合在一起的电磁能，原子核内核子（即质子和中子）之间的结合能，核子内更基本的粒子之间的结合能等。

思　考　题

11.1　根据伽利略坐标变换公式，对于时间观念和空间观念做出什么结论？

11.2　什么是力学相对性原理？在一个参考系内做力学实验能否测出这个参考系相对于惯性系的加速度？

11.3　长度的量度和同时性有什么关系？为什么长度的量度会和参考系有关？长度的收缩效应是否因为尺子的长度受到实际的压缩？

11.4 对于以光速运动的粒子，静止质量能否断定？相对论的质量-速度关系式能否适用？

11.5 宇宙飞船相对于地面以速度$\boldsymbol{v}$做匀速直线运动。某一时刻飞船头部向其尾部发出一个光信号，经过Δt（飞船上的钟）时间后，被尾部的接收器收到，则飞船的固有长度为多少？

11.6 一电子用静电场加速后，其电能为静能的一半，此时它的速度为多少？

11.7 α粒子在加速器中被加速，当其质量为静质量3倍时，其动能为静能的多少倍？

习　题

11.1 设有两个惯性参考系K、K'，它们对应的坐标轴相互平行，当$t=t'=0$时，它们的原点重合在一起。有一件事，在K'系中发生在$x'=60\text{m}$，$y'=0$，$z'=0$，$t'=8.0\times 10^{-8}\text{s}$处。若$K'$系相对于$K$系以速率$V=\frac{4}{5}c$沿$x$轴正方向运动，求该事件在$K$系中的时空坐标。

11.2 有一观测者以0.8c的速率相对第二观测者运动，运动中的观测者带着一根1m长的棒，棒的取向与运动方向相同，求固定不动的观测者测得此棒的长度。

11.3 若从一惯性系中测得宇宙飞船的长度为静止长度的4/5，试求宇宙飞船相对此惯性系的速度（以光速c表示）。

11.4 在惯性系K中观测到有两件事件发生在同一地点，其时间间隔为4.0s，从惯性系K'中观察到这两个事件的时间间隔为6.0s。设K'系以恒定速率相对于K系沿Ox轴正方向运动，求K'系相对于K系的速率。

11.5 一电子以0.99c的速率运动，求电子的总能量（电子的静质量$m_0=9.10\times 10^{-31}\text{kg}$）。

第十二章 近代物理学基础

牛顿力学具有一定的适用范围，它所研究的物体和运动需要满足如下两个条件：第一、物体运动的速度必须远远小于光速；第二、物体的线度必须远远大于原子。不满足条件一时，物体的运动将要遵从相对论力学的规律；不满足条件二时，物体的运动则将要遵从量子力学的规律。牛顿力学可视为相对论力学或量子力学的极限情况。相对论力学和量子力学都是20世纪初才建立的，以它们为理论基础的物理学部分统称为近代物理学；而以牛顿力学、热力学和麦克斯韦电磁学为理论核心的物理学则统称为经典物理学。

近代物理学的研究成果在近代科技上有着广泛的应用，如核能、光电效应、半导体器件、激光与超导等的应用就是明显的例子。随着科学技术的发展，近代物理学对技术创新的作用愈来愈受到重视。

本章对量子力学的一些基本概念和基本规律作简单的介绍。

第一节 光的粒子性 康普顿效应

一、光的粒子性 光子

已经知道，光的波动学说能够解释光的干涉、衍射、偏振等现象，但不能解释光电效应。这说明光的波动性只是从一个方面反映了光的本性，而没有全面反映出光的本性。1905年在光电效应等实验事实的基础上，爱因斯坦提出了反映光的粒子性的光子说。光子说认为：光是以光速运动的粒子流，这些粒子称为**光量子**或**光子**；每一光子的能量是

$$E=h\nu \tag{12-1}$$

式中，ν是光的频率；h是一普适常数，称为普朗克常数，其量值为

$$h=6.626\times10^{-24}\,\mathrm{J/s}$$

光子只能作为一个整体被发射或吸收。按照光子说，光强决定于单位时间内通过单位面积的光子数N，单色光的光强等于$Nh\nu$。

一切粒子都具有质量，光子也具有质量，但光子只有运动质量，光子的静止质量等于零。这是因为光子以光速运动，如果认为对于光子，关系$m=\dfrac{m_0}{\sqrt{1-v^2/c^2}}$也成立的话，则必推出光子的静止质量$m_0=0$，倘若$m_0\neq0$，则$m\to\infty$，因而$E=mc^2\to\infty$，这与光子的能量$E=h\nu$是有限的事实不符合。光子的运动质量为

$$m=\frac{E}{c^2}=\frac{h\nu}{c^2} \tag{12-2}$$

光子还具有动量p，它等于光子的质量m乘以光速c即

$$p=mc=\frac{h\nu}{c}=\frac{h}{\lambda} \tag{12-3}$$

由于光子具有动量，物体在反射或吸收光子时，会受到光压，这一点也被实验所证实。

光电效应外，下面即将介绍的康普顿效应也说明光具有粒子性。

二、伦琴射线的散射　康普顿效应

具有一定方向的入射光在通过密度不均匀的物质后，出射光沿各个方向散开的现象，称为**光的散射**。伦琴射线经过物体时也会产生散射现象。在1922～1923年间康普顿首次研究了这种散射现象。

图12-1是康普顿实验的装置简图，图中R为伦琴射线管，A是散射物质，其他设备是一个光谱仪，用来测定散射后的伦琴射线的波长。调节A和R的位置，可使不同方向的散射光通过光栅系统D_1D_2进入光谱仪。实验结果表明，散射光中有与入射光波长λ_0相同的射线，也有波长$\lambda>\lambda_0$的射线。这种除有波长不变的成分外，在散射光中还存在波长增大的成分的现象称为**康普顿效应**。

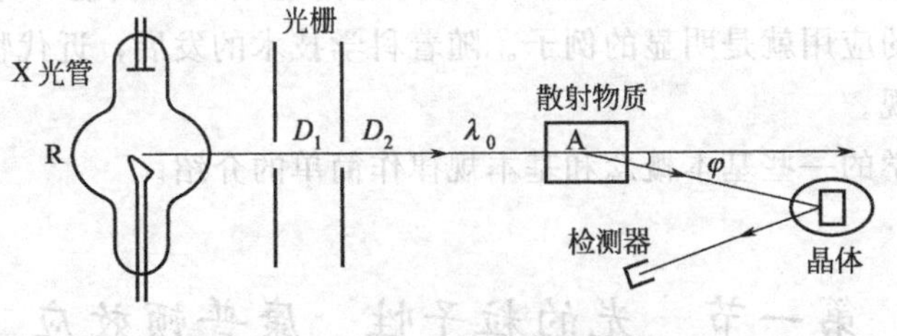

图12-1　康普顿实验装置简图

经典电磁理论对光的散射是这样解释的：当电磁波通过物体时，将使物体内的带电粒子进行受迫振动，这些振动着的带电粒子便向四周辐射出电磁波；对光而言，这就是散射光。带电粒子受迫振动的频率等于入射光的频率，故散射光的波长（或频率）应与入射光的波长（或频率）相同。因此，光的波动理论只能够解释波长不变的散射而不能解释康普顿效应。

可是根据光的粒子性，由光子概念并假设光子与电子等粒子发生弹性碰撞，就可以对康普顿效应做出与实验相符合的解释。在物理实质上，康普顿效应是光子与电子相碰撞所产生的现象，这种碰撞有下述几个特点。

① 当一个入射光子与散射物质中的一个自由电子或束缚较弱的电子发生碰撞，光子将沿某一方向出射，它就是该方向散射光的光子。在碰撞时，入射光子有一部分能量传给电子，因之散射光子的能量必小于入射光子的能量。按照光子能量与频率关系$E=h\nu$可知，散射光的频率要小于入射光的频率，即散射光的波长要大于入射光的波长。

② 当入射光子与原子实中束缚较紧的电子发生碰撞时，应将整个原子实作为一个整体来考虑。由于原子实的质量要比光子大得很多，按照碰撞理论，对于此种情况光子的能量在碰撞前后基本不变；因而散射光的频率也基本与入射光的频率相同，故散射光里也有与入射光波长相同的射线。

③ 轻原子中的电子一般束缚较弱；重原子中的电子只有外层电子束缚较弱，而内层电子是束缚得较紧的。因之由原子量较小的元素组成的物体比由原子量较大的元素组成的物体，康普顿效应较明显。

光子理论能够完满的解释康普顿效应，反过来康普顿效应也有力的证实了光的粒子性和光子理论。

第二节　实物粒子的波粒二象性

一、电子衍射现象

前面已经说明了，本来被认为是波动的光实际上还具有粒子的特性。现在要进一步说明，原子、中子、电子等这些本来被认为是一颗颗的实物粒子，实际上也还具有波动的特性。下面以电子为例，用电子衍射实验来说明电子也具有波动性。实验的大意如下。

如图 12-2 (a) 所示，电子从灯丝 K 飞出，经过电势差为 U 的加速电场，然后通过小孔 D，成为很细的平行电子束。当电子束穿过一多晶金属箔片 M（它相当于光栅）后，再射到屏 P 上，类似于光的衍射现象，在屏上可显示出有规律的衍射条纹。图 12-2 (b)是电子束通过铝箔后在屏上所得到的衍射图形。已经知道，衍射是波动的基本特征，电子束能发生衍射现象就说明电子具有波动性。由铝的晶格常数、衍射条纹的尺寸、晶片与屏的距离，根据屏蔽的绕射理论可以计算出电子波的波长。

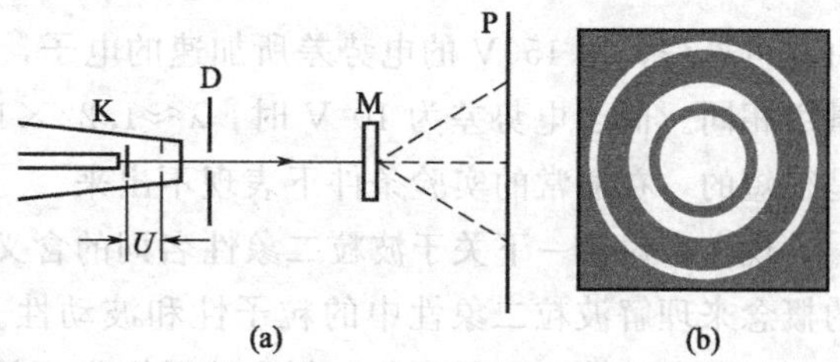

图 12-2　电子的衍射

用类似的实验也可观察到了分子、原子、中子和质子等微观粒子的衍射现象。总之实验事实已经确实无疑地肯定了一切微观粒子既具有粒子性又具有波动性，这在物理学上称为波粒二象性。

二、德布罗意假说

实物粒子的波粒二象性是 1924 年由法国物理学家德布罗意首先提出来的。他在分析对比力学和光学的对应关系时，提出了一个非常深刻的问题。他说："整个世纪以来，在光学中，如果说比起波的研究方法来，是过于忽视粒子的研究方法的话，那么在实物粒子的理论上，是不是发生了相反的错误，把粒子的图像想得太多，而过分忽视了波的图像呢?"于是他提出了一切实物粒子都具有波粒二象性的假设。他把光子的能量与频率、动量与波长两个关系式推广到实物粒子，即假定与实物粒子波粒二象性相联系的那个波的波长 λ 和频率 ν，由下面两式确定

$$p=mv=\frac{h}{\lambda} \tag{12-4}$$

$$E=mc^2=h\nu \tag{12-5}$$

式中，$m(=\dfrac{m_0}{\sqrt{1-v^2/c^2}})$、$v$、$p$、$E$ 分别表示实物粒子的质量、速度、动量及总能量。如果 $v\ll c$，则式（12-4）化为

$$m_0 v=\frac{h}{\lambda} \tag{12-4$'$}$$

与实物粒子波粒二象性相联系的那个波常称为**德布罗意波**或**物质波**。

现在来计算在图 12-2 中，经过加速电场后，电子的德布罗意波波长。设加速电势差为 U，电子的速度为 v，在 $v\ll c$ 的情况下，将由下式决定

$$\frac{1}{2}m_0v^2=eU \tag{12-6}$$

由式（12-4′）及式（12-6）可解出

$$\lambda=\frac{h}{\sqrt{2em_0}}\left(\frac{1}{\sqrt{U}}\right) \tag{12-7}$$

将 h、e、m_0 的数值代入上式，得到

$$\lambda=\frac{12.2}{\sqrt{U}}\times10^{-10}\,\mathrm{m}=\frac{1.22}{\sqrt{U}}\,\mathrm{nm}$$

由此可算得，用 150V 的电势差所加速的电子，其德布罗意波长 $\lambda=0.1\mathrm{nm}$，与 X 射线的数量级相同。而当电势差为 10^4 V 时，$\lambda\approx1.22\times10^{-2}\,\mathrm{nm}$。可见实物粒子的德布罗意波长一般是很短的，在通常的实验条件下表现不出来。

现在来讨论一下关于波粒二象性名词的含义，必须强调，不能用照搬经典粒子和经典波的概念来理解波粒二象性中的粒子性和波动性。经典粒子的特点表现为沿着一定的轨道运动，不存在干涉和衍射现象，每个粒子携带一份能量和一份动量，故以粒子形式发射和吸收的能量或动量总是具有间断性，表现为一份一份的。而经典波的特点表现为遵从惠更斯原理在空间传播，没有一定轨道，但存在干涉与绕射现象。波的能量和动量分布在整个波场中，故以波的形式发射和吸收的能量或动量总是具有连续性，表现为无限可分的。当微观客体在空间运动时常表现出波传播的特性而不是粒子的特性。当吸收或发射微观客体而交换能量、动量时，则表现出粒子特性而不是波动特性。因此，波粒二象性这个名词的含义应是：微观客体具有粒子性但又不完全像是经典的粒子，微观客体具有波动性但又不完全像是经典的波。波粒二象性的实质涉及到概率波及粒子的概率分布概念，具有波粒二象性的微观客体常称为微观粒子，要注意它与经典粒子在概念上是很不相同的。

三、物质波在技术上的应用

电子的波动性已有多方面的应用，其中一个重要的应用就是电子显微镜，电子显微镜的最大优点是分辨本领比光学显微镜高得多。例如，放大倍数 80 万倍的电子显微镜能分辨的最小距离可达 $1.44\times10^{-1}\,\mathrm{nm}$ 左右。电子显微镜是科学实验的有力工具，可用来观察金属表面的构造、观测晶体以及大分子的结构以及在医学上观察过滤性病毒等。电子的波动性还可以用来确定晶格离子间的电场等。

中子的波动性在现代科学技术上也有广泛的应用，例如，利用中子的衍射来研究固体晶格的性质。中子衍射的特点是中子对轻元素比较灵敏，可以用来补充 X 射线衍射的不足。又如在工业上，可利用中子照相来探伤，以补充 γ 探伤的不足。

第三节　不确定关系

在牛顿力学中，可视为质点的经典粒子总是沿着某一轨道运动的，经过轨道的每一位置时必具有一个速度，因此可以用位置和速度（或动量）来描述它的运动状态。可以通过实验来同时测定经典粒子的位置和速度（或动量），尽管在测定其位置和速度时难免出现误差，然而，人们相信，只要改良测量的设备和方法，误差是可以逐渐减小的，但是这些论述不适用于微观粒子。下面将要说明，由于波粒二象性，存在一个不确定度关系，使得根本不可能

同时确定微观粒子的位置和动量，因此对于微观粒子，轨道的概念也就没有意义了。

以单缝衍射实验为例来说明不确定关系。

如图 12-3 所示，设一束单色光子或单能电子，以速度 x 沿 Oy 轴射过 AB 屏上的狭缝，狭缝宽度为 a，在 CD 屏上将观察到衍射条纹。只考虑到第一级最小，它与零级最大之间满足如下条件

$$\sin\varphi=\frac{\lambda}{a} \tag{12-8}$$

式中，λ 为波长。

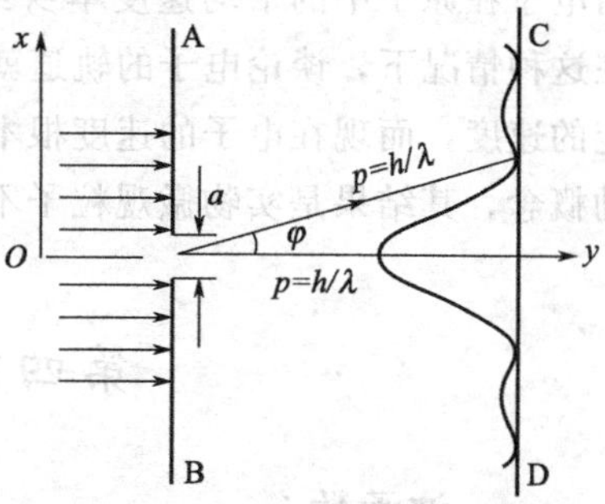

图 12-3　用电子衍射实验说明不确定关系

在这个实验中，粒子通过狭缝瞬时的位置并未确定，用狭缝的宽度 a 来衡量粒子沿 x 轴方向的位置坐标的不确定量 Δx，即让 $\Delta x=a$。

当粒子通过狭缝的瞬间，由于衍射的缘故，使粒子速度的方向有了改变，动量在 x 轴方向的投影 p_x 将介于下述范围之间：$0\leqslant p_x\leqslant p\sin\varphi$。由此沿 x 轴方向的动量分量的不确定量将为

$$\Delta p_x=p\sin\varphi=\frac{h}{\lambda}\frac{\lambda}{a}=\frac{h}{\Delta x}$$

于是得到

$$\Delta x\Delta p_x=h \tag{12-9}$$

如果把次级最大也考虑的话，上式修改为

$$\Delta x\Delta p_x=nh \tag{12-9$'$}$$

因而一般的写为

$$\Delta x\Delta p_x\geqslant h \tag{12-10a}$$

将上式推广到三维空间有

$$\Delta y\Delta p_y\geqslant h \tag{12-10b}$$

$$\Delta z\Delta p_z\geqslant h \tag{12-10c}$$

式（12-10a）～式（12-10c）就是不确定度关系的数学表达式。这一关系的意义是，微观粒子不存在其坐标和速度同时具有确定值的状态。当确定粒子的坐标越准确（Δx 越小）的同时，对粒子在这坐标方向的动量分量的确定就越不准确（Δp_x 越大），反之亦然。

考虑到物理规律的统一性，也可以认为宏观粒子同微观粒子一样具有波粒二象性，可是马上就能看到，对于宏观粒子，由不确定关系给出的不确定量一般可以小到无关紧要。例如，一个质量为 1×10^{-3}kg 的宏观粒子，其位置测准到 1×10^{-6}m 内，应该说是相当精确的了。由不确定度关系可知，其速度的不确定量应为

$$\Delta v\approx\frac{h}{m\Delta x}=\frac{6.63\times10^{-34}}{10^{-3}\times10^{-6}}=6.63\times10^{-25}\text{m/s}$$

而在实际问题中，粒子的速度测准到 1×10^{-6}m/s，已是足够精确的了。因此可以认为，宏观粒子的位置和速度可以同时测准，或者说，对于宏观粒子可以忽略其波动性，宏观粒子的运动规律可以看成是微观粒子的运动规律的极限情况。

可是，在微观世界中，因为所研究的对象的线度是很小的，不考虑粒子的波动性是不可能的。例如，研究原子中电子的运动知道，原子的线度约为 10^{-10}m。在原子中的电子其位置的不确定量可认为是 $\Delta x\approx10^{-10}$m，因此，原子中的电子的速度不确定量为

$$\Delta v_x \approx \frac{h}{m\Delta x} = \frac{6.63\times10^{-34}}{9\times10^{-31}\times10^{-6}} = 7\times10^{6}\,\mathrm{m/s}$$

而电子在原子中的平均速度本身约为 10^6 m/s，速度的不确定值比平均速度本身还大得多。在这种情况下，谈论电子的轨道就没有意义了，因为粒子在轨道上经过每一位置时应有一确定的速度，而现在电子的速度根本不确定。因此，对于微观粒子必须放弃宏观粒子的轨道运动概念，其结果是实物微观粒子不遵从牛顿力学而遵从量子力学的规律。

第四节　波函数及统计解释

一、波函数

按照德布罗意假说，微观粒子的动量和能量与德布罗意波的波长和频率满足如下关系：

$$p=\frac{h}{\lambda}$$

$$E=h\nu$$

动量 p 的方向被规定为波传播的方向。对于自由粒子，动量与能量的值不变，它的德布罗意波便是一个单色平面波。

已经知道，一个沿 x 轴正向传播、沿 y 轴做振动的简谐波，波动方程可用下式表示

$$y=A\cos2\pi\left(\nu t-\frac{x}{\lambda}\right) \tag{12-11}$$

它是复函数

$$y=A\mathrm{e}^{-i2\pi\left(\nu t-\frac{x}{\lambda}\right)} \tag{12-12}$$

的实部。沿 x 轴传播、沿 y 轴做简谐振动的任意机械波的波动方程可表示为

$$y=f(x,t) \tag{12-13}$$

$f(x,t)$ 为时间及坐标的任意函数，式（12-11）及式（12-12）是式（12-13）的特殊情形，称为波函数。

在量子力学中，也用波函数 $\psi(x,t)$ 来描述微观粒子的波动性，$\psi(x,t)$ 一般为复数。例如，一个沿 x 轴正向运动具有确定动量 P 和能量 E 的自由粒子，其波函数为

$$\psi(x,t)=\psi_0\mathrm{e}^{-i2\pi\left(\nu t-\frac{x}{\lambda}\right)}$$

将 $\nu=\dfrac{E}{h}$ 和 $\lambda=\dfrac{h}{p}$ 代入上式有

$$\psi(x,t)=\psi_0\mathrm{e}^{-i\frac{2\pi}{h}(\nu t-px)} \tag{12-14}$$

二、波函数的统计解释

现在用光波和物质波对比的方法来阐述波函数的物理意义。从波动的观点看，光的衍射图样亮处光强大，暗处光强小。而光强与光振动的振幅平方成正比，所以图样亮处光振动的振幅平方大，暗处的光振动的振幅平方小。但从微观的观点看，光强大的地方表示单位时间内到达该处的光子数多，光强小的地方，则表示单位时间内到达该处的光子数少。或从统计观点来看，这就相当于光子到达亮处的概率要远大于光子到达暗处的概率。因为这两种看法是等效的，所以结论是，光子在某处附近出现的概率与该处的光强成正比，也就是与该处光

振动的振幅的平方成正比。

电子的衍射图样和光的衍射图样相类似，对电子及其他微观粒子来说，在微粒性与波动性之间，也应有类似的结论。既然光的强度正比于光振动的振幅的平方，与此相似，物质波的强度也应与波函数的平方成正比。物质波强度较大的地方，也就是粒子分布较多的地方。粒子在空间某处分布数目的多少，与单个粒子在该处出现的概率成正比。因此，得到类似的结论：在某一时刻，在空间某一地点，粒子出现的概率正比于该时刻、该地点的波函数的平方，这是玻恩提出的波函数的统计解释。因此，德布罗意波既不是机械波，也不是电磁波，而是一种概率波。由波函数的统计解释可以看出，对微观粒子讨论运动的轨道是没有意义的，因为反映出来的只是微观粒子运动的统计规律，这与宏观物体的有着本质的差别。

一般情况下，物质波的波函数是复数，而概率却必须是正实数，在某一时刻空间某一点粒子出现的概率正比于波函数与其共轭复数的乘积，即

$$|\psi|^2=\psi\psi^*$$

在空间某点（x,y,z）附近找到粒子的概率与这区域的大小有关，在一个很小的区域 $x\to x+\mathrm{d}x$，$y\to y+\mathrm{d}y$，$z\to z+\mathrm{d}z$ 范围内，ψ 可以认为不变，粒子在该区域内出现的概率将正比于体积元 $\mathrm{d}V=\mathrm{d}x\mathrm{d}y\mathrm{d}z$ 的大小，为

$$|\psi|^2\mathrm{d}V=\psi\psi^*\,\mathrm{d}V \tag{12-15}$$

式中，$|\psi|^2=\psi\psi^*$ 表示在某一时刻在某点处单位体积内粒子出现的概率，称为**概率密度**。因为整个空间内出现粒子的总概率等于 1，所以将式（12-15）对整个空间积分后，应有

$$\iiint|\psi|^2\mathrm{d}V=1 \tag{12-16}$$

上式称为波函数的归一化条件。

第五节　薛定谔方程

经典粒子的运动遵从牛顿运动方程。对微观粒子，牛顿运动方程不适用，必须另建立能描述微观粒子运动的基本方程，这就是薛定谔方程。

一、薛定谔方程

已经知道，微观粒子的波动性可以用一个波函数 $\psi(x,y,z,t)$ 来描述。现在要问，波函数是如何决定的呢。量子力学的一个基本假定是：微观粒子的波函数 $\psi(x,y,z,t)$ 满足一个称为薛定谔方程的偏微分方程。如果粒子在势场中运动，势能为 $U(x,y,z)$，则薛定谔方程为

$$i\frac{h}{2\pi}\frac{\partial\psi}{\partial t}=-\frac{h^2}{8\pi^2m}\left(\frac{\partial^2\psi}{\partial x^2}+\frac{\partial^2\psi}{\partial y^2}+\frac{\partial^2\psi}{\partial z^2}\right)+U(x,y,z)\psi \tag{12-17a}$$

为书写方便，常采用拉普拉斯算符 $\nabla^2=\frac{\partial^2}{\partial x^2}+\frac{\partial^2}{\partial y^2}+\frac{\partial^2}{\partial z^2}$ 和符号 $\hbar=\frac{h}{2\pi}$

于是式（12-16a）表示的薛定谔方程可写为

$$i\hbar\frac{\partial\psi}{\partial t}=-\frac{\hbar^2}{2m}\nabla^2\psi+U\psi \tag{12-17b}$$

如同牛顿运动方程反映了宏观粒子运动的基本规律一样，薛定谔方程反映了微观粒子运动的基本规律。由牛顿运动方程加上初始条件后可解出速度和位置坐标，从而算出宏观粒子

运动的轨道；而由薛定谔方程并根据给定的一些数学物理条件可解出波函数 $\psi(x,y,z)$，从而算出微观粒子在任意地点出现的概率密度。已经知道，牛顿运动方程作为一个基本定律，它的正确性是通过实验检验得到肯定的，而不可能用逻辑推理的方法加以证明。薛定谔方程也是一个基本定律，也不是用逻辑方法推出来的，起初它是薛定谔在 1926 年提出的一个基本假设，后来经受了大量实验事实的检验，其正确性才得到确认。在某些物理教材中，为了证实波函数满足薛定谔方程，做了些演算，但这只是一种核对，不要误认为从这些演算中推导出了薛定谔方程。

二、定态　定态薛定谔方程

在量子力学中，当微观粒子具有一定能量 E 并且其波函数 ψ 可以分解为如下所示的时间函数和坐标函数的乘积

$$\psi(x,y,z,t)=e^{-i\frac{2\pi}{h}Et}\varphi(x,y,z) \tag{12-18}$$

时，微观粒子所处的状态称为**定态**。由式（12-18）表示的波函数 $\psi(x,y,z,t)$ 称为**定态波函数**，其中 $\varphi(x,y,z)$ 称为**定态波函数的空间部分**。

对于定态波函数，由式（12-18）不难看出

$$\psi(x,y,z,t)\psi^*(x,y,z,t)=\varphi(x,y,z)\varphi^*(x,y,z) \tag{12-19}$$

这说明当粒子处于定态时，它在某处出现的概率密度只由定态波函数的空间部分决定，不随时间改变，这是定态的一个极为重要的特性。

将式（12-18）代入薛定谔方程，便可得到定态波函数的空间部分 $\varphi(x,y,z)$ 必须遵守的偏微分方程

$$-\frac{\hbar^2}{2m}\nabla^2\varphi+U\varphi=E\varphi \tag{12-20}$$

这个方程称为**定态薛定谔方程**。由这个方程并根据一些给定的数学物理条件就可解得 $\varphi(x,y,z)$。按照定态的定义，由式（12-20）解出的 φ 函数必须与时间无关，只是坐标的函数，这就要求势能也必须与时间无关，也只是坐标的函数 $U=(x,y,z)$ 这是判断微观粒子是否处于定态的一个判据。通常只研究定态问题，由方程（12-20）解出定态波函数的空间部分，然后再乘上一个因子 $e^{-i\frac{2\pi}{h}Et}$，就得到总波函数 $\psi(x,y,z,t)$。

波函数的模的平方表示粒子在空间某处出现的概率密度。量子力学认为一定时刻在空间给定点粒子出现的概率应该是惟一的，不可能既是这个值，又是那个值，并且应该是有限的（具体说，应该小于 1），又因为从空间一点到另一点，概率的分布应该是连续的，不能逐点跃变或在任何点处发生突变，因此，必须是 $\psi(x,y,z,t)$ 的单值、有限、连续函数，这些要求称为波函数的标准条件。在标准条件下，并非对任意的能量 E 值式（12-20）恒有解。往往是，仅对某些 E 值，该方程才能有解。这就是说，微观粒子的能量常只能取某些分立值，这叫做**能量的量子化**，能量量子化的可能存在是量子力学的一个重要推论，已为许多实验事实所证实。

第六节　一维无限深势阱

若粒子在保守力的作用下被先限制在一定范围内运动，例如，电子在金属中运动，由于电子要逸出金属需克服正电荷的吸引，因此电子在金属外的电势高于金属内的电势能，其一

维的势能图的形状和陷阱相似，故称为势阱。质子在原子核中的势能曲线也是陷阱。为了使计算简化，提出一个理想的势阱模型——无限深势阱。

设一维无限深势阱的势能分布函数如下

$$U(x)=\begin{cases}0 & 0<x<a \quad (\text{阱内})\\ \infty & x\leqslant 0, x\geqslant a \quad (\text{阱外})\end{cases}$$

其势能分布曲线如图 12-4 所示。

按照经典理论，处于无限深势阱中的粒子，其能量可取任意的有限值，粒子在宽度为 a 的势阱内各处的概率是相等的。但从量子力学来看，这些问题又当如何呢，下面应用薛定谔方程来讨论处于一维无限深势阱中粒子的运动。

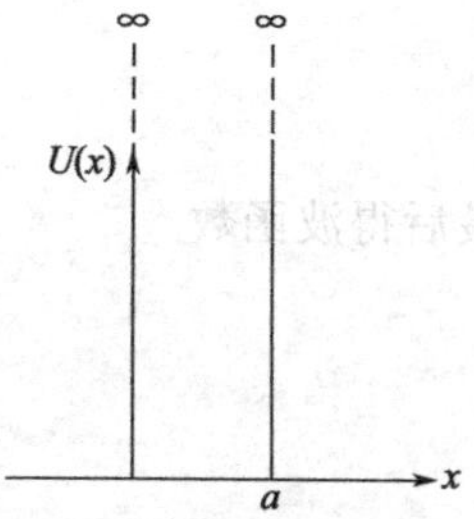

图 12-4　无限深势阱的势能分布曲线

由于势能与时间无关，需由定态薛定谔方程求解 φ，考虑到势能是分段的，列方程求解也需分阱外、阱内两个区间进行。在阱外，设波函数为 φ_1，定态薛定谔方程为

$$-\frac{\hbar}{2m}\frac{\mathrm{d}^2\varphi_1}{\mathrm{d}x^2}+\infty\varphi_1=E\varphi_1 \tag{12-21}$$

对于 E 为有限值的粒子，要使上述方程成立，惟有

$$\varphi_1=0$$

在阱内，设波函数为 φ_2，定态薛定谔方程为

$$-\frac{\hbar}{2m}\frac{\mathrm{d}^2\varphi_2}{\mathrm{d}x^2}=E\varphi_2 \tag{12-22}$$

令

$$k^2=\frac{2mE}{\hbar^2} \tag{12-23}$$

所以有

$$\frac{\mathrm{d}^2\varphi_2}{\mathrm{d}x^2}+k^2\varphi_2=0 \tag{12-24}$$

这是一个二阶常系数齐次线性微分方程，其通解为

$$\varphi(x)=A\sin kx+B\cos kx \tag{12-25}$$

式中，A、B 为两个常数。可由边界条件求出。根据边界条件，当 $x=0$ 时，$\varphi_2(0)=0$，只有 $B=0$ 才能使 $\varphi(0)=0$。所以式（12-24）化解为

$$\varphi_2(x)=A\sin kx \tag{12-26}$$

根据另一个边界条件，$x=a$ 时，$\varphi_2(a)=0$，此时有

$$\varphi_2(a)=A\sin ka=0$$

A 不能为零，只有 $\sin ka=0$，所以

$$ka=n\pi \quad (n=1,2,3,\cdots)$$

将 $k=\frac{n\pi}{a}$ 代入式（12-25），有

$$\varphi_2(x)=A\sin\frac{n\pi}{a}x \quad (n=1,2,3,\cdots)$$

将 $k=\frac{n\pi}{a}$ 代入式（12-22），有

$$E=n^2\frac{h^2}{8ma^2} \quad (n=1,2,3,\cdots)$$

对波函数归一化有

$$\int_0^a |\varphi_2(x,t)|^2 \mathrm{d}x = \int_0^a |\varphi_2(x)|^2 \mathrm{d}x = \int_0^a \left[A\sin\frac{n\pi x}{a}\right]^2 \mathrm{d}x = 1$$

可得

$$A=\sqrt{\frac{2}{a}}$$

所以定态波函数

$$\varphi_1(x)=0$$

$$\varphi_2(x)=\sqrt{\frac{2}{a}}\sin\frac{n\pi}{a}x,\ n=1,2,3\cdots$$

最后得波函数

$$\psi_1(x,t)=0$$

$$\psi_2(x,t)=\sqrt{\frac{2}{a}}\sin\frac{n\pi}{a}x\,\mathrm{e}^{-\frac{i}{\hbar}Et}$$

对一维无限深势阱的特征总结如下。

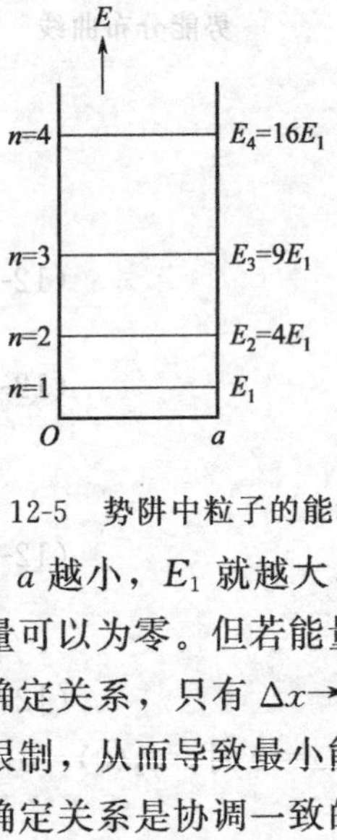

图 12-5　势阱中粒子的能级

① 粒子的能量不能连续的取任意值，只能取分立的值。因为$E=n^2\frac{\hbar^2}{8ma^2}$，这就是说能量是量子化的，整数 n 为粒子能量的量子数。可见，能量量子化在量子力学中很自然地得出的结果，并不求助于人为的假设，粒子的能级如图 12-5 所示。

② 粒子的最小能量不等于零。因为 $n=0$，$\psi_2(x,t)=0$，说明不存在这种状态，所以 n 最小取 1，粒子的最小能量

$$E_1=\frac{n^2\hbar^2}{2ma^2}$$

粒子的最小能量状态称为**基态**，最小能量称为基态能。上式表明，a 越小，E_1 就越大，粒子运动越剧烈。按照经典理论，粒子的能量是连续分布的，其能量可以为零。但若能量为零，则动量必须为零，于是动量的不确定度 Δp 就不存在，根据不确定关系，只有 $\Delta x\to\infty$才有可能。实际上，粒子处于势阱中，它的 Δx 为度势阱的宽度 a 所限制，从而导致最小能量的出现，这种最小能量有时称为零点能。所以，零点能的存在与不确定关系是协调一致的，实验证实了微观领域中能量量子化的分布规律，并证实了零点能的存在。

③ 图 12-6 给出了势阱中粒子的波函数 $\varphi(x)$ 和粒子的概率密度 $|\varphi(x)|^2$ 的分布曲线。从图中可以看出，粒子出现的概率是不均匀的。当 $n=1$ 时，在 $x=\frac{a}{2}$处粒子出现的概率最大；当 $n=2$ 时，在 $x=\frac{a}{4}$和 $x=\frac{3a}{4}$处概率最大等。概率密度的峰值个数和量子数 n 相等，这又和经典概念是很不同的。若是经典粒子，因为在势阱内不受力粒子在两阱壁间作

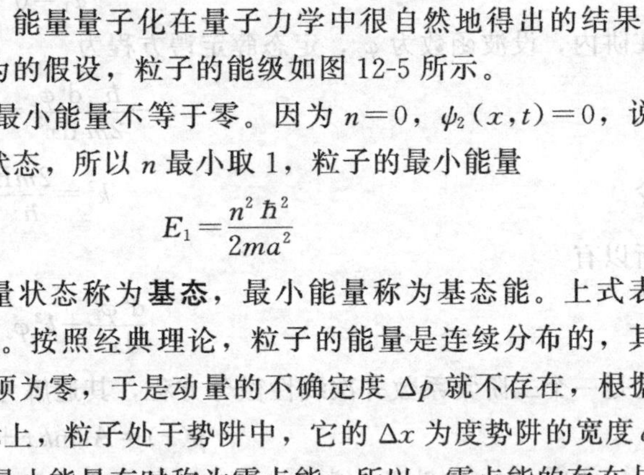

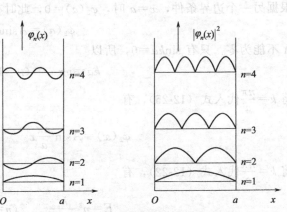

图 12-6　势阱中粒子的波函数和概率密度

匀速直线运动，所以粒子出现的概率处处一样；对于微观粒子，只有当$n\to\infty$时，粒子出现的概率才是均匀的。

④ 图 12-6 还表明，对无限深势阱，定态薛定谔方程的解为驻波形式，即粒子的物质波在阱中形成驻波，波函数在势阱中，只可能是半个正弦波的整数倍的状态，而且在阱壁处（$x=0$，$x=a$）对不同能量的粒子对应的波均为波节，粒子出现的概率为零。

如果势阱不是无限深，粒子的能量又低于阱壁，理论证明，粒子也有到外的可能，即粒子在阱外不远处出现的概率不为零，如图 12-6 所示。从经典理论看，这是很难理解的，但却得到了实验证实。一维势阱是研究两维或三维势阱的基础，金属体内的自由电子可看作三维势阱中的粒子。

第七节　固体的能带

一、固体的能带

固体可以分为晶体和非晶体两大类，晶体具有规则的高度对称的几何外形；有各向异性的物理性质；晶体有一定的熔点。从微观结构看，单晶体的分子、原子或离子的排列形成点阵结构，晶体的宏观性质与内在的周期性排列是密切相关的。本节简要介绍固体（主要是晶体）的能带结构，固体的能带结构不仅能阐明固体的许多性质，而且还为寻找新材料和研制新的固体元件提供理论依据。

固体中的电子在大量原子的势场中运动，运用薛定谔方程解这类问题要复杂得多，因此将不解具体的方程，而仅定性地讨论物理图像。

对于只有一个价电子的简单情况，电子在离子电场中运动，单个原子的势能曲线如图 12-7 (a) 所示。当两个原子靠得很近时，每个价电子将同时受到两个离子电场的作用，这时的势能曲线如图 12-7（b）的实线所示。当大量原子形成晶体时，晶体内形成了如图 12-7 (c)所示的周期性势场，周期性势场的势能曲线具有和晶格相同的周期性，即在 N 个离子的范围内，U 是以晶格间距 d 为周期的函数。实际的晶体是三维点阵，势场也具有三维周期性。

对于能量为 E_1 的电子，由于 E_1 小，势能曲线是一种势垒。因势垒较宽，因此电子穿

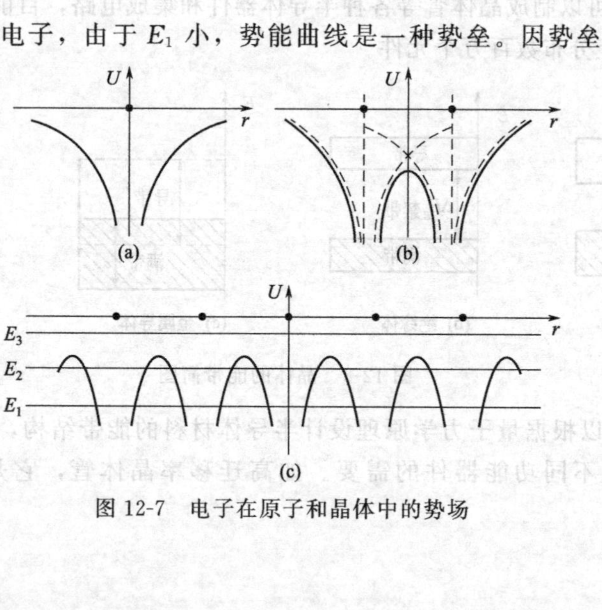

图 12-7　电子在原子和晶体中的势场

透势垒的概率很微小，基本上仍可看成是束缚态的电子，在各自的原子核周围运动。对于具有较大能量 E_3 的电子，能量超过了势垒高度，电子可以在晶体中自由运动；还有那些能量 E_2 接近势垒高度的电子，将会因隧道效应而穿越势垒进入另一个原子中。这样在晶体内部就出现了一批属于整个晶体原子所共有的电子，称为**电子共有化**。价电子受母原子的束缚最弱，共有化程度最为显著。内层电子的共有化程度小，与孤立原子的情况相近。

电子的共有化使原来每个原子中具有相同能量的价电子能级，因各原子的相互影响而分裂为一系列间隔非常小的新能级。量子力学得出，新能级的总数等于原子总数 N，且新能级分裂的总宽度 ΔE 是一定的。实际晶体中原子数 N 约为 10^{23} 量级，因此可以认为这个新能级形成了一个能量几乎连续或者说准连续的区域，这样的能量区域称为**能带**，两个相邻能带之间不存在能级的区域，称为**禁带**。

二、能带理论的应用

如大家熟知，在一定的温度下，不同固体的电阻率有很大的差别，通常把电阻率 $10^{-8}\sim10^{-4}\Omega\cdot m$ 范围内，温度系数为正的固体，称为**导体**；电阻率在 $10^{-4}\sim10^{8}\Omega\cdot m$ 范围内，温度系数为负的固体，称为**半导体**；而电阻率在 $10^{8}\sim10^{20}\Omega\cdot m$ 范围内，温度系数为负的固体，称为**绝缘体**。显然，导体的导电性最好，绝缘体的导电性最差，半导体则介于两者之间。

能带理论的最大成就是它对为什么固体中有些是导体、有些是绝缘体、有些是半导体等问题给出了理论解释，并在此基础上逐步发展了有关导体、半导体、绝缘体和纳米材料的现代理论。能带理论指出，价电子能级分裂成的能带，称为**价带**，价带上面相邻的具有能导电的电子的能带，称为**导带**，如图 12-8 所示。半导体与绝缘体的能带结构相似，但半导体的禁带宽度 ΔE_p 较小。导体的价带中有电子存在，但未被填满。在外电场作用下，这些电子可被加速形成电流。绝缘体在 0K 时价带已被电子填满而导带完全空着，在常温和一般电压下，价带中的电子能量不足以跨过很宽的禁带跃入导带。而半导体在一般状态下就有一定数量的电子在导带中，例如 300K 时其电子数密度约为 $10^{16}m^{-3}$ 量级（金属为 $10^{28}m^{-3}$ 量级），这些电子可在外电场作用下形成电流。能带理论还对解释半导体的特殊导电机制及开发半导体的应用取得了相当大的成功，半导体已成为信息产业等现代科技的一颗耀眼的明星。利用半导体的奇异特性可以制成晶体管等各种半导体器件和集成电路，目前集成电路的集成度已发展到 $1cm^2$ 基片上分布数百万个元件。

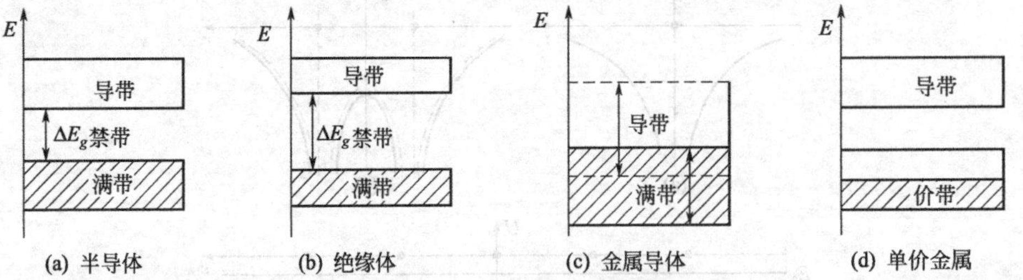

图 12-8　晶体的能带简图

另一方面，可以根据量子力学原理设计半导体材料的能带结构，人为地改变其禁带宽度和形状，以适应不同功能器件的需要。如高迁移率晶体管，它是超高速集成电路的核心。

思　考　题

12.1　光子的质量可大于电子的质量吗？电子的质量可大于原子的质量吗？为什么？

12.2　光子的波长与频率有何关系，物质波的波长与频率又有何关系？

12.3　当光子的波长与电子的波长相等时，问它们的动量和能量是否都相等？

12.4　一个质量为 m 的微观粒子，约束在长度为 L 的一维线段上，试根据测不准关系估算这个粒子所能具有的最小能量值。

习　题

12.1　人眼能察视的最弱的黄光至少要给予视网膜以 1.7×10^{-18}W 功率，试问这种黄光每秒有多少个光子到达视网膜上？

12.2　一束带电粒子经 200V 的电势差加速后，测得其德布罗意波长为 0.002nm，已知这带电粒子所带电荷与电子电荷相等，求这粒子的质量。

12.3　计算动能分别为 1keV，1MeV 和 1GeV 的电子的德布罗意波波长。

12.4　反应堆中的热中子动能约为 0.02eV，计算这种热中子的德布罗意波波长。

12.5　当电子的动能远大于其静止能量时，可取相对论近似 $E\approx pc$。证明：在这种情形下，具有相同能量的光子和电子的波长近似相同。计算能量为 100MeV 的电子的德布罗意波波长。

12.6　质量为 4.0×10^{2}kg 的某一物体，以 1000m/s 的速度飞行，它的德布罗意波长是多少？若在实验上测定该物体的速度及位置都允许有 1‰ 的误差，试用测不准关系说明这个物体不可能显示出波动性。

阅读材料

纳米材料简介

一、纳米及纳米科学技术

1. 纳米（nano-meter，nm）

是一种长度单位，一纳米等于十亿分之一米，千分之一微米。大约是三、四个原子的宽度。

2. 纳米科学（nano-science）

研究纳米尺度范围内的物质所具有的特异现象和特异功能的科学。

3. 纳米科学技术（nano-tecnology）

是指用数千个分子或原子制造新型材料或微型器件的科学技术。它以现代科学技术为基础，是现代科学（混沌物理、量子力学、介观物理、分子生物学）和现代技术（计算机技术、微电子和扫描隧道显微镜技术、核分析技术）结合的产物。在纳米尺寸进行材料合成与控制能够以前所未有的方式得到新的材料性能和器件特性，纳米科学技术将引发一系列新的科学技术，例如纳米电子学、纳米材料学、纳米机械学等。纳米科学技术将使人们迈入一个奇妙的世界。

纳米技术涉及的范围很广，纳米材料只是其中的一部分，但它却是纳米技术发展的基础。

二、纳米材料

纳米材料又称为超微颗粒材料，由纳米粒子组成。**纳米粒子**也叫超微颗粒，一般是指尺寸在1～100nm间的粒子，是处在原子簇和宏观物体交界的过渡区域，从通常的关于微观和宏观的观点看，这样的系统既非典型的微观系统亦非典型的宏观系统，是一种典型的介观系统，它具有表面效应、小尺寸效应和宏观量子隧道效应。当人们将宏观物体细分成超微颗粒（纳米级）后，它将显示出许多奇异的特性，即它的光学、热学、电学、磁学、力学以及化学方面的性质与大块固体时相比将会有显著的不同。

几种典型的纳米材料及应用：按照材料的形态，可将其分为四种：纳米颗粒型材料、纳米固体材料、纳米膜材料、纳米磁性液体材料。

1. 纳米颗粒型材料

应用时直接使用纳米颗粒的形态称为**纳米颗粒型材料**。这种纳米颗粒型材料的表面积大大增加，表面结构发生较大的变化。与表面状态有关的吸附、催化以及扩散等物理化学性质有明显改变。纳米颗粒型材料在催化领域有很好的前景。

录音带、录像带和磁盘等都是采用磁性颗粒作为磁记录介质。磁记录密度日益提高，促使磁记录用的磁性颗粒尺寸趋于超微化。目前用金属磁粉（20nm左右的超微磁性颗粒）制成的金属磁带、磁盘，国外已经商品化，与普通磁带相比，它具有高密度、低噪声和高信噪比等优点。

1991年春的海湾战争，美国执行空袭任务的F-117A型隐身战斗机，其机身外表所包覆的红外与微波隐身材料中亦包含有多种超微颗粒，它们对不同波段的电磁波有强烈的吸收能力。在火箭发射的固体燃料推进剂中添加1%质量比的超微铝或镍颗粒，每克燃料的燃烧热可增加1倍。此外，超细、高纯陶瓷超微颗粒是精密陶瓷必需的原料。因此超微颗粒在国防、国民经济各领域均有广泛的应用。

2. 纳米固体材料

纳米固体材料通常指由尺寸小于15nm的超微颗粒在高压力下压制成型，或再经一定热处理工序后所生成的致密型固体材料。

纳米固体材料的主要特征是具有巨大的颗粒间界面，如5nm颗粒所构成的固体每立方厘米将含1019个晶界，原子的扩散系数要比大块材料高1014～1016倍，从而使得纳米材料具有高韧性。通常陶瓷材料具有高硬度、耐磨、抗腐蚀等优点，但又具有脆性和难以加工等缺点，纳米陶瓷在一定的程度上却可增加韧性，改善脆性。

复合纳米固体材料亦是一个重要的应用领域。例如含有20％超微钴颗粒的金属陶瓷是火箭喷气口的耐高温材料；金属铝中含少量的陶瓷超微颗粒，可制成质量轻、强度高、韧性好、耐热性强的新型结构材料。超微颗粒亦有可能作为渐变（梯度）功能材料的原材料。例如，材料的耐高温表面为陶瓷，与冷却系统相接触的一面为导热性好的金属，其间为陶瓷与金属的复合体，使其间的成分缓慢连续地发生变化，这种材料可用于温差达1000℃的航天飞机隔热材料、核聚变反应堆的结构材料。渐变功能材料是近年来发展起来的新型材料，预期在医学生物上可制成具有生物活性的人造牙齿、人造器官；可制成复合的电磁功能材料、光学材料等。

3. 颗粒膜材料

颗粒膜材料是指将颗粒嵌于薄膜中所生成的复合薄膜，通常选用两种在高温互不相溶的组元制成复合靶材，在基片上生成复合膜，当两组分的比例大致相当时，就生成迷阵状的复合膜，因此改变原始靶材中两种组分的比例可以很方便地改变颗粒膜中的颗粒大小与形态，从而控制膜的特性。对金属与非金属复合膜，改变组成比例可使膜的导电性质从金属导电型转变为绝缘体。

颗粒膜材料有诸多应用。例如作为光的传感器，金属颗粒膜从可见光到红外光的范围内，光的吸收效率与波长的依赖性甚小，从而可作为红外线传感元件。硅、磷、硼颗粒膜可以有效地将太阳能转变为电能；氧化锡颗粒膜可制成气体-湿度多功能传感器，通过改变工作温度，可以用同一种膜有选择地检测多种气体。颗粒膜传感器的优点是高灵敏度、高响应速度、高精度、低能耗和小型化，通常用作传感器的膜质量仅为0.5μg，因此单位成本很低。

4. 纳米磁性液体材料

磁性液体是由超细微粒包覆一层长键的有机表面活性剂，高度弥散于一定基液中，而构成稳定的具有磁性的液体。它可以在外磁场作用下整体地运动，因此具有其他液体所没有的磁控特性。常用的磁性液体采用铁氧体微颗粒制成，它的饱和磁化强度大致上低于0.4特。目前研制成功的由金属磁性微粒制成的磁性液体，其饱和磁化强度可比前者高4倍。磁性液体的用途十分广泛。

三、纳米材料的应用

著名的诺贝尔奖获得者Feyneman在20世纪60年代就预言：如果对物体微小规模上的排列加以某种控制的话，物体就能得到大量的异乎寻常的特性。纳米材料可以做到这一点。纳米材料研究是目前材料科学研究的一个热点，纳米技术被公认为是21世纪最具有前途的科研领域。

纳米材料从根本上改变了材料的结构，为克服材料科学研究领域中长期未能解决的问题开辟了新途径。其应用主要体现在以下几方面。

1. 在陶瓷领域的应用

随着纳米技术的广泛应用，纳米陶瓷随之产生，希望以此来克服陶瓷材料的脆性，使陶瓷具有像金属一样的柔韧性和可加工性。许多专家认为，如能解决单相纳米陶瓷的烧结过程中抑制晶粒长大的技术问题，则它将具有高硬度、高韧性、低温超塑性、易加工等优点。

2. 在微电子学上的应用

纳米电子学立足于最新的物理理论和最先进的工艺手段，按照全新的理念来构造电子系统，并开发物质潜在的储存和处理信息的能力，实现信息采集和处理能力的革命性突破，可以从阅读硬盘上读卡机以及存储容量为目前芯片上千倍的纳米材料级存储器芯片都已投入生产。计算机在普遍采用纳米材料后，可以缩小成为“掌上电脑”。纳米电子学将成为本世纪信息时代的核心。

3. 在生物工程上的应用

虽然分子计算机目前只是处于理想阶段，但科学家已经考虑应用几种生物分子制造计算机的组件，其中细菌视紫红质最具前景。该生物材料具有特异的热、光、化学物理特性和很好的稳定性，并且，其奇特的光学循环特性可用于储存信息，从而起到代替当今计算机信息处理和信息存储的作用，它将使单位体积物质的储存和信息处理能力提高上百万倍。

4. 在光电领域的应用

纳米技术的发展，使微电子和光电子的结合更加紧密，在光电信息传输、存贮、处理、运算和显示等方面，使光电器件的性能大大提高。将纳米技术用于现有雷达信息处理上，可使其能力提高10倍至几百倍，甚至可以将超高分辨率纳米孔径雷达放到卫星上进行高精度的对地侦察。

5. 在化工领域的应用

将纳米 TiO_2 粉体按一定比例加入到化妆品中，则可以有效地遮蔽紫外线。将金属纳米粒子掺杂到化纤制品或纸张中，可以大大降低静电作用。利用纳米微粒构成的海绵体状的轻烧结体，可用于气体同位素、混合稀有气体及有机化合物等的分离和浓缩。纳米微粒还可用作导电涂料，用作印刷油墨，制作固体润滑剂等。

研究人员还发现，可以利用纳米碳管其独特的孔状结构，大的比表面（每克纳米碳管的表面积高达几百平方米）、较高的机械强度做成纳米反应器，该反应器能够使化学反应局限于一个很小的范围内进行。

6. 在医学上的应用

使用纳米技术能使药品生产过程越来越精细，并在纳米材料的尺度上直接利用原子、分子的排布制造具有特定功能的药品。纳米材料粒子将使药物在人体内的传输更为方便，用数层纳米粒子包裹的智能药物进入人体后可主动搜索并攻击癌细胞或修补损伤组织。使用纳米技术的新型诊断仪器只需检测少量血液，就能通过其中的蛋白质和DNA诊断出各种疾病。研究纳米技术在生命医学上的应用，可以在纳米尺度上了解生物大分子的精细结构及其与功能的关系，获取生命信息。科学家们设想利用纳米技术制造出分子机器人，在血液中循环，对身体各部位进行检测、诊断，并实施特殊治疗。

7. 在分子组装方面的应用

如何合成具有特定尺寸，并且粒度均匀分布无团聚的纳米材料，一直是科研工作者努力解决的问题。目前，纳米技术深入到了对单原子的操纵，通过利用软化学与主客体模板化学，超分子化学相结合的技术，正在成为组装与剪裁，实现分子手术的主要手段。

8. 在传感器方面的应用

传感器是纳米技术应用的一个重要领域。随着纳米技术的进步，造价更低、功能更强的微型传感器将广泛应用在社会生活的各个方面。比如，将微型传感器装在包装箱内，可通过全球定位系统，可对贵重物品的运输过程实施跟踪监督；将微型传感器装在汽车轮胎中，可制造出智能轮胎，这种轮胎会告诉司机轮胎何时需要更换或充气；还有些可承受恶劣环境的微型传感器可放在发动机汽缸内，对发动机的工作性能进行监视。在食品工业领域，这种微型传感器可用来监测食物是否变质，比如把它安装在酒瓶盖上就可判断酒的状况等。

四、纳米材料的类型

主要的有超细薄膜、碳纳米管、纳米陶瓷、金属纳米晶体和量子点线等。

1. 超细薄膜

超细薄膜的厚度通常只有1～5nm，甚至会做成1个分子或1个原子的厚度。超细薄膜可以是有机物也可以是无机物，具有广泛的用途。如沉淀在半导体上的纳米单层，可用来制造太阳能电池，对开发新型清洁能源有重要意义；将几层薄膜沉淀在不同材料上，可形成具有特殊磁特性的多层薄膜，是制造高密度磁盘的基本材料。

2. 碳纳米管

碳纳米管是由碳60分子经加工形成的一种直径只有几纳米的微型管，是纳米材料研究的重点之一。与其他材料相比，碳纳米管具有特殊的机械、电子和化学性能，可制成具有导体、半导体或绝缘体特性的高强度纤维，在传感器、锂离子电池、场发射显示、增强复合材料等领域有广泛应用前景，因而受到工业界的普遍重视。目前，碳纳米管虽仍处于研究阶段，但许多研究成果已显示出良好的应用前景。

3. 陶瓷材料

陶瓷材料在通常情况下具有坚硬、易碎的特点，但由纳米超微颗粒压制成的纳米陶瓷材料却具有良好的韧性，有的可大幅度弯曲而不断裂，表现出金属般的柔韧性和可加工性。

五、纳米材料研究的新进展及在21世纪的战略地位

在充满生机的21世纪，信息、生物技术、能源、环境、先进制造技术和国防的高速发展必然对材料提出新的需求，元件的小型化、智能化、高集成、高密度存储和超快传输等对材料的尺寸要求越来越小；航空航天、新型军事装备及先进制造技术等对材料性能要求越来越高。新材料的创新，以及在此基础上诱发的新技术。新产品的创新是未来10年对社会发展、经济振兴、国力增强最有影响力的战略研究领域，纳米材料将是起重要作用的关键材料之一。纳米材料和纳米结构是当今新材料研究领域中最富有活力、对未来经济和社会发展有着十分重要影响的研究对象，也是纳米科技中最为活跃、最接近应用的重要组成部分。近年来，纳米材料和纳米结构取得了引人注目的成就。例如，存储密度达到每平方英寸400G的磁性纳米棒阵列的量子磁盘、成本低廉、发光频段可调的高效纳米阵列激光器、价格低廉高能量转化的纳米结构太阳能电池和热电转化元件、用作轨道道轨的耐烧蚀高强高韧纳米复合材料等的问世，充分显示了它在国民经济新型支柱产业和高技术领域应用的巨大潜力。正像美国科学家估计的“这种人们肉眼看不见的极微小的物质很可能给予各个领域带来一场革命”。纳米材料和纳米结构的应用将对如何调整国民经济支柱产业的布局、设计新产品、形成新的产业及改造传统产业注入高科技含量提供新的机遇。

研究纳米材料和纳米结构的重要科学意义在于它开辟了人们认识自然的新层次，是知识创新的源泉。由于纳米结构单元的尺度（1～100nm）与物质中的许多特征长度，如电子的德布洛意波长、超导相干长度、隧穿势垒厚度、铁磁性临界尺寸相当，从而导致纳米材料和纳米结构的物理、化学特性既不同于微观的原子、分子，也不同于宏观物体，从而把人们探索自然、创造知识的能力延伸到介于宏观和微观物体之间的中间领域。在纳米领域发现新现象，认识新规律，提出新概念，建立新理论，为构筑纳米材料科学体系新框架奠定基础，也将极大丰富纳米物理和纳

米化学等新领域的研究内涵。世纪之交高韧性纳米陶瓷、超强纳米金属等仍然是纳米材料领域重要的研究课题；纳米结构设计，异质、异相和不同性质的纳米基元（零维纳米微粒、一维纳米管、纳米棒和纳米丝）的组合。纳米尺度基元的表面修饰改性等形成了当今纳米材料研究新热点，人们可以有更多的自由度按自己的意愿合成具有特殊性能的新材料。利用新物性、新原理、新方法设计纳米结构原理性器件以及纳米复合传统材料改性正孕育着新的突破。

1. 研究现状和趋势

纳米材料制备和应用研究中所产生的纳米技术很可能成为21世纪前20年的主导技术，带动纳米产业的发展。世纪之交世界先进国家都从未来发展战略高度重新布局纳米材料研究，抓紧纳米材料和纳米结构的立项，迅速组织科技人员围绕国家制定的目标进行研究是十分重要的。

纳米材料诞生30多年来所取得的成就及对各个领域的影响和渗透一直引人注目。进入20世纪90年代，纳米材料研究的内涵不断扩大，领域逐渐拓宽。一个突出的特点是基础研究和应用研究的衔接十分紧密，实验室成果的转化速度之快出乎人们预料，基础研究和应用研究都取得了重要的进展。美国已成功地制备了晶粒为50nm的纳米Cu的块体材料，硬度比粗晶Cu提高5倍；晶粒为7nm的Pd，屈服应力比粗晶Pd高5倍；具有高强度的金属间化合物的增塑问题一直引起人们的关注，晶粒的纳米化为解决这一问题带来了希望，纳米金属间化合物FqsAJZCr室成果的转化，到目前为止，已形成了具有自主知识产权的几家纳米粉体产业，在纳米添加功能陶瓷和结构陶瓷改性方面也取得了很好的效果。

根据纳米材料发展趋势以及它在对世纪高技术发展所占有的重要地位，世界发达国家的政府都在部署未来10～15年有关纳米科技研究规划。美国国家基金委员会（NSF）1998年把纳米功能材料的合成加工和应用作为重要基础研究项目向全国科技界招标；美国DARPA（国家先进技术研究部）的几个计划里也把纳米科技作为重要研究对象；日本近几年来制定了各种计划用于纳米科技的研究，例如Ogala计划、ERATO计划和量子功能器件的基本原理和器件利用的研究计划，1997年，纳米科技投资1.28亿美元；德国科研技术部帮助联邦政府制定了1995年到2010年15年发展纳米科技的计划；英国政府出巨资资助纳米科技的研究；1997年西欧投资1.2亿美元。据1999年7月8日《自然》报道，纳米材料应用潜力引起美国白宫的注意；美国总统亲自过问纳米材料和纳米技术的研究，决定加大投资，今后3年经费资助从2.5亿美元增加至5亿美元。这说明纳米材料和纳米结构的研究热潮在21世纪相当长的一段时间内保持继续发展的势头。

2. 国际动态和发展战略

1999年7月8日《自然》(400卷）发布重要消息题为“美国政府计划加大投资支持纳米技术的兴起”。在这篇文章里，报道了美国政府在3年内对纳米技术研究经费投人加倍，从2.5亿美元增加到5亿美元。美国之所以对纳米材料和技术如此重视，其原因有两个方面：一是德科学技术部1996年对2010年纳米技术的市场做了预测，估计能达到14400亿美元，美国试图在这样一个诱人的市场中占有相当大的份额。美国基础研究的负责人威廉姆斯说：纳米技术未来的应用远远超过计算机工业。美国白宫战略规划办公室还认为纳米材料是纳米技术最为重要的组成部分。在《自然》的报道中还特别提到美国已在纳米结构组装体系和高比表面纳米颗粒制备与合成方面领导世界的潮流，在纳米功能涂层设计改性及纳米材料在生物技术中的应用与欧共体并列世界第一，纳米尺寸度的元器件和纳米固体也要与日本分庭抗礼。1999年7月，美国加利福尼亚大学洛杉矶分校与惠普公司合作研制成功100nm芯片，美国明尼苏达大学和普林斯顿大学于1998年制备成功量子磁盘，这种磁盘是由磁性纳米棒组成的纳米阵列体系，美国商家已组织有关人员迅速转化。

1988年法国人首先发现了巨磁电阻效应，到1997年巨磁电阻为原理的纳米结构器件已在美国问世，在磁存储、磁记忆和计算机读写磁头将有重要的应用前景。

最近美国柯达公司研究部成功地研究了一种既具有颜料又具有分子染料功能的新型纳米粉体，预计将给彩色印像带来革命性的变革。纳米粉体材料在橡胶、颜料、陶瓷制品的改性等方面很可能给传统产业和产品注入新的高科技含量，在未来市场上占有重要的份额。纳米材料在医药方面的应用研究也使人瞩目，正是这些研究使美国白宫认识到纳米材料和技术将占有重要的战略地位。原因之二是纳米材料和技术领域是知识创新和技术创新的源泉，新的规律新原理的发现和新理论的建立给基础科学提供了新的机遇，美国计划在这个领域的基础研究独占“老大”的地位。面对这种挑战的形势，中国在这个领域的研究能不能继续保持第二阶梯的前列位置，能不能在21世纪前几年，在纳米材料和技术的市场中占有一定比例的份额，这是值得深思的重要问题。中国科学院在中国纳米材料研究占有极其重要的地位，在纳米粉体的合成、纳米金属和纳米陶瓷体材料的制备、纳米碳管定向生长和超长纳米碳管的合成、纳米同轴电缆的制备和合成、有序阵列纳米体系的设计合成、新合成方法的创新等在国内外都做了有影响的工作。

为了使中国科学院在21世纪在纳米材料和技术研究在国际上占有一席之地，在国际市场上占有一份额，从前瞻性、战略性、基础性来考虑应该成立中国科学院纳米材料和技术研究中心，建议北方成立一个以物质科学中心为基础的研究中心（包括金属研究所），在南方建立一个以合肥地区中国科学院固体物理所和中国科技大学为基础的研究中心，主要任务是以基础研究为主，做好基础研究与应用研究的衔接和成果的转化。

在富有挑战的21世纪，世界各国都对富有战略意义的纳米科技领域予以足够的重视，特别是发达国家都从战略的高度部署纳米材料和纳米科技的研究，目的是提高在未来10年乃至20年在国际中的竞争地位。从各国对纳米材料和纳米科技的部署来看，发展纳米材料和纳米科技的战略是：

① 以未来的经济振兴和国家实力的需求为目标，牵引纳米材料的基础研究、应用开发研究；

② 组织多学科的科技人员交叉创新，做到基础研究、应用研究并举，纳米科学、纳米技术并举，重视基础研究和应用研究的衔接，重视技术集成；

③ 重视发展纳米材料和技术改造传统产品，提高高技术含量，同时部署纳米材料和纳米技术在环境、能源和信息等重要领域的应用，实现跨越式的发展。

3. 国内研究进展

中国纳米材料研究始于20世纪80年代末，“八五”期间，“纳米材料科学”列入国家攀登项目。国家自然科学基金委员会、中国科学院、国家教委分别组织了8项重大、重点项目，组织相关的科技人员分别在纳米材料各个分支领域开展工作，国家自然科学基金委员会还资助了20多项课题，国家“863”新材料主题也对纳米材料有关高科技创新的课题进行立项研究。1996年以后，纳米材料的应用研究出现了可喜的苗头，地方政府和部分企业家的介入，使中国纳米材料的研究进入了以基础研究带动应用研究的新局面。

目前，中国有60多个研究小组从事纳米材料的基础和应用研究，其中，承担国家重大基础研究项目的和纳米材料研究工作开展比较早的单位有：中国科学院上海硅酸盐研究所、南京大学、中国科学院固体物理研究所、金属研究所、物理研究所、中国科技大学、中国科学院化学研究所、清华大学，还有吉林大学、西安交通大学、天津大学、青岛化工学院、华东师范大学、华东理工大学、浙江大学、中科院大连化学物理研究所、长春应用化学研究所、长春物理研究所、感光化学研究所等也相继开展了纳米材料的基础研究和应用研究。中国纳米材料基础研究在过去10年取得了令人瞩目的重要研究成果。已采用了多种物理、化学方法制备金属与合金（晶态、非晶态及纳米微晶）氧化物、氮化物、碳化物等化合物纳米粉体，建立了相应的设备，做到纳米微粒的尺寸可控，并制成了纳米薄膜和块材。在纳米材料的表征、团聚体的起因和消除、表面吸附和脱附、纳米复合微粒和粉体的制取等各个方面都有所创新，取得了重大的进展，成功地研制出致密度高、形状复杂、性能优越的纳米陶瓷；在世界上首次发现纳米氧化铝晶粒在拉伸疲劳中应力集中区出现超塑性形变；在颗粒膜的巨磁电阻效应、磁光效应和自旋波共振等方面做出了创新性的成果；在国际上首次发现纳米类钙钛矿化合物微粒的磁熵变超过金属Gd；设计和制备了纳米复合氧化物新体系，它们的中红外波段吸收率可达92%，在红外保暖纤维得到了应用；发展了非晶完全晶化制备纳米合金的新方法；发现全致密纳米合金中的反常Hall-Petch效应。

近年来，中国在功能纳米材料研究上取得了举世瞩目的重大成果，引起了国际上的关注。一是大面积定向碳管阵列合成：利用化学气相法高效制备纯净碳纳米管技术，用这种技术合成的纳米管，孔径基本一致，约20nm，长度约100pm，纳米管阵列面积达到3×3（mm^2）。其定向排列程度高，碳纳米管之间间距为100pm。这种大面积定向纳米碳管阵列，在平板显示的场发射阴极等方面有着重要应用前景。二是超长纳米碳管制备：首次大批量地制备出长度为2～3mm的超长定向碳纳米管列阵。这种超长碳纳米管比现有碳纳米管的长度提高1～2个数量级。英国《金融时报》以“碳纳米管进入长的阶段”为题介绍了有关长纳米管的工作。三是氮化镓纳米棒制备：首次利用碳纳米管作模板成功地制备出直径为3～40nm、长度达微米量级的发蓝光氮化镓一维纳米棒，并提出了碳纳米管限制反应的概念。四是硅衬底上碳纳米管阵列研制成功，推进碳纳米管在场发射平面和纳米器件方面的应用。五是准一维纳米丝和纳米电缆：应用溶胶-凝胶与碳热还原相结合的新方法，首次合成了碳化或（TaC）纳米丝外包覆绝缘体SIOZ和TaC纳米丝外包覆石墨的纳米电缆，以及以TaC纳米丝为芯的纳米电缆，当前在国际上仅少数研究组能合成这种材料。该成果研究论文在瑞典召开的1998年第四届国际纳米会议宣读后，许多外国科学家给予高度评价。六是用苯热法制备纳米氮化镓微晶；发现了非水溶剂热合成技术，首次在300℃左右制成粒度达30nm的氮化锌微晶。还用苯合成制备氮化铬、磷化钴和硫化锑纳米微晶。七是用催化热解法制成纳米金刚石；在高压釜中用中温（70℃）催化热解法使四氯化碳和钠反应制备出金刚石纳米粉。

中国纳米材料和纳米结构的研究已有10多年的工作基础和工作积累，在“八五”研究工作的基础上初步形成了几个纳米材料研究基地，中科院上海硅酸盐研究所、南京大学、中科院固体物理所、中科院金属所、物理所、中国科技大学、清华大学和中科院化学所等已形成中国纳米材料和纳米结构基础研究的重要单位。无论从研究对象的前瞻性、基础性，还是成果的学术水平和适用性来分析，都为中国纳米材料研究在国际上争得一席之地，促进中国纳米材料研究的发展，培养高水平的纳米材料研究人才做出了贡献。在纳米材料基础研究和应用研究的衔接，加快成果转化也发挥了重要的作用。目前和今后一个时期内这些单位仍然是中国纳米材料和纳米结构研究的中坚力量。

在过去的10年，中国已建立了多种物理和化学方法制备纳米材料，研制了气体蒸发、磁控溅射、激光诱导CVD、等离子加热气相合成等10多台制备纳米材料的装置，发展了化学共沉淀、溶胶-凝胶、微乳液水热、非水溶剂合成和超临界液相合成制备包括金属、合金、氧化物、氮化物、碳化物、离子晶体和半导体等多种纳米材料的方法，研制了性能优良的多种纳米复合材料。近年来，根据国际纳米材料研究的发展趋势，建立和发展了制备纳米结构（如纳米有序阵列体系、介孔组装体系、MCM-41等）组装体系的多种方法，特别是自组装与分子自组装、模板合成、碳热还原、液滴外延生长、介孔内延生长等也积累了丰富的经验，已成功地制备出多种准一维纳米材料和纳米组装体系。这些方法为进一步研究纳米结构和准一维纳米材料的物性，推进它们在纳米结构器件的应用奠定了良好的基础。纳米材料和纳米结构的评价手段基本齐全，达到了国际20世纪90年代末的先进水平。

综上所述，中国在纳米材料研究上获得了一批创新性的成果，形成了一支高水平的科研队伍，基础研究在国际上占有一席之地，应用开发研究也出现了新局面，

为中国纳米材料研究的继续发展奠定了基础。10年来，中国科技工作者在国内外学术刊物上共发表纳米材料和纳米结构的论文2400多篇，在国际历次召开的有关纳米材料和纳米结构的国际会议上，中国纳米材料科技工作者做邀请报告多次。到目前为止，纳米材料研究获得国家自然科学三等奖1项，国家发明奖2项；院部级自然科学一、二等奖3项，发明一、二等奖3项，科技进步奖1项；申请专利79项，其中发明专利占50%，已正式授权的发明专利6项，已实现成果转化的发明专利6项。最近几年，中国纳米科技工作者在国际上发表了一些有影响的学术论文，引起了国际同行的关注和称赞。在《自然》和《科学》杂志上发表有关纳米材料和纳米结构制备方面的论文6篇，影响因子在6以上的学术论文（Phys. Rev. Lett，J. Am. Chem. Soc）近20篇，影响因子在3以上的31篇，被SCI和EI收录的文章占整个发表论文的59%。1998年6月在瑞典斯德哥尔摩召开的国际第四届纳米材料会议上，对中国纳米材料研究给予了很高评价，指出这几年来中国在纳米材料制备方面取得了激动人心的成果，在大会总结中选择了8个纳米材料研究工作取得了比较好的国家在闭幕式上进行介绍，中国是在美国、日本、德国、瑞典之后进行了大会发言。

诺贝尔奖获得者罗雷尔也曾说过：20世纪70年代重视微米的国家如今都成为发达国家，现在重视纳米技术的国家很可能成为21世纪先进的国家。挑战严峻，机遇难得，必须加倍重视纳米科技的研究，注意纳米技术与其他领域的交叉，加速知识创新和技术创新，为21世纪中国经济的腾飞奠定雄厚的基础。

附　录

附录一　希腊字母表

大　写	小　写	汉语读音	大　写	小　写	汉语读音
Α	α	阿尔法	Ν	ν	纽
Β	β	贝塔	Ξ	ξ	克西
Γ	γ	伽马	Ο	ο	奥密克戎
Δ	δ	德耳塔	Π	π	派
Ε	ε	艾普西隆	Ρ	ρ	洛
Ζ	ζ	截塔	Σ	σ	西格马
Η	η	艾塔	Τ	τ	陶
Θ	θ	西塔	Υ	υ	宇普西隆
Ι	ι	约塔	Φ	ϕ	斐
Κ	κ	卡帕	Χ	χ	喜
Λ	λ	兰姆达	Ψ	ψ	普西
Μ	μ	米尤	Ω	ω	奥米伽

附录二　一些常用数字

$\pi=3.1416$	$1\ \mathrm{rad}=57°17'45''$	$\sqrt{2}=1.4142$	$\sqrt{3}=1.7321$
$e=2.7183$	$\ln 2=0.6932$	$\ln 3=1.0986$	$\ln 10=2.3026$

附录三　几种单位的换算

(1) 压力

压　　力	帕[斯卡]	大　气　压	毫米汞高
1帕[斯卡](Pa或$N\cdot m^{-2}$)	1	9.869×10^{-6}	7.501×10^{-3}
1大气压(atm)	1.013×10^{5}	1	760
0℃时的毫米汞高(mmHg)	133.3	1.316×10^{-3}	1

(2) 能量

能量、功、热量	焦[耳]	卡	千瓦·时
1焦[耳](J)	1	0.2389	2.778×10^{-7}
1卡(cal)	4.186	1	1.163×10^{-6}
1千瓦·时(kW·h)	3.600×10^{6}	8.601×10^{5}	1

(3) 功率

功　　率	瓦	千　　瓦	马　　力
1瓦(W)	1	0.001	1.341×10^{-3}
1千瓦(kW)	1000	1	1.341
1马力(HP)	745.7	0.7457	1

附录四 基本物理量

物 理 量	符 号	数值与单位
真空中的光速	c	$(2.997924580\pm0.000000012)\times10^{8}$ m/s
真空磁导率	μ_0	$12.55637306144\times10^{-7}$ H/m
真空中的介电系数	ε_0	$(8.854187818\pm0.000000071)\times10^{-12}$ F/m
基本电荷	e	$(1.60217733\pm0.00000049)\times10^{-19}$ C
电子静止质量	m_e	9.1095×10^{-31} kg
电子电荷与质量之比	$\frac{e}{m_e}$	$(1.7588047\pm0.0000049)\times10^{11}$ C/kg
质子静止质量	m_e	$(1.6605402\pm0.0000010)\times10^{-27}$ kg
原子质量单位	u	$(1.6605402\pm0.0000010)\times10^{-27}$ kg
普朗克常数	h	$(6.6260755\pm0.0000040)\times10^{-34}$ J·S
阿伏加德罗常数	$N_A,(N_0)$	$(6.0221367\pm0.0000036)\times10^{23}$ mol^{-1}
法拉第常数	F	$(9.6485309\pm0.0000029)\times10^{4}$ C/mol
里德伯常数	R_∞	$(1.0973731534\pm0.00000013)\times10^{7}$ m^{-1}
玻尔半径	a_0	$(5.29177249\pm0.00000024)\times10^{-11}$ m
经典电子半径	$r_e=at$	$(2.81794092\pm0.00000038)\times10^{-15}$ m
理想气体在标准状态下的摩尔体积	V_m	$(22.41383\pm0.00070)\times10^{-3}$ m^3/mol
摩尔气体常数	R	(8.314510 ± 0.000070) J/(mol·K)
玻尔兹曼常数	k	$(1.380658\pm0.000012)\times10^{-23}$ J/K
万有引力常数	G	$(6.6720\pm0.0041)\times10^{-11}$ m^3/(s^2·kg)
标准重力加速度	g_n	9.80665m/s^2
热功当量	J	4.1868J/cal

附录五 数 学 公 式

（一）级数展开式

1. $\sqrt{1+x^2}=1+\frac{x}{2}-\frac{x^2}{8}+\frac{x^3}{16}-\cdots$，$(-1<x<1)$

2. $e^x=1+x+\frac{x^2}{2!}+\frac{x^3}{3!}+\cdots+\frac{x^m}{m!}+\cdots$，$(-\infty<x<\infty)$

3. $\sin x=x-\frac{x^3}{3!}+\frac{x^5}{5!}-\frac{x^7}{7!}+\cdots$，$(-\infty<x<\infty)$

4. $\cos x=1-\frac{x^2}{2!}+\frac{x^4}{4!}-\frac{x^6}{6!}+\cdots$，$(-\infty<x<\infty)$

5. $(x+y)^n=x^n+\frac{n}{1!}x^{n-1}y+\frac{n(n-1)}{2!}x^{n-2}y^2+\cdots$，

（二）三角恒等式

1. $\sin^2\theta+\cos^2\theta=1$，$\sec^2\theta=1+\tan^2\theta$，$\csc^2\theta=1+\cot^2\theta$

2. $\sin(\alpha\pm\beta)=\sin\alpha\cos\beta\pm\cos\alpha\sin\beta$

3. $\cos(\alpha\pm\beta)=\cos\alpha\cos\beta\mp\sin\alpha\sin\beta$

4. $\tan(\alpha\pm\beta)=\dfrac{\tan\alpha\pm\tan\beta}{1\mp\tan\alpha\tan\beta}$

5. $\sin2\theta=2\sin\theta\cos\theta$

6. $\cos2\theta=\cos^2\theta-\sin^2\theta=1-2\sin^2\theta=2\cos^2\theta-1$

（三）微分、积分公式

微分公式

1. $\dfrac{d}{dx}x^n=nx^{n-1}$

2. $\dfrac{d}{dx}\sin x=\cos x$

3. $\dfrac{d}{dx}\cos x=-\sin x$

4. $\dfrac{d}{dx}e^x=e^x$

5. $\dfrac{d}{dx}\ln x=\dfrac{1}{x}\quad(x\neq0)$

6. $\dfrac{d}{dx}\tan x=\sec^2x$

7. $\dfrac{d}{dx}\cot x=-\csc^2x$

8. $\dfrac{d}{dx}a^x=a^x\ln a$

积分公式

1. $\int x^n dx=\dfrac{x^{n+1}}{n+1}\quad(n\neq-1)$

2. $\int e^x dx=e^x$

3. $\int \sin x dx=-\cos x$

4. $\int \dfrac{dx}{x}=\ln x$

5. $\int \cos x dx=\sin x$

6. $\int \csc x dx=\ln|\csc x-\cot x|$

附录六　可见光在真空中的波长范围

光的颜色	波长的大概范围	光的颜色	波长的大概范围
红色	760～630nm	青色	500～450nm
橙色	630～600nm	蓝色	450～430nm
黄色	600～570nm	紫色	430～400nm
绿色	570～500nm		

习题答案

第一章　牛顿运动定律

1.1 ①$(0.65\boldsymbol{i}+6.99\boldsymbol{j})\times10^3$m（$\boldsymbol{i}$指东，$\boldsymbol{j}$指北）；②$(0.14\boldsymbol{i}+1.55\boldsymbol{j})$m/s；③2.29m/s。

1.2 ①－4m/s，－20m/s；②－44m/s，－22m/s；③-24m/s^2；④-36m/s^2。

1.3 ①$(8t\boldsymbol{j}+\boldsymbol{k})$m/s，$8\boldsymbol{j}\text{m/s}^2$；②$x=1$，$y=4z^2$。

1.4 11.28m/s，速度与x轴所成的夹角为45°。

1.5 ①$10\pi[-\sin(\pi t)\boldsymbol{i}+\cos(\pi t)\boldsymbol{j}]$（m/s）；②10πm/s；③95πm；④$-10\pi^2[\cos(\pi t)\boldsymbol{i}+\sin(\pi t)\boldsymbol{j}]$（m/s）；⑤$10\pi^2\text{m/s}^2$。

1.6 $a_\tau=-b$；$a_n=\dfrac{(v_0-bt)^2}{R}$；$a=\sqrt{a_\tau^2+a_n^2}=\sqrt{(-b)^2+\left[\dfrac{(v_0-bt)^2}{R}\right]^2}=\dfrac{1}{R}\sqrt{R^2b^2+(v_0-bt)^2}$。

1.7 ①101.45N；②127.93N。

1.8 ①$2.45\text{m/s}^2$，1.23m/s^2，22.1N；②44.2N；③如$\dfrac{m_1}{m_2}>\dfrac{1}{2}$，则$m_1$下降。

1.9 ①$\dfrac{1}{2}mg(2\sin37°+\cos37°)$；②$\dfrac{1}{2}mg(\sin37°+2\cos37°)$

③$\alpha=g\tan53°$；④$\alpha=g\tan143°$。

第二章　动量守恒　能量守恒

2.1 ①$2.96\times10^4$(N)；②$1.02\times10^6$(N)。

2.2 0.6N·s，冲量的方向沿水平方向朝向枪口，2×10^{-3}kg。

2.3 $\dfrac{2mv\cos\alpha}{\Delta t}$，其方向沿器壁的法线，与$x$轴的负方向相同。

2.4 $V=-\dfrac{m}{M}v\cos\alpha$。

2.5 ①1.43m/s；②－0.286m/s。

2.7 ①26.76m/s；②7.91J。

2.8 －550J。

2.9 13m/s。

2.10 ①3.1m/s，4.4m/s，4.1m/s；②$a_n=9.8\text{m/s}^2$，$a_\tau=8.5\text{m/s}^2$；$a_n=19.6\text{m/s}^2$，$a_\tau=0$；$a_n=17\text{m/s}^2$，$a_\tau=-4.9\text{m/s}^2$；③$8.8\times10^{-2}$N，1.76×10^{-1}N，1.53×10^{-1}N。

2.11 ①$\dfrac{mg}{k}$，mg；②$\dfrac{2mg}{k}$，$2mg$，$g\sqrt{\dfrac{m}{k}}$。

2.12 $m_2g\sqrt{\dfrac{1}{m_1k}}=1.39$m/s。

2.13 $\frac{5}{2}R$。

2.14 $h=R(\cos\alpha+1+0.5\sec\alpha)$。

第三章　刚体的定轴转动

3.1 ①0.105rad/s；1.75×10^{-3}rad/s；1.45×10^{-4}rad/s；②$1.57\times10^{3}$rad/s。

3.2 3.14rad/s^2，377rad/s。

3.3 1.2m/s^2。

3.4 1.96×10^{4}J，1.70×10^{4}J。

3.5 $m\left(\frac{l^2}{12}+h^2\right)$。

3.6 ①$9ma^2$，$3ma^2$；②$12ma^2$。

3.7 $\frac{2(m_1-\mu m_2)}{2m_1+2m_2+m}g$，$\frac{2m_2(1+\mu)+m}{2m_1+2m_2+m}m_1g$，$\frac{2m_1(1+\mu)+m}{2m_1+2m_2+m}m_2g$。

3.8 $2\sqrt{\frac{mgh}{2m+M}}$。

3.9 $\frac{3F\Delta t}{ml}$。

3.10 $-\frac{2m}{M}\omega$，负号表示转台与人的运动方向相反。

3.11 ①0.2πrad/s；②0.2πrad/s。

第四章　热力学基础

4.1 ①266J；②放热　308J。

4.2 ①$6.9\times10^{2}$J；②$9.6\times10^{2}$J。

4.3 2.72×10^{3}J。

4.5 ①3751J；②5740J。

4.6 ①900J；②1800J。

4.7 93K。

4.8 30%。

***4.9** 2.36。

***4.10** $\frac{m}{M}C_{pm}\ln\frac{T_2}{T_1}$。

第五章　静　电　场

5.1 $q=\pm2.38\times10^{-9}$C。

5.2 电场强度 $\boldsymbol{E}$ 的大小为 $E=\frac{Q}{2\pi^2\varepsilon_0R^2}$，方向竖直向下。

5.3 $E_A=\frac{3\sqrt{3}Q}{8\pi\varepsilon_0 R^2}$，方向在圆环的对称轴上，由圆心指向圆环。

5.4 $E=\frac{2P_e}{4\pi\varepsilon_0 r^3}$。

5.5 ①$\frac{\lambda l}{4\pi\varepsilon_0 r(r+l)}$；②$\frac{\lambda l}{4\pi\varepsilon_0 r\sqrt{r^2+l^2/4}}$；③6750V/m，14976V/m。

5.6 0，$\frac{\sigma}{\varepsilon_0}$。

5.7 略。

5.8 平行于 Oxy 平面的两平面的电通量为 0；平行于 Oyz 平面的两平面的电通量为 $\pm 200a^2\mathrm{N\cdot m^2/C}$；平行于 Oxz 平面的两平面的电通量为 $\pm 300a^2\mathrm{N\cdot m^2/C}$。

5.9 $W_P=600$J，该点电势能大于无限远处的电势能。

5.10 $E=(U_A-U_P)/l$。

5.11 略。

5.12 ①1000V，5.0×10^{-6}J；②$5.0\times10^{-6}$J。

第六章　稳恒电流的磁场

6.1 $B=\frac{\mu_0}{4\pi}\frac{I}{R}\left(\frac{3\pi}{2}+1\right)$，方向垂直纸面向外。

6.2 $B=\frac{\mu_0}{4\pi}\frac{8\sqrt{2}I}{a}$。

6.3 $B=0$。

6.4 $B=\frac{\mu_0 I}{4\pi}\left(\frac{\pi}{R_1}+\frac{\pi}{R_2}-\frac{1}{R_2}\right)$，方向垂直纸面向里。

6.5 $\psi_m=0.24$Wb。

6.6 $\psi_m=\frac{\mu_0 Il}{2\pi}\ln\frac{a+b}{a}$。

6.7 $F=IB(2l+2R)$。

6.8 $\frac{qB^2x^2}{8U}$。

6.9 72×10^{-5}N。

6.10 铝是顺磁质，铜是抗磁质。

第七章　电磁感应

7.1 $(\Phi_{m_1}-\Phi_{m_0})/q$。

7.2 ①$|0.5\pi\cos 10\pi t|$；②1.57V。

7.3 ①$\frac{0.11\mu_0 I}{\pi}$；②$8.8\times10^{-8}$V，逆时针。

7.4 $\varepsilon=\varepsilon_{AB}-\varepsilon_{CD}=\frac{\mu_0 lINv}{2\pi}\left(\frac{1}{a+vt}-\frac{1}{b+vt}\right)$；线框内磁感应电动势的方向：顺时针方向。

7.5 $U_{ab}=-1.9\times10^{-3}$V。

7.6 $\varepsilon=-3.7\times10^{-5}$V。

7.7 0.4H，0.8H。

7.8 1208 匝。

7.9 1.5×10^{8}V/m。

7.10 ①$L=\frac{N\Phi}{I}=\frac{\mu_0 N^2 h}{2\pi}\ln\frac{b}{a}$；②$3.2\times10^{-2}$cm。

第八章 机械振动

8.1 ①$x=2\times10^{-2}\cos(2\pi t+\frac{3\pi}{4})$(m)；②～④略。

8.2 ①10m，2s，0.5Hz，π；②$x=10\cos(\pi t-\frac{\pi}{2})$。

8.3 ①0.1m，0.1s，20π/s，10Hz；②$7.07\times10^{-2}$m，−4.44m/s，-279m/s^2。

8.4 $-\frac{\pi}{3}$。

8.5 ①$x=0.02\cos4\pi t$(m)；②$x=0.02\cos(4\pi t+\pi)$(m)；③$x=0.02\cos(4\pi t+\frac{\pi}{2})$(m)；

④$x=0.02\cos(4\pi t+\frac{4\pi}{3})$(m)；⑤略。

8.6 $x=0.03\cos(2t-\frac{5}{6}\pi)$(m)。

8.7 ①0.078m，84°48′；②135°，225°。

***8.8** ①0.11/s；②20.9s。

第九章 机 械 波

9.1 1.08×10^{3}m/s。

9.2 ①A，$\frac{B}{C}$，$\frac{B}{2\pi}$，$\frac{2\pi}{B}$，$\frac{2\pi}{C}$；②$y=A\cos B(t-\frac{C}{B}l)$；③$\Delta\varphi=CD$。

9.3 略。

9.4 ①$8.33\times10^{-3}$s，0.25m；②$y=4\times10^{-3}\cos240\pi(t-\frac{x}{30})$m。

9.5 ①0.05m，2.5m/s，5Hz，0.5m；②0.92s。

9.6 ①$y=2.0\times10^{-2}\cos(2\pi t+\frac{\pi}{5}x+\frac{\pi}{6})$(m)；②$y=2.0\times10^{-2}\cos(2\pi t+\frac{5\pi}{12})$(m)。

9.7 设坐标原点取在 A 点，在 AB 之间 $x=2k+15$m 处，$k=0,\pm1,\cdots,\pm7$

在 AB 连线外的任一点都加强。

9.8 ①$2.5\times10^{-5}\text{J/m}^3$；②$5.00\times10^{-5}\text{J/m}^3$；③$5.11\times10^{-7}$J。

9.9 ①$1.58\times10^{5}\text{W/m}^2$；②$3.79\times10^{3}$J。

9.10 ①550Hz；②458Hz；③500Hz。

9.11 82.5m/s。

第十章 波动光学

10.1 ①$\lambda=500$nm；②$\Delta x=3$mm。

10.2 $d=8.0\mu$m。

10.3 水膜将呈现红色。

10.4 $e=592$nm。

10.5 $d=2.01\times10^{-3}$cm。

10.6 $r'=1.5$mm。

10.7 $\lambda=467$nm。

10.8 $\lambda=450$nm。

10.9 584.9nm。

10.10 $I=\frac{1}{8}I_0\sin^2 2\alpha$。

10.11 32°。

第十一章 狭义相对论简介

11.1 $x=132$m，$y=0$，$z=0$，$t=4.0\times10^{-7}$s。

11.2 0.6m。

11.3 0.6c。

11.4 0.754c。

11.5 5.81×10^{-13}J。

第十二章 近代物理基础

12.1 5。

12.2 1.72×10^{-27}kg。

12.3 3.88×10^{-11}m，8.73×10^{-13}m，1.24×10^{-15}m。

12.4 2.02×10^{-10}m。

12.5 1.24×10^{-14}m。

12.6 1.66×10^{-39}m。

参 考 文 献

1 陈家森. 普通物理学. 上海：华东师范大学出版社，1997
2 胡启迪. 物理学. 上海：上海科学技术出版社. 1996
3 李迺伯. 物理学. 北京：高等教育出版社，2004
4 梁绍荣，刘昌年等. 普通物理学（第一分册）（第二版）. 力学. 北京：高等教育出版社，1996
5 梁绍荣，刘昌年等. 普通物理学（第二分册）（第二版）. 热学. 北京：高等教育出版社，1996
6 梁绍荣，刘昌年等. 普通物理学（第三分册）（第二版）. 电磁学. 北京：高等教育出版社，1993
7 梁绍荣，刘昌年等. 普通物理学（第四分册）（第二版）. 光学. 北京：高等教育出版社，1994
8 程守洙，江之永. 普通物理.（第二版）北京：高等教育出版社，1998
9 胡盘新，汤毓骏. 普通物理学简明教程. 北京：高等教育出版社，2003
10 张三惠主编. 大学基础物理. 北京：清华大学出版社出版，2003
11 王亚民主编. 大学物理学习指导. 西安：陕西科技出版社，2002
12 漆安慎、杜婵英主编. 普通物理学教程（力学）. 北京：高等教育出版社，1997
13 文蔚主编. 物理学（第四版）. 南京：东南大学出版社，1999
14 赵凯华主编. 新概念物理教程. 北京：高等教育出版社，1996